繁峙县
耕地地力评价与利用

王 应 主编

中国农业出版社

内容简介

本书全面系统地介绍了山西省繁峙县耕地地力评价与利用的方法及内容。首次对繁峙县耕地资源历史、现状及问题进行了分析、探讨，并引用大量调查分析数据对繁峙县耕地地力、中低产田地力做了深入细致的分析。揭示了繁峙县耕地资源的本质及目前存在的问题，提出了耕地资源合理改良利用意见。为制订农业发展规划，调整农业产业结构，加快绿色、无公害、有机农产品基地建设步伐，保证粮食生产安全，科学施肥，退耕还林还草，为节水农业、生态农业及农业现代化、信息化建设提供了科学依据。

本书共九章。第一章：自然与农业生产概况；第二章：耕地地力调查与质量评价的内容和方法；第三章：耕地土壤属性；第四章：耕地地力评评价；第五章：耕地土壤环境质量评价；第六章：中低产田类型分布及改良利用；第七章：耕地地力评价与测土配方施肥；第八章：耕地地力调查与质量评价的应用研究；第九章：耕地地力质量评价与特色农产品标准化生产。

本书适宜农业、土肥科技工作者及从事农业技术推广与农业生产管理的人员阅读。

编写人员名单

主　　编：王　应
副 主 编：贺　存　石志达
编写人员（按姓名笔画排序）：

王　应　王俊英　王晓金　石志达　史　芳
兰晓庆　乔丽萍　刘爱平　刘献刚　闫丽萍
闫维平　杨　芳　杨红兰　杨秀廷　辛　刚
张晓东　罗效良　郑竹胜　侯佩云　贺　存
贺　霞　高永伟　郭慧萍　韩君龙　韩贵龙
谭建慧

序

农业是国民经济的基础，农业发展是国计民生的大事。为适应我国农业发展的需要，确保粮食安全和增强我国农产品竞争的能力，促进农业结构战略性调整和优质、高产、高效、生态农业的发展。针对当前我国耕地土壤存在的突出问题，2009 年在农业部精心组织和部署下，繁峙县成为测土配方施肥补贴项目县。根据《全国测土配方施肥技术规范》积极开展了测土配方施肥工作，同时认真实施了耕地地力调查与评价。在山西省土壤肥料工作站、山西农业大学资源环境学院、忻州市土壤肥料工作站、繁峙县农业委员会、繁峙县土壤肥料工作站广大科技人员的共同努力下，2012 年完成了繁峙县耕地地力调查与评价工作。通过耕地地力调查与评价工作的开展，摸清了繁峙县耕地地力状况，查清了影响当地农业生产持续发展的主要制约因素，建立了繁峙县耕地地力评价体系，提出了繁峙县耕地资源合理配置及耕地适宜种植、科学施肥及土壤退化修复的意见和方法，初步构建了繁峙县耕地资源信息管理系统。这些成果为全面提高繁峙县农业生产水平，实现耕地质量计算机动态监控管理，适时提供辖区内各个耕地基础管理单元土、水、肥、气、热状况及调节措施提供了基础数据平台和管理依据。同时，也为各级农业决策者制订农业发展规划，调整农业产业结构，加快无公害、绿色、有机食品基地建设步伐，保证粮食生产安全以及促进农业现代化建设提供了第一手资料和最直接的科学依据，也为今后大面积开展耕地地力调查与评价工作，实施耕地综合生产能力建设，发展旱作节水农业，测土配方施肥及其他农业新技术普及工作提供了技术支撑。

　　本书系统地介绍了耕地资源评价的方法与内容，应用大量的调查分析资料，分析研究了繁峙县耕地资源的利用现状及问题，提出了合理利用的对策和建议。该书集理论指导性和实际应用性为一体，是一本值得推荐的实用技术读物。我相信，该书的出版将对繁峙县耕地的培肥和保养、耕地资源的合理配置、农业结构调整及提高农业综合生产能力起到积极的促进作用。

2013 年 5 月

耕地是人类获取粮食及其他农产品最重要的、不可替代的、不可再生的资源，是人类赖以生存和发展的最基本的物质基础，是农业发展必不可少的根本保障。新中国成立以后，山西省繁峙县先后开展了两次土壤普查。两次土壤普查工作的开展，为繁峙县国土资源的综合利用、施肥制度改革、粮食生产安全做出了重大贡献。近年来，随着农村经济体制的改革以及人口、资源、环境与经济发展矛盾的日益突出，农业种植结构、耕作制度、作物品种、产量水平，肥料、农药使用等方面均发生了巨大变化，产生了诸如耕地数量锐减、土壤退化污染、水土流失等问题。针对这些问题，开展耕地地力评价工作是非常及时、必要和有意义的。特别是对耕地资源合理配置、农业结构调整、保证粮食生产安全、实现农业可持续发展有着非常重要的意义。

繁峙县耕地地力评价工作，于 2009 年 1 月底开始至 2012 年 12 月结束，完成了繁峙县 13 个乡（镇）、402 个行政村的 79.84 万亩耕地的调查与评价任务。3 年共采集大田土样 3 750 个，并调查访问了 300 个农户的农业生产、土壤生产性能、农田施肥水平等情况；认真填写了采样地块登记表和农户调查表，完成了 3 750 个样品常规化验、1 080 个样品中微量元素分析化验、数据分析和收集数据的计算机录入工作；基本查清了繁峙县耕地地力、土壤养分、土壤障碍因素状况，划定了繁峙县农产品种植区域；建立了较为完善的、可操作性强的、科技含量高的繁峙县耕地地力评价体系，并充分应用 GIS、GPS 技术初步构筑了繁峙县耕地资源信息管理系统；提出了繁峙县耕地保护、地力培肥、耕地适宜种植、科学施肥及土壤退化修复办法等；形成了具有生产指导意义的数字化成果图。收集资料之广泛、调查数据之系统、成果内容之全面是前所未有的。这些成果为全面提高农业工作的管理水平，实现耕地质量计算机动态监控管理，适时提供辖区内各个耕地基础管理单元土、水、肥、气、热状况及调节措施提供了基础数据平台和管理依据。同时，也为各级农业决策者制订农业发展规划，调整农业产业结构，加快无公害、绿色、有机食品基地建设步伐，保证粮食生产安全，进行耕地资源合理改良利用，科学施肥以及退耕还林还草、节水农业、生态农业、农业现代化建设提供了第一手资料和最直接的科学依据。

为了将调查与评价成果尽快应用于农业生产，在全面总结繁峙县耕地地力评价成果的基础上，引用了大量成果应用实例和第二次土壤普查、土地详查有关资料，编写了《繁峙县耕地地力评价与利用》一书。首次比较全面系统地阐述了繁峙县耕地资源类型、分布、地理与质量基础、利用状况、改良措施等，并将近年来农业推广工作中的大量成果资料录入其中，从而增加了该书的可读性和可操作性。

在本书编写的过程中，承蒙山西省土壤肥料工作站、山西农业大学资源环境学院、忻州市土壤肥料工作站、繁峙县农业委员会、繁峙县土壤肥料工作站广大技术人员的热忱帮助和支持，特别是繁峙县农业委员会、繁峙县土壤肥料工作站的工作人员在土样采集、农户调查、土样分析化验、数据库建设等方面做了大量的工作。辛岗主任安排部署了本书的编写，由县农业委员会土壤肥料工作站站长石志达、忻州市土壤肥料工作站副站长王应指导并执笔下完成编写工作；参与野外调查和数据处理的工作人员有石志达、原俊锁、杨芳、侯培云、乔丽萍、韩贵龙、李丹、糜眉寿、左志伟、侯万万、曹平平、石玉才、靳拴拴、刘维峰、王和平、刘众芳、郭焕元、白玉山、原财龙、刘忠、张拴有、王艳芳等。土样分析化验工作由繁峙县土壤肥料工作站化验室完成；图形矢量化、土壤养分图、耕地地力等级图、中低产田分布图、数据库和地力评价工作由山西农业大学资源环境学院和山西省土壤肥料工作站完成；野外调查、室内数据汇总、图文资料收集和文字编写工作由繁峙县农业委员会、繁峙县土肥站完成，在此一并致谢。

编　者

2013 年 5 月

目 录

第一章　自然与农业生产概况

第一节　自然与农村经济概况

一、历史沿革

繁峙县历史悠久，源远流长。新石器时代，就有人类定居生息，春秋战国时期为葰人，西汉为葰人县，属太原郡。隋开皇十八年（598 年），县迁建于现境的大堡戍。唐圣历二年（699 年），县迁建于滹沱河南聚宝寨（今杏园村东），称繁畤，属代州。金贞佑二年（1214 年），改县为州，称坚州。明洪武二年（1369 年），恢复旧称，并改"畤"为"峙"，称繁峙县，初隶太原府，后属代州。万历十四年（1586 年），县城迁建于滹沱河北岸龙须地，即今县城所在地。民国初期，属山西雁门道。抗日战争时期，一度改属晋察冀边区；解放战争时期，属察哈尔省，浑源专署。1948 年，繁峙全县解放，属忻县专署。

繁峙县山川秀美，文化底蕴深厚。有气势雄伟的古长城，有中外闻名的平型关、金代岩山寺壁画、北魏信诚公主寺、沿口三圣寺、秘密寺 5 处国家级文物保护单位。"葰人布币"蜚声华夏，滹沱河沿岸分布着新石器时代龙山文化遗址、春秋战国遗址、秦汉遗址。流传久远的繁峙秧歌已列入国务院首次公布的非物质文化遗产名录；"晋绣坊"刺绣工艺、银河银业铸造工艺在"世博会"上异彩纷呈。

繁峙县地下矿产资源丰富，主要有铁、钼、金、银、铜、铅、锌、云母等 23 种。现已探明磁铁矿、赤铁矿储量为 3.38 亿吨，品位高达 60%，钼矿储量居全省第一，累计探明储量 61 809 吨，探明金矿储量 16.12 吨。繁峙县粮丰林茂，平川、丘陵主产玉米、黍、谷，山区主产莜麦、马铃薯；果类如赵庄白水大杏、神堂堡红富士苹果最为出名；南部山区森林面积达 21.7 万亩，林木以落叶松、白芊为主，北山盛产"北芪"，是闻名全国的优质中药材。"有限资源，无限发展；绿色经济，循环发展；"作为资源大县的繁峙，有着极为广阔的发展前景。

二、地理位置

繁峙县地处山西省忻州市东北部，北岳恒山与五台山之间，发源于县境东部的滹沱河横贯东西，地理坐标为：北纬 38°58′～39°27′，东经 113°09′～113°58′。东与灵丘县接壤，西与代县交界，南与五台县和河北阜平相连，北与应县和浑源县毗邻。东西长约 68.0 千米，南北宽约 34.82 千米，国土总面积为 2 368 平方千米。全县最高海拔为 3 058 米，最低海拔仅为 700 米，县城驻地繁城镇距省会太原 190 千米。2010 年建成国家级卫生县城，2011 年建成山西省环保模范城。

三、行政区划

繁峙县辖 3 镇 10 乡 402 个行政村，2011 年末，全县总人口 268 549 人。其中，农业人口 242 974 人，占总人口的 90.4%，农户 76 436 户，劳动力 40 672 人，详细情况见表1-1。

表 1-1 繁峙县行政区划与人口情况 （2011 年）

乡（镇）	农业人口（万）	行政村（个）	乡（镇）	农业人口（万）	行政村（个）
繁城镇	2.963 7	35	集义庄乡	1.593 7	21
砂河镇	4.000 0	43	东山乡	2.764 8	47
大营镇	2.250 5	29	金山铺乡	1.895 8	30
杏园乡	2.051 1	18	横涧乡	1.359 3	25
光裕堡乡	1.279 2	15	柏家庄乡	0.979 0	18
下茹越乡	1.243 4	17	神堂堡乡	0.721 3	48
岩头乡	1.095 6	56			
总　计	24.297 4	402			

四、土地资源概况

据 2011 年统计资料显示，繁峙县国土总面积为 2 368 平方千米（355.2 万亩[①]），其中耕地面积为 79.84 万亩。2011 年，农作物播种面积 58.541 7 万亩，粮食作物播种面积54.741 75 万亩。其中玉米播种面积 33.5 万亩、种植蔬菜面积 1.2 万亩。在耕地中水浇地面积 16.5 万亩。

繁峙县地形呈东高西低，滹沱河谷地为东西走向，东南北三面环山。丘陵区主要分布在滹沱河谷北部，石山区主要分布在南部五台山麓。

全县耕种土壤共分褐土、潮土、水稻土三大土类，6 个亚类，12 个土属，19 个土种。三大土类中以褐土为主，面积占 94.69%。其次为潮土，面积占 3.53%。在各类土壤中，宜农土壤比重大，适种性广，有利于农、林、牧业全面发展。

五、自然气候与水文地质

（一）气候

繁峙县气候属温带型大陆性气候，气候特征是夏季多东南风，冬季多西北风，春季天

---

① 亩为非法定计量单位，1 亩＝1/15 公顷。

气变化大，秋季秋高气爽，十年九旱，降水集中于7~9月。1月最冷，7月最热。西部平川区气温高，农作物生长期长，可以种植玉米、高粱、水稻等生育期较长的作物，黄土丘陵区春旱严重，东部及南部区域热资源欠缺，只能种植一些生育期较短的作物。

1. 气温 年平均气温6.8℃，丘陵区5~7℃，山区南部冷区4~7℃，东南部暖区7~10℃；年极端最低温度在1月，平川、丘陵、山区平均气温分别在−9℃、−10℃、−11℃左右；7月最热，平均气温为19~22℃，极端最高气温可达36~38℃。日平均气温≥10℃期间的累积温度为2 500~3 100℃。平均终霜期为5月中旬，平均初霜期为9月底，无霜期140天左右。

2. 地温 随着气温的变化，土壤温度也发生相应变化。年平均地表温度为10.4~12.8℃，变化规律和气温相似，土壤从11月下旬冻结，第二年3月中下旬解冻，最大冻土深度达128厘米。

3. 日照 繁峙县属于长日照地区，年平均日照时数为2 906.5小时，最长为3 153.2小时，最短为2 527.1小时。

4. 降水量 繁峙县属于季风雨区，年平均降水400毫米左右。其降水特点是：

（1）降水地区分布不均匀：由西向东递减，山区降水大于平川、谷地。南部伯强一带及五台山区年将水量最多，为500~1 000毫米；其次是北部恒山部分山区，年降水量在500毫米左右；平川中东部位少雨区，年降水量400毫米以下。

（2）降水季节分布不均匀：主要集中于7月、8月，占全年降水量一半以上，春季干旱，而秋涝较多。

（3）降水年季间变化也较大：降水变化率在25%左右。常常在年度之间伴有旱灾或涝灾交替发生。

（二）成土母质

繁峙县成土母质主要有以下几种：

1. 残积物 为岩石风化后残留在原地，未经搬运的碎屑。其特点是具有棱碎块和石颗粒混杂堆积，未经分选，层理明显，土层薄，易侵蚀。

2. 坡积物 山坡的风化产物，山麓一带沉积，含砾石，无分选，无层理，层次较深厚。

3. 黄土母质 也称马兰黄土（新黄土），是繁峙县的主要成土母质，丘陵低山区多为黄土母质，土层深厚，垂直节理，无层理，石灰含量高，土质轻，上下均匀一致。

4. 红黄土母质 也称老黄土，包括午城黄土和离石黄土，多分布在阶地以上及丘陵沟壑上部。棕黄色或红黄色，土质较紧实致密，粉沙与黄土相当，而黏粒则较多，超过20%。

5. 黄土状母质 分布在一级、二级阶地上的早期黄土洪积—冲积物，土层较深厚，有层理。

6. 洪积母质 山洪冲刷将黄土并夹带砾石、泥沙从山里搬运出来，在山前堆积而形成的物质。其特点是黄土、砾石、沙泥、有机质混杂，砾石风选磨圆度差，无层理，多分布在山谷出口处的洪积扇部位上，土壤中砾石数量由上到下逐步减少，表土质地由上到下逐步变细，但仍含有一定数量的沙砾石，其下层往往有少量的沙确立石层，有不同程度的漏水、漏肥现象。

7. 洪积—冲积物　由河水冲刷冲积黄土、沙石在两岸形成的沉积物。多分布在河漫滩及一级阶地，由于水流的风选作用，具有成层性和带状分布的规律，沙黏交替，沉积层次明显，从河床始由近及远沙、壤、黏带状递变。洪积—冲积物一般都来自河流上游地区的表土，养分含量高，土壤较肥沃。

（三）河流与地下水

根据《山西省忻州市水文地质图》富水性分区的划分，繁峙县滹沱河阶地为极富水区，面积为 107.20 平方千米；两边山沟出口的冲积地带为富水区，面积为 193.20 平方千米。山前丘陵区为中等富水区，面积为 173.60 平方千米。

繁峙县境内有滹沱河、青羊口河两大干流。

滹沱河发源于县境东南泰戏山，流经横涧乡、大营镇、砂河镇、金山铺乡、下茹越乡、光裕堡乡、东山乡、杏园乡、繁城镇向西流入代县，境内全长 80 千米。青羊口河也称大砂河，是海河流域大清河水系最上游的支流之一。发源于东台顶下的古华岩村，经神堂堡，流入河北阜平，在县境内流长 30 千米。

（四）自然植被

由于繁峙县海拔高差较大，地形复杂，自然植被也比较复杂，南部五台山麓高寒山区，地表生长一些苔藓、苔草、蒿草、锦鸡儿、山菊花、黄花等自然植被。

北部土石山和黄土丘陵区，零星生长一些桦树、山桃、山杏、山杨等树木以及辽榛、刺果、野玫瑰、苦坡草等自然植被。

东部地区滹沱河两岸的河滩及一级阶地区，地表生长一些羊辣辣、三棱草、莎草、灰菜、碱蓬、水稗等自然植被。

西部地区滹沱河两岸一级阶地潜水溢出地带，地表生长一些球穗莎草、小灯芯草、水稗、水红花、牛毛毡草等自然植被。

六、农村经济概况

据 2011 年统计资料，农村经济收入为 337 311.66 万元。其中，农业产值 60 142.25 万元，林业产值 2 868.63 万元，畜牧业收入 24 634.66 万元，渔业产值 326 万元，服务业收入 5 711.54 万元。

第二节　农业生产概况

一、农业发展历史

繁峙县农业历史悠久，早在新石器时代，这里就有人类进行农业生产。新中国成立后，农业生产有了较快发展。特别是中共十一届三中全会以后，农业生产发展迅猛，随着农业机械化水平的提高，农田水利设施的推进，农业新技术的推广，现代农业生产步入快车道。详见表 1-2。

表 1-2 繁峙县粮食、水果总产变化

年 份	粮食总产量（吨）	水果总产量（吨）
1949	26 055	—
1983	69 510	632
1994	71 114	1 263
2006	74 690	186
2011	69 969.4	1 541.8

二、农业发展现状与问题

繁峙县地理条件复杂，光热资源丰富，梯田化水平较高，但干旱缺水，是农业发展的主要制约因素，历来以旱作农业为主。

繁峙县总耕地面积 79.84 万亩，农作物播种面积 58.169 7 万亩。水浇地面积 16.5 万亩，占总耕地面积的 20.66%。

2011 年，繁峙县农作物播种面积 58.541 7 万亩，粮食作物播种面积 54.741 75 万亩。其中玉米播种面积 33.5 万亩，小杂粮种植面积 21.241 7 万亩，2011 年全县农民人均收入 3 998 元。

畜牧业为繁峙县优势产业，2011 年年末，全县牛存栏 15 908 头，其他大牲畜 10 360 头，猪 73 116 头，羊 216 656 只；鸡 29.13 万只，肉类总产量 11 952 吨。

繁峙县农机化水平较高，小范围内仍采用传统耕作方法，耕种、田间作业，基本实现机械化、半机械化，农机综合机械化水平到达 69%。2011 年全县农机总动力为 21.01 万千瓦，其中大中型拖拉机 717 台，小型拖拉机 2 481 台。种植机具有，机引犁 802 台，化肥深施机 695 台，机引铺膜机 752 台，旋耕机 1 234 台，各类播种机 1 365 台，玉米收获机 118 台，秸秆粉碎还田机 146 台。全县机耕面积 47.5 万亩，施用化肥 3.388 万吨，农膜用量 360 吨，农药用量 51 吨。

繁峙县农业总体趋势，一是粮田面积中玉米播种面积不断扩大，小杂粮、豆类、油料播种面积大幅减少；二是蔬菜面积大体稳定，呈发展态势。

第三节 耕地利用与保养管理

一、主要耕作方式及影响

繁峙县大秋作物为一年一作，因玉米种植面积大，轮作倒茬多是采取调换不同品种来完成，即玉米—玉米（或豆类、谷类及其他）。

作物收获后，在冬前进行深耕秸秆还田，以便压草、保墒。开春旋耕耙，深度一般为 20～25 厘米。

秸秆还田的好处，一是有效提高了土壤有机质含量；二是提高了劳动效率。

二、耕地利用现状及生产管理和效益

繁峙县种植作物主要有玉米、小杂粮、油料、蔬菜等。灌溉水源有深井、河流、水库;灌溉方式为畦灌,喷灌刚刚起步,生产管理逐步采用机械化,但投入较高。

据 2011 年统计,繁峙县耕地总面积为 79.84 万亩,农作物播种面积为 58.541 7 万亩,粮食总产量为 69 969.4 吨,其中玉米 33.5 万亩,总产 53 763 吨,亩产 160.49 千克;蔬菜 1.2 万亩,总产 6 876 吨,小杂粮面积 21.241 7 万亩,总产 162 064 吨。

效益分析:如水浇地玉米平均亩产 500 千克,每千克售价 1.60 元,亩产值 800 元,亩投入 300 元,亩收益 500 元。旱地玉米如遇干旱,甚至颗粒无收,水田玉米遇到旱年,收益也会降低。

三、施肥现状与耕地养分演变

繁峙县施肥情况为:施用农家肥呈下降趋势,化肥施用从逐年增加到趋于合理。农家肥的减少原因是:由于农机的推广,牲畜减少,农家肥骤减。2011 年全县仅有大牲畜 10 360 头,又集中在几个乡(镇),而猪、鸡又集中于专业户养殖。因此,目前农户大田土壤中有机质含量的增加主要依靠秸秆还田。

2011 年,繁峙县平衡施肥面积 30 万亩,微肥应用面积 12.2 万亩,秸秆还田面积 13.5 万亩,化肥施用量 3.388 万吨。其中氮肥 1.592 4 万吨,磷肥 1.125 9 万吨,复合肥 0.274 5 万吨,钾肥 0.035 2 万吨,有机肥总量 15 万吨。

随着农业生产的发展,秸秆还田,平衡施肥技术的推广,2011 年繁峙县耕地耕层土壤养分测定结果比 1981 年第二次全国土壤普查普遍提高。土壤有机质平均增加了 4.25 克/千克,全氮增加了 0.03 克/千克,有效磷增加了 5.32 克/千克,速效钾增加了 47.1 毫克/千克,随着测土配方施肥技术的全面推广应用,土壤肥力还将不断提高。

四、耕地利用与保养管理简要回顾

根据第二次土壤普查结果,繁峙县划分了土壤利用改良区,根据不同土壤类型,不同土壤肥力和不同生产水平,提出了合理利用培肥措施,达到了培肥土壤的目的。随着农业产业结构调整步伐加快,实施沃土计划,推广平衡施肥,玉米秸秆直接还田。特别是 2009—2011 年,测土配方施肥项目在全县的实施,施肥更趋科学合理,加上退耕还林、生态环境建设的大力实施,农田环境质量日益看好,全县农业生产正逐步向优质、高产、高效、安全发展。

第二章　耕地地力调查与质量
评价的内容和方法

根据《全国耕地地力调查与质量评价技术规程》和《全国测土配方施肥技术规范》的要求（以下简称《规程》和《规范》），通过肥料效应田间试验、样品采集与制备、田间基本情况调查、土壤与植株测试、肥料配方设计、配方肥料合理使用、效果反馈与评价、数据汇总、报告撰写等内容、方法与操作规程和耕地地力评价方法的工作过程，进行了耕地地力调查和质量评价。这次调查和评价是基于 4 个方面进行的。一是通过耕地地力调查与评价，合理调整农业结构、满足市场对农产品多样化、优质化的要求以及经济发展的需要；二是全面了解耕地质量现状，为无公害农产品、绿色食品、有机食品生产提供科学依据，为人民提供健康安全食品；三是针对耕地土壤的障碍因子，提出中低产田改造、防止土壤退化及修复已污染土壤的意见和措施，提高耕地综合生产能力；四是通过调查，建立全县耕地资源信息管理系统和测土配方施肥专家咨询系统，对耕地质量和测土配方施肥实行计算机网络管理，形成较为完善的测土配方施肥数据库，为农业增产增效、农民增收提供科学决策依据，保证农业可持续发展。

第一节　工作准备

一、组织准备

由山西省农业厅土壤肥料工作站牵头成立测土配方施肥和耕地地力评价与利用领导小组、专家组、技术指导组，繁峙县成立相应的领导小组、办公室、技术服务组、野外调查队和室内资料数据汇总组。

二、物质准备

根据《规程》和《规范》的要求，进行了充分的物质准备，先后配备了 GPS 定位仪、不锈钢土钻、计算机、钢卷尺、100 立方厘米环刀、土袋、化验试剂药品、化验室仪器以及调查表格等。并在原来土壤化验室基础上，进行必要补充和维修，为全面调查和室内化验分析做好了充分的物质准备。

三、技术准备

领导小组聘请山西省农业厅土壤肥料工作站、山西农业大学资源环境学院、忻州市土壤肥料工作站及繁峙县土壤肥料工作站的有关专家，组成技术指导组，根据《规程》和《山西省2005年区域性耕地地力调查与质量评价实施方案》及《规范》，制定了《山西省忻州市繁峙县测土配方施肥技术规范及耕地地力调查与质量评价技术规程》，并编写了技术培训材料。在采样调查前对采样调查人员进行认真、系统的技术培训。

四、资料准备

按照《规程》和《规范》的要求，收集了繁峙县行政区划图、地形图、第二次土壤普查成果图、基本农田保护区划图、土地利用现状图、农田水利分区图等图件；收集了第二次土壤普查成果资料，基本农田保护区地块基本情况、基本农田保护区划统计资料，以及盐碱地分布和盐碱地改良情况统计；收集了耕地污染源和耕地污染分布及有关排污资料；收集了粮食、油料、果树、蔬菜面积、品种、产量及污染等有关资料；收集了农田水利灌溉区域、面积及地块灌溉保证率，退耕还林规划，以及肥料、农药使用品种及数量、肥力动态监测等有关资料。

第二节 室内预研究

一、确定采样点位

（一）布点与采样原则

为了使土壤调查所获取的信息具有一定的典型性和代表性，提高工作效率，节省人力和资金，采样点参考繁峙县土壤图，做好采样规划设计，确定采样数量和采样点位。实际采样时严禁随意变更采样点，若有变更须注明理由。在布点和采样时主要遵循了以下原则：一是布点具有广泛的代表性，同时兼顾均匀性。根据土壤类型、土地利用等因素，将采样区域划分为若干个采样单元，每个采样单元的土壤性状要尽可能均匀一致；二是耕地地力调查与污染调查相结合（面源污染和点源污染相结合），适当加大污染源点位取样密度；三是尽可能在全国第二次土壤普查时的剖面或农化样取样点上布点；四是采集的样品具有典型性，能代表其对应的评价单元最明显、最稳定、最典型的特征，尽量避免各种非调查因素的影响；五是所调查农户随机抽取，按照事先所确定采样地点寻找符合基本采样条件的农户进行，采样在符合要求的地块内进行。

（二）布点方法

1. 大田土样布点方法 按照《规程》和《规范》，结合繁峙县实际，将大田样点密度定为平原区、丘陵区。平均每200亩一个点位，实际布设大田样点3 750个。布点依据，第一，依据山西省第二次土壤普查土种归属表，把那些图斑面积过小的土样，适当合并至母质类型相同、质地相近、土体构型相似的土种，修改编绘出新的土种图；第二，将归并后的土种图与基本农田保护区划图和土地利用现状图叠加，形成评价单元；第三，根据评价单元的个数及相应面积，在样点总数的控制范围内，初步确定不同评价单元的采样点数；第四，在评价单元中，根据图斑大小、种植制度、作物种类、产量水平等因素的不同，确定布点数量和点位，并在图上予以标注。点位尽可能选在第二次土壤普查时的典型剖面取样点或农化样品取样点上；第五，不同评价单元的取样数量和点位确定后，按照土种、作物品种、产量水平等因素，分别统计其相应的取样数量。当某一因素点位数过少或过多时，再根据实际情况进行适当调整。

　　2. 耕地质量调查土样布点方法　　在以繁城镇、杏园乡、神堂堡乡为中心的工矿企业区周边 13 个村庄采用"S"布点法和梅花布点法采集土壤环境质量调查土样，按每个土样代表面积 100～200 亩布点，在疑似污染区，标点密度适当加大。

二、确定采样方法

（一）大田土样采集方法

　　1. 采样时间　　在大田作物收获后、春播前进行。按各乡（镇）样点分布确定的数量和图上确定的调查点位去野外采集样品。通过向农民实地了解当地的农业生产情况，确定最具代表性的同一农户的同一块田采样，田块面积均在 1 亩以上，并用 GPS 定位仪确定地理坐标和海拔高程，记录经纬度，精确到 0.1″。依此准确方位修正点位图上的点位位置。

　　2. 调查、取样　　向已确定采样田块的户主，按农户地块调查表格的内容逐项进行调查并认真填写。调查严格遵循实事求是的原则，对那些说不清楚的农户，通过访问地力水平相当、位置基本一致的其他农户进行核对登记。采样主要采用"S"法，均匀随机采取 15～20 个采样点，将土样充分混合后，用四分法留取 1 千克作为一个土壤样品，并装入已准备好的土袋中。

　　3. 采样工具　　主要采用不锈钢土钻，采样过程中努力保持土钻垂直，样点密度均匀，基本符合厚薄、宽窄、数量的均匀特征。

　　4. 采样深度　　0～20 厘米耕作层土样。

　　5. 采样记录　　填写两张标签，土袋内外各具 1 张，注明采样编号、采样地点、采样人、采样日期等。采样同时，填写大田采样点基本情况调查表和大田采样点农户调查表。

（二）耕地质量调查土样采集方法

　　根据污染类型及面积大小，确定采样点布设方法。污水灌溉农田采用对角线布点法；工矿企业区周边、及固体废物污染农田或污染源附近农田采用棋盘或同心圆布点法；面积较小、地形平坦区域采用梅花布点法；面积较大、地势较复杂区域采用"SD"布点法进行土样采集。每个样品一般由 20～25 个采样点组成，面积大的适当增加采样点。采样深度一般为 0～20 厘米。采样同时，对采样地环境情况进行调查。

（三）土壤容重采集方法

　　大田土壤选择 5～15 厘米土层，打 3 个环刀。蔬菜地普通样品在 10～25 厘米。剖面样品在每层中部位置打环刀，每层打 3 个环刀。土壤容重点位和大田样点、菜田样点或土壤质量调查样点相吻合。

三、确定调查内容

根据《规范》的要求，按照测土配方施肥采样地块基本情况调查表认真填写。这次调查的范围是基本农田保护区耕地和园地（包括蔬菜、果园和其他经济作物田），调查内容主要有4个方面：一是与耕地地力评价相关的耕地自然环境条件、农田基础设施建设水平和土壤理化性状、耕地土壤障碍因素和土壤退化原因等；二是与农产品品质相关的耕地土壤环境状况，如土壤的富营养化、养分不平衡与缺乏微量元素和土壤污染等；三是与农业结构调整密切相关的耕地土壤适宜性问题等；四是农户生产管理情况调查。

以上资料的获得，一是利用第二次土壤普查和土地利用详查等现有资料，通过收集整理而来；二是采用以点带面的调查方法，经过实地调查访问农户获得的；三是对所采集样品进行相关分析化验后取得；四是将所有有限的资料、农户生产管理情况调查资料、分析数据录入到计算机中，并经过矢量化处理形成数字化图件、插值，使每个地块均具有各种资料信息，来获取相关资料信息。这些资料和信息，对分析耕地地力评价与耕地质量评价结果及影响因素具有重要意义。如通过分析农户投入和生产管理对耕地地力土壤环境的影响，分析农民现阶段投入成本与耕地质量直接的关系，有利于提高成果的现实性，引起各级领导的关注。通过对每个地块资源的充实完善，可以从微观角度，对土、肥、气、热、水资源运行情况有更周密的了解，提出管理措施和对策，指导农民进行资源合理利用和分配。通过对全部信息资料的了解和掌握，可以宏观调控资源配置，合理调整农业产业结构，科学指导农业生产。

四、确定分析项目和方法

根据《规程》及《山西省耕地地力调查及质量评价实施方案》和《规范》规定，土壤质量调查样品检测项目为：pH、有机质、全氮、碱解氮、有效磷、速效钾、缓效钾、有效硫、阳离子交换量、有效铜、有效锌、有效铁、有效锰、有效硼14个项目；土壤环境检测项目为：pH、汞、铜、锌、铅、镉、砷、六价铬、阳离子交换量、全盐量、全氮、有机质15个项目。其分析方法均按全国统一规定的测定方法进行。

五、确定技术路线

繁峙县耕地地力调查与质量评价所采用的技术路线见图2-1。

1. 确定评价单元 本次调查是基于2009年全国第二次土地调查成果进行，评价单元采用土地利用现状图耕地图斑作为基本评价单元，并将土壤图（1∶50 000）与土地利用现状图（1∶10 000）配准后，用土地利用现状图层提取土壤图层的信息。相似相近的评价单元至少采集一个土壤样品进行分析，在评价单元图上连接评价单元属性数据库，用计

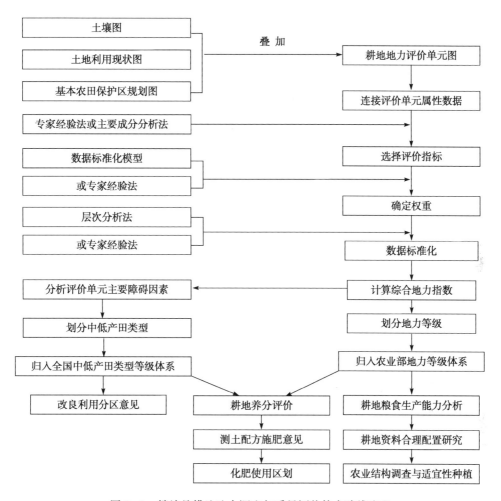

图2-1 繁峙县耕地地力调查与质量评价技术路线流程

算机绘制各评价因子图利用基本农田保护区区划图、土壤图和土地利用现状图叠加的图斑为基本评价单元。

2. 确定评价因子 根据全国、省级耕地地力评价指标体系并通过农科教专家论证来选择繁峙县县域耕地地力评价因子。

3. 确定评价因子权重 用模糊数学德尔菲法和层次分析法将评价因子标准数据化，并计算出每一评价因子的权重。

4. 数据标准化 选用隶属函数法和专家经验法等数据标准化方法，对评价指标进行数据标准化处理，对定性指标要进行数值化描述。

5. 综合地力指数计算 用各因子的地力指数累加得到每个评价单元的综合地力指数。

6. 划分地力等级 根据综合地力指数分布的累积频率曲线法或等距法，确定分级方案，并划分地力等级。

7. 归入全国耕地地力等级体系 依据《全国耕地类型区、耕地地力等级划分》（NY/T 309—1996），归纳整理各级耕地地力要素主要指标，结合专家经验，将各级耕地地力归入全国耕地地力等级体系。

8. 划分中低产田类型　依据《全国中低产田类型划分与改良技术规范》（NY/T 310—1996)，分析评价单元耕地土壤主要障碍因素，划分并确定中低产田类型。

第三节　野外调查及质量控制

一、调查方法

野外调查的重点是对取样点的立地条件、土壤属性、农田基础设施条件、农户栽培管理成本、收益及污染等情况全面了解和掌握。

1. 室内确定采样位置　技术指导组根据要求，在1∶10 000评价单元图上确定各类型采样点的采样位置，并在图上标注。

2. 培训野外调查人员　抽调技术素质高、责任心强的农业技术人员，尽可能抽调第二次土壤普查人员，经过为期3天的专业培训和野外实习，组成6支野外调查队，共24余人参加野外调查。

3. 根据《规程》和《规范》要求，严格取样　各野外调查支队根据图标位置，在了解农户农业生产情况基础上，确定具有代表性田块和农户，用GPS定位仪进行定位，依据田块准确方位修正点位图上的点位位置。

4. 按照《规程》、省级实施方案要求规定和《规范》规定，填写调查表格，并将采集的样品统一编号，带回室内进行化验。

二、调查内容

(一)基本情况调查项目

1. 采样地点和地块　采样地点乡（镇）村名称，采用行政和民政部门认可的正式名称。地块名称采用当地的通俗名称。

2. 经纬度及海拔高度　用GPS定位仪进行测定。

3. 地形地貌　繁峙县地貌总的来说是东高西低，北、东、南三面环山。繁峙县地貌大致可分为四大地貌类型，即石山区、土石山区、丘陵区、平川区。

4. 地形部位　指中小地貌单元，主要包括河漫滩、一级阶地、二级阶地、高阶地、坡地、梁地、峁地、山地、沟谷地、沟坝地、洪积扇等。

5. 坡度　一般分为≤2.0°、2.1°~5.0°、5.1°~8.0°、8.1°~15.0°、15.1°~25.0°、≥25.0°。

6. 侵蚀情况　按侵蚀种类和侵蚀程度记载，根据土壤侵蚀类型可划分为水蚀、风蚀、重力侵蚀、冻融侵蚀、混合侵蚀等，侵蚀程度通常分为无明显、轻度、中度、重度、强度、极强度等六级。

7. 障碍因素　分为灌溉改良型、坡地梯改型、障碍层次型、瘠薄培肥型和盐碱改良型5种。

8. 潜水深度　指地下水深度，分为深位（3～5 米）、中位（2～3 米）、浅位（≤2 米）。

9. 家庭人口及耕地面积　指每个农户实有的人口数量和种植耕地面积（亩）。

（二）土壤性状调查项目

1. 土壤名称　统一按第二次土壤普查时的连续命名法填写，详细到土种。

2. 土壤质地　国际制；全部样品均需采用手摸测定；质地分为：沙土、沙壤、轻壤、中壤、重壤、黏土 6 级。室内选取 10% 的样品采用比重计法（粒度分布仪法）测定。

3. 质地构型　指不同土层之间质地构造变化情况。一般可分为通体壤、通体黏、通体沙、黏夹沙、底沙、壤夹黏、多砾、少砾、夹砾、底砾、少姜、多姜等。

4. 耕层厚度　用铁锹垂直铲下去，用钢卷尺按实际进行测量确定。

5. 有效土层厚度　指土壤层和松散的母质层之和。按其厚度深浅从高到低依次分为 6 级（>150 厘米、101～150 厘米、76～100 厘米、51～75 厘米、26～50 厘米、<25 厘米）。

6. 障碍层次及深度　主要指沙土、黏土、砾石、料姜等所发生的层位、层次及深度。

7. 盐渍化程度　按盐碱类型划分为苏打盐化、硫酸盐盐化、氯化物盐化、混合盐化等。以全盐量的高低来衡量，分为无、重度、中度、轻度 4 种情况。

8. 土壤母质　按成因类型分为残积物、坡积物、河流冲积物、洪积物、淤积物、黄土、黄土状、洪积—冲积物等类型。

（三）农田设施调查项目

1. 地面平整度　按大范围地形坡度分为平整（<2°）、基本平整（2°～5°）、不平整（>5°）。

2. 园田化水平　分为地面平坦、园田化水平高，地面基本平坦、园田化水平较高，高水平梯田，缓坡梯田、熟化程度 5 年以上，新修梯田，坡耕地 6 种类型。

3. 田间输水方式　分为管道、防渗渠道、土渠等。

4. 灌溉方式　分为漫灌、畦灌、沟灌、滴灌、喷灌、管灌等。

5. 灌溉保证率　分为充分满足、基本满足、一般满足、无灌溉条件 4 种情况或按灌溉保证率（%）计。

6. 排涝能力　分为强、中、弱三级。

（四）生产性能与管理情况调查项目

1. 种植（轮作）制度　分为一年一熟、一年两熟、两年三熟等。

2. 作物（蔬菜）种类与产量　指调查地块上年度主要种植作物及其平均产量。

3. 耕翻方式及深度　指翻耕、旋耕、耙地、糖地、中耕等。

4. 秸秆还田情况　分粉碎翻压还田、整秆覆盖还田等。

5. 设施类型棚龄或种菜年限　分为薄膜覆盖、塑料拱棚、日光温室等，棚龄以正式投产算起。

6. 上年度灌溉情况　包括灌溉方式、灌溉次数、年灌水量、水源类型、灌溉费用等。

7. 年度施肥情况　包括有机肥、氮肥、磷肥、钾肥、复合（混）肥、微肥、叶面肥、微生物肥及其他肥料施用情况，有机肥要注明类型，化肥指纯养分。

8. 上年度生产成本 包括化肥、有机肥、农药、农膜、种子（种苗）、机械人工及其他核算成本。

9. 上年度农药使用情况 农药使用次数、品种、数量。

10. 产品销售及收入情况。

11. 作物品种及种子来源。

12. 蔬菜效益 指当年纯收益。

三、采样数量

在繁峙县 79.84 万亩耕地上，共采集大田土壤样品 3 750 个。

四、采样控制

野外调查采样是此次调查评价的关键。既要考虑采样代表性、均匀性，也要考虑采样的典型性。根据繁峙县的区划划分特征，分别在土石山区、黄土丘陵区、平川区、沟谷地及不同作物类型、不同地力水平的农田严格按照规程和规范要求均匀布点，并按图标布点实地核查后进行定点采样。在工矿企业周边农田质量调查方面，重点对使用工业对农田以及大气污染较重的金矿、铁矿、选矿厂、钢铁厂等附近农田进行采样。整个采样过程严肃认真，达到了规程要求，保证了调查采样质量。

第四节　样品分析及质量控制

一、分析项目及方法

（一）物理性状

土壤容重：采用环刀法测定。

（二）化学性状

（1）pH：土液比 1∶2.5，采用电位法测定。

（2）有机质：采用油浴加热重铬酸钾氧化容量法测定。

（3）全磷：采用氢氧化钠熔融——钼锑抗比色法测定。

（4）有效磷：采用碳酸氢钠或氟化铵——盐酸浸提—钼锑抗比色法测定。

（5）全钾：采用氢氧化钠熔融——火焰光度计或原子吸收分光光度计法测定。

（6）速效钾：采用乙酸铵浸提——火焰光度计或原子吸收分光光度计法测定。

（7）全氮：采用凯氏蒸馏法测定。

（8）碱解氮：采用碱解扩散法测定。

（9）缓效钾：采用硝酸提取——火焰光度法测定。

（10）有效铜、锌、铁、锰：采用 DPTA 提取——原子吸收光谱法测定。

（11）有效钼：采用草酸—草酸铵浸提—极谱法测定。

（12）有效硼：采用沸水浸提—甲亚铵—H 比色法或姜黄素比色法测定。

（13）有效硫：采用磷酸盐—乙酸或氯化钙浸提—硫酸钡比浊法测定。

（14）有效硅：采用柠檬酸浸提—硅钼蓝色比色法测定。

（15）交换性钙和镁：采用乙酸铵提取—原子吸收光谱法测定。

（16）阳离子交换量：采用 EDTA—乙酸铵盐交换法测定。

二、分析测试质量控制

分析测试质量主要包括野外调查取样后样品风干、处理与实验室分析化验质量，其质量的控制是调查评价的关键。

（一）样品风干及处理

常规样品如大田样品、果园土壤样品，及时放置在干燥、通风、卫生、无污染的室内风干，风干后送化验室处理。

将风干后的样品平铺在制样板上，用木棍或塑料棍碾压，并将植物残体、石块等侵入体和新生体剔除干净。细小已断的植物须根，可采用静电吸附的方法清除。压碎的土样用 2 毫米孔径筛过筛，未通过的土粒重新碾压，直至全部样品通过 2 毫米孔径筛为止。通过 2 毫米孔径筛的土样可供 pH、盐分、交换性能及有效养分等项目的测定。

将通过 2 毫米孔径筛的土样用四分法取出一部分继续碾磨，使其全部通过 0.25 毫米孔径筛，供有机质、全氮、碳酸钙等项目的测定。

用于微量元素分析的土样，其处理方法同一般化学分析样品，但在采样、风干、研磨、过筛、运输、储存等诸环节都要特别注意，不要接触容易造成样品污染的铁、铜等金属器具。采样、制样推荐使用不锈钢、木、竹或塑料工具，过筛使用尼龙网筛等。通过 2 毫米孔径尼龙筛的样品可用于测定土壤有效态微量元素。

将风干土样反复碾压，用 2 毫米孔径筛过筛。留在筛上的碎石称量后保存，同时将过筛的土壤称重，计算石砾质量百分数。将通过 2 毫米孔径筛的土样混匀后盛于广口瓶内，用于颗粒分析及其他物理性质测定。若风干土样中有铁锰结核、石灰结核、石子或半风化体，不能用木棍碾碎，应首先将其细心检出称量保存，然后再进行碾碎。

（二）实验室质量控制

1. 在测试前采取的主要措施

（1）按《规程》的要求制订了周密的采样方案，尽量减少采样误差（把采样作为分析检验的一部分）。

（2）正式开始分析前，对检验人员进行了为期 2 周的培训：对监测项目、监测方式、操作要点、注意事项等进行培训，并进行了质量考核，为监验人员掌握了解项目分析技术、提高业务水平、减少误差等奠定了基础。

（3）收样登记制度：制订了收样登记制度，将收样时间、制样时间、处理方法与时间、分析时间逐项登记，并在收样时确定样品统一编码、野外编码及标签等，从而确保了样品的真实性和整个过程的完整性。

（4）测试方法确认（尤其是同一项目有几种检测方法时）：根据实验室现有条件、要求规定及分析人员掌握情况等确定最终采取的分析方法。

(5) 测试环境确认：为减少系统误差，对实验室温湿度、试剂、用水、器皿等逐项检验，保证其符合测试条件。对有些相互干扰的项目分开实验室进行分析。

(6) 检测用仪器设备及时进行计量检定，定期进行运行状况检查。

2. 在检测中采取的主要措施

(1) 仪器使用实行登记制度，并及时对仪器设备进行检查维修和调试。

(2) 严格执行项目分析标准或规程，确保测试结果准确性。

(3) 坚持平行试验、必要的重显性试验，控制精密度，减少随机误差。

每个项目开始分析时每批样品均须做 100％平行样品，结果稳定后，平行次数减少 50％，最少保证做 10％～15％平行样品。每个化验人员都自行编入明码样做平行测定，质控员还编入 10％密码样进行质量按制。

平行双样测定结果的误差在允许的范围之内为合格；平行双样测定全部不合格者，该批样品须重新测定；平行双样测定合格率＜95％时，除对不合格的重新测定外，再增加 10％～20％的平行测定率，直到总合格率达到 95％以上。

(4) 坚持带质控样进行测定：

①与标准样对照：分析中，每批次带标准样品 10％～20％，以测定的精密度合格的前提下，标准样测定值在标准保证值（95％的置信水平）范围的为合格，否则本批结果无效，进行重新分析测定。

②加标回收法：对灌溉水样由于无标准物质或质控样品，采用加标回收试验来测定准确度。

加标率，在每批样品中，随机抽取 10％～20％的试样进行加标回收测定。

加标量，被测组分的总量不得超出方法的测定上限。加标浓度宜高，体积应小，不应超过原定试样体积的 1％。

加标回收率在 90％～110％的为合格。

$$加标回收率（\%）=\frac{加标试样测定值-试样测定值}{加标量}\times 100$$

根据回收率大小，也可判断是否存在系统误差。

(5) 注重空白试验：全程空白值是指用某一方法测定某物质时，除样品中不含该物质外，整个分析过程中引起的信号值或相应浓度值。它包含了试剂、蒸馏水中杂质带来的干扰，从待测试样的测定值中扣除，可消除上述因素带来的系统误差。如果空白值过高，则要找出原因，采取其他措施（如提纯试剂、更新试剂、更换容器等）加以消除。保证每批次样品做 2 个以上空白样，并在整个项目开始前按要求做全程序空白测定，每次做 2 个平行空白样，连测 5 天共得 10 个测定结果，计算批内标准偏差 S_{wb}。

$$S_{wb}=\left[\sum (X_i-X_{平})^2/m(n-1)\right]^{1/2}$$

式中：n——每天测定平均样个数；

　　　m——测定天数。

(6) 做好校准曲线：比色分析中标准系列保证设置 6 个以上浓度点。根据浓度和吸光值按一元线性回归方程计算其相关系数。

$$Y = a + bX$$

式中：Y——吸光度；

X——待测液浓度；

a——截距；

b——斜率。

要求标准曲线相关系数 r≥0.999。

校准曲线控制：①每批样品皆需做校准曲线；②标准曲线力求 r≥0.999，且有良好重现性；③大批量分析时每测 10～20 个样品要用一标准液校验，检查仪器状况；④待测液浓度超标时不能任意外推。

（7）用标准物质校核实验室的标准滴定溶液：标准物质的作用是校准。对测量过程中使用的基准纯、优级纯的试剂进行校验。校准合格才准用，确保量值准确。

（8）详细、如实记录测试过程，使检测条件可再现、检测数据可追溯。对测量过程中出现的异常情况也及时记录，及时查找原因。

（9）认真填写测试原始记录，测试记录做到：如实、准确、完整、清晰。记录的填写、更改均制定了相应制度和程序。当测试由一人读数一人记录时，记录人员复读多次所记的数字，减少误差发生。

3. 检测后主要采取的技术措施

（1）加强原始记录校核、审核，实行"三审三校"制度，对发现的问题及时研究、解决，或召开质量分析会，达成共识。

（2）运用质量控制图预防质量事故发生：对运用均值—极差控制图的判断，参照《质量专业理论与实践》中的判断标准。对控制样品进行多次重复测定，由所得结果计算出控制样的平均值 X 及标准差 S（或极差 R），就可绘制均值—标准差控制图（或均值—极差控制图），纵坐标为测定值，横坐标为获得数据的顺序。将均值 X 作成与横坐标平行的中心级 CL，$X \pm 3S$ 为上下控制限 UCL 及 LCL，$X \pm 2S$ 为上下警戒限 UWL 及 LWL，在进行试样列行分析时，每批带入控制样，根据差异判异准则进行判断。如果在控制限之外，该批结果为全部错误结果，则必须查出原因，采样措施，加以消除，除"回控"后再重复测定，并控制不再出现。如果控制样的结果落在控制限和警戒限之间，说明精密度已不理想，应引起注意。

（3）控制检出限：检出限是指对某一特定的分析方法在给定的置信水平内，可以从样品中检测的待测物质的最小浓度或最小量。根据空白测定的批内标准偏差（S_{wb}）按下列公式计算检出限（95％的置信水平）。

①若试样一次测定值与零浓度试样一次测定值有显著性差异时，检出限（L）按下列公式计算：

$$L = 2 \times 2^{1/2} t_f S_{wb}$$

式中：t_f——显著水平为 0.05（单测）、自由度为 f 的 t 值；

S_{wb}——批内空白值标准偏差；

f——批内自由度，$f = m(n-1)$，m 为重复测定数，n 为平行测定次数。

②原子吸收分析方法中检出限计算：$L = 3S_{wb}$。

③分光光度法以扣除空白值后的吸光值为 0.010 相对应的浓度值为检出限。

（4）及时对异常情况处理：

①异常值的取舍。对检测数据中的异常值，按 GB/T 4883—2008 标准规定采用 Grubbs 法或 Dixon 法加以判断处理。

②因外界干扰（如停电、停水），检测人员应终止检测，待排除干扰后重新检测，并记录干扰情况。当仪器出现故障时，故障排除后校准合格的，方可重新检测。

（5）使用计算机采集、处理、运算、记录、报告存储检测数据时，应制定相应的控制程序。

（6）检验报告的编制、审核、签发：检验报告是实验工作的最终结果，是试验室的产品。因此，对检验报告质量要高度重视。检验报告应做到完整、准确、清晰、结论正确。必须坚持三级审核制度，明确制表、审核、签发的职责。

除此之外，为保证分析化验质量，提高实验室之间分析结果的可比性，山西省土壤肥料工作站抽查 5%～10%样品在山西省分析测试中心进行复核，并编制密码样，对实验室进行质量监督和控制。

4. 技术交流　在分析过程中，发现问题及时交流，改进方法，不断提高技术水平。

5. 数据录入　分析数据按规程和方案要求审核后编码整理，和采样点一对照，确认无误后进行录入。采取双人录入相互对照的方法，保证录入正确率。

第五节　评价依据、方法及评价标准体系的建立

一、评价原则与依据

（一）耕地地力评价

经山西省农业厅土壤肥料工作站、山西农业大学资源环境学院、忻州市土壤肥料工作站以及繁峙县土壤肥料工作站专家评议，繁峙县确定了 10 个因子为耕地地力评价指标。

1. 立地条件　指耕地土壤的自然环境条件，它包含了与耕地质量直接相关的地貌类型及地形部位、成土母质、地面坡度等。

（1）地貌类型及其特征描述：繁峙县由平川到山地垂直分布的主要地形地貌有河流及河谷冲积平原（河漫滩、一级阶地、二级阶地、高阶地），山前倾斜平原（洪积扇上、中、下等），丘陵（梁地、坡地等）和山地（石质山、土石山等）。

（2）成土母质及其主要分布：在繁峙县耕地上分布的母质类型按成因类型分残积物、坡积物、河流冲积物、洪积物、淤积物、黄土、黄土状、红黄土等类型。

（3）地面坡度：地面坡度反映水土流失程度，直接影响耕地地力，繁峙县将地面坡度小于 25°的耕地依坡度大小分为 6 级（≤2.0°、2.1°～5.0°、5.1°～8.0°、8.1°～15.0°、15.1°～25.0°、≥25.0°）进入地力评价系统。

2. 土壤属性

（1）土体构型：指土壤剖面中不同土层间质地构造变化情况，直接反映土壤发育及障

碍层次，影响根系发育、水肥保持及有效供给，包括有效土层厚度、耕作层厚度、质地构型等3个因素。繁峙县选择耕层厚度和质地构型两个因素。

①耕层厚度：按其厚度深浅从高到低依次分为6级（＞30厘米、26～30厘米、21～25厘米、16～20厘米、11～15厘米、≤10厘米）进入地力评价系统。

②质地构型：繁峙县耕地质地构型主要分为通体型（包括通体壤、通体黏、通体沙）、夹沙（包括壤夹沙、黏夹沙）、底沙、夹黏（包括壤夹黏、沙夹黏）、深黏、夹砾、底砾、通体少砾、通体多砾、通体少姜、浅姜、通体多姜等。

（2）耕层土壤理化性状：分为较稳定的理化性状（容重、质地、有机质、盐渍化程度、pH）和易变化的化学性状（有效磷、速效钾）两大部分。

①容重。影响作物根系发育及水肥供给，进而影响产量。从高到低依次分为6级（≤1.00克/立方厘米、1.01～1.14克/立方厘米、1.15～1.26克/立方厘米、1.27～1.30克/立方厘米、1.31～1.4克/立方厘米、＞1.40克/立方厘米）进入地力评价系统。

②质地。影响水肥保持及耕作性能。按卡庆斯基制的6级划分体系来描述，分别为沙土、沙壤、轻壤、中壤、重壤、黏土。

③有机质。土壤肥力的重要指标，直接影响耕地地力水平。按其含量从高到低依次分为6级（＞25.00克/千克、20.01～25.00克/千克、15.01～20.00克/千克、10.01～15.00克/千克、5.01～10.00克/千克、≤5.00克/千克）进入地力评价系统。

④pH。过大或过小，作物生长发育受抑。按照繁峙县耕地土壤的pH范围，按其测定值由低到高依次分为6级（6.0～7.0、7.0～7.9、7.9～8.5、8.5～9.0、9.0～9.5、≥9.5）进入地力评价系统。

⑤有效磷。按其含量从高到低依次分为6级（＞25.00毫克/千克、20.1～25.00毫克/千克、15.1～20.00毫克/千克、10.1～15.00毫克/千克、5.1～10.00毫克/千克、≤5.00毫克/千克）进入地力评价系统。

⑥速效钾。按其含量从高到低依次分为6级（＞200毫克/千克、151～200毫克/千克、101～150毫克/千克、81～100毫克/千克、51～80毫克/千克、≤50毫克/千克）进入地力评价系统。

3. 农田基础设施条件

（1）灌溉保证率：指降水不足时的有效补充程度，是提高作物产量的有效途径，分为充分满足，可随时灌溉；基本满足，在关键时期可保证灌溉；一般满足，大旱之年不能保证灌溉；无灌溉条件4种情况。

（2）园（梯）田化水平：按园田化和梯田类型及其熟化程度分为地面平坦、园田化水平高，地面基本平坦、园田化水平较高，高水平梯田，缓坡梯田、熟化程度5年以上，新修梯田，坡耕地6种类型。

（二）大田土壤环境质量评价

此次大田环境质量评价涉及土壤和灌溉水两个环境要素。

参评因子共有8个，分别为土壤pH、镉、汞、砷、铜、铅、铬、锌。评价标准采用土壤环境质量国家标准（GB 15618—1995）中的二级标准，评价结果遵循"单因子最大污染"的原则，通过对单因子污染指数和多因子综合污染指数进行综合评判，将污染程度分为清洁（n）、轻度污染（l）、中度污染（m）、重度污染（h）4 个等级。

二、耕地地力评价方法及流程

1. 技术方法

（1）文字评述法：对一些概念性的评价因子（如地形部位、成土母质、耕层质地、园田化水平等）进行定性描述。

（2）专家经验法（德尔菲法）：在全省农科系统邀请山西农业大学资源环境学院、山西省农业厅土壤肥料工作站、各市县具有一定学术水平和农业生产实践经验的土壤肥料界的 18 名专家，参与评价因素的筛选和隶属度确定（包括概念型和数值型评价因子的评分），见表 2-1。

表 2-1　各评价因子专家打分意见

因　　子	平均值	众数值	建议值
立地条件（C_1）	1.6	1（11）	1
土体构型（C_2）	3.2	3（9）5（6）	3
较稳定的理化性状（C_3）	3.5	3（6）5（9）	4
易变化的化学性状（C_4）	3.8	5（9）4（6）	5
农田基础建设（C_5）	1.5	1（15）	1
地形部位（A_1）	1.8	1（13）	1
成土母质（A_2）	3.8	3（6）5（10）	4
地面坡度（A_3）	2.1	2（10）3（6）	2
耕层厚度（A_4）	3.0	3（10）4（6）	3
耕层质地（A_5）	3.1	3（9）4（7）	3
有机质（A_6）	2.3	2（6）3（10）	3
pH（A_7）	4.0	4（8）5（8）	4
有效磷（A_8）	2.6	3（6）4（7）	3
速效钾（A_9）	3.6	4（6）5（8）	4
园（梯）田化水平（A_{10}）	1.2	1（13）	1

（3）模糊综合评判法：应用这种数理统计的方法对数值型评价因子（如地面坡度、有效土层厚度、耕层厚度、土壤容重、有机质、有效磷、速效钾、酸碱度、灌溉保证率等）进行定量描述，即利用专家给出的评分（隶属度）建立某一评价因子的隶属函数（表 2-2）。

表2-2　繁峙县耕地地力评价数字型因子分级及其隶属度

评价因子	量纲	1级	2级	3级	4级	5级	6级
		量　值	量　值	量　值	量　值	量　值	量　值
地面坡度	°	<2.0	2.0～5.0	5.1～8.0	8.1～15.0	51.1～25.0	≥25
耕层厚度	厘米	>30	26～30	21～25	16～20	11～15	≤10
土壤容重	克/立方厘米	≤1.10	1.11～1.10	1.21～1.27	1.28～1.35	1.36～1.42	>1.42
有机质	克/千克	>25.0	20.01～25.00	15.01～20.00	10.01～15.00	5.01～10.00	≤5.00
pH	—	6.7～7.0	7.1～7.9	8.0～8.5	8.6～9.0	9.1～9.5	≥9.5
有效磷	毫克/千克	>25.0	20.1～25.0	15.1～20.0	10.1～15.0	5.1～10.0	≤5.0
速效钾	毫克/千克	>200	151～200	101～150	81～100	51～80	≤50

（4）层次分析法：用于计算各参评因子的组合权重。本次评价，把耕地生产性能（即耕地地力）作为目标层（G层），把影响耕地生产性能的立地条件、土体构型、较稳定的理化性状、易变化的化学性状、农田基础设施条件作为准则层（C层），再把影响准则层中的各因素的项目作为指标层（A层），建立耕地地力评价层次结构图。在此基础上，由18名专家分别对不同层次内各参评因素的重要性做出判断，构造出不同层次间的判断矩阵。最后计算出各评价因子的组合权重。

（5）指数和法：采用加权法计算耕地地力综合指数，即将各评价因子的组合权重与相应的因素等级分值（即由专家经验法或模糊综合评价法求得的隶属度）相乘后累加，如：

$$IFI = \sum B_i \times A_i (i = 1,2,3\cdots,15)$$

式中：IFI——耕地地力综合指数；

　　　　B_i——第 i 个评价因子的等级分值；

　　　　A_i——第 i 个评价因子的组合权重。

2. 技术流程

（1）应用叠加法确定评价单元：把基本农田保护区规划图与土地利用现状图、土壤图叠加形成的图斑作为评价单元。

（2）空间数据与属性数据的连接：用评价单元图分别与各个专题图叠加，为第一评价单元获取相应的属性数据。根据调查结果，提取属性数据进行补充。

（3）确定评价指标：根据全国耕地地力调查评价指数表，由山西省土壤肥料工作站组织18名专家，采用德尔菲法和模糊综合评判法确定繁峙县耕地地力评价因子及其隶属度。

（4）数据标准化：计算各评价因子的隶属函数，对各评价因子的隶属度数值进行标准化。

（5）应用累加法计算每个评价单元的耕地地力综合指数。

（6）划分地力等级：分析综合地力指数分布，确定耕地地力综合指数的分级方案，划分地力等级。

（7）归入农业部地力等级体系：选择 10％的评价单元，调查近 3 年粮食单产（或用基础地理信息系统中已有资料），与以粮食作物产量为引导确定的耕地基础地力等级进行相关分析，找出两者之间的对应关系，将评价的地力等级归入农业部确定的等级体系（NY/T 309—1996　全国耕地类型区、耕地地力等级划分）。

（8）采用 GIS、GPS 系统编绘各种养分图和地力等级图等图件。

三、耕地地力评价标准体系建立

1. 耕地地力要素的层次结构　见图 2-2。

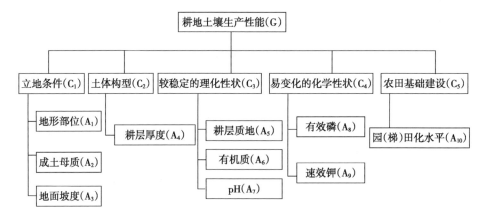

图 2-2　耕地地力要素层次结构图

2. 耕地地力要素的隶属度

（1）概念性评价因子：各评价因子的隶属度及其描述见表 2-3。

（2）数值型评价因子：各评价因子的隶属函数（经验公式）见表 2-4。

3. 耕地地力要素的组合权重　应用层次分析法所计算的各评价因子的组合权重见表 2-5。

4. 耕地地力分级标准　繁峙县耕地地力分级标准见表 2-6。

表 2-3　繁峙县耕地地力评价概念性因子隶属度及其描述

地形部位	描　述	河漫滩	一级阶地	二级阶地	高阶地	垣　地	洪积扇（上、中、下）		倾斜平原	梁　地	峁　地	坡　麓	沟　谷
	隶属度	0.7	1.0	0.9	0.7	0.4	0.4	0.6	0.8	0.8	0.2	0.2	0.1	0.6
母质类型	描　述	洪积物		河流冲积物	黄土状冲积物		残积物		保德红土		马兰黄土		离石黄土	
	隶属度	0.7		0.9	1.0		0.2		0.3		0.5		0.6	
耕层质地	描　述	沙　土		沙　壤		轻　壤		中　壤		重　壤		黏　土		
	隶属度	0.2		0.6		0.8		1.0		0.8		0.4		
园（梯）田化水平	描　述	地面平坦园田化水平高		地面基本平坦园田化水平较高		高水平梯田		缓坡梯田熟化程度 5 年以上		新修梯田		坡耕地		
	隶属度	1.0		0.8		0.6		0.4		0.2		0.1		

表 2-4 繁峙县耕地地力评价数值型因子隶属函数

函数类型	评价因子	经验公式	C	Ut
戒下型	地面坡度（°）	$Y=1/[1+6.492\times10^{-3}\times(u-c)^2]$	3.00	$\geqslant25.00$
戒上型	耕层厚度（厘米）	$Y=1/[1+4.057\times10^{-3}\times(u-c)^2]$	33.80	$\leqslant10.00$
戒上型	有机质（克/千克）	$Y=1/[1+2.912\times10^{-3}\times(u-c)^2]$	28.40	$\leqslant5.00$
戒下型	pH	$Y=1/[1+0.515^6\times(u-c)^2]$	7.00	$\geqslant9.50$
戒上型	有效磷（毫克/千克）	$Y=1/[1+3.035\times10^{-3}\times(u-c)^2]$	28.85	$\leqslant5.00$
戒上型	速效钾（毫克/千克）	$Y=1/[1+5.389\times10^{-5}\times(u-c)^2]$	228.76	$\leqslant50.00$

表 2-5 繁峙县耕地地力评价因子层次分析结果

指标层	准则层					组合权重
	C_1	C_2	C_3	C_4	C_5	$\sum C_i A_i$
	0.423 9	0.071 4	0.129 0	0.123 4	0.252 3	1.000 0
A_1 地形部位	0.572 8					0.242 8
A_2 成土母质	0.167 5					0.071 1
A_3 地面坡度	0.259 7					0.110 1
A_4 耕层厚度		1.000 0				0.071 4
A_5 耕层质地			0.468 0			0.060 4
A_6 有机质			0.272 3			0.035 1
A_7 pH			0.259 7			0.033 5
A_8 有效磷				0.698 1		0.086 1
A_9 速效钾				0.301 9		0.037 2
A_{10} 园田化水平					1.000 0	0.252 3

表 2-6 繁峙县耕地地力等级标准

级 别	生产能力综合指数	级 别	生产能力综合指数
一级地	$\geqslant0.88$	五级地	0.69~0.83
二级地	0.86~0.88	六级地	0.53~0.69
三级地	0.84~0.86	七级地	$\leqslant0.53$
四级地	0.83~0.84		

第六节 耕地资源管理信息系统建立

一、耕地资源管理信息系统的总体设计

耕地资源信息系统以一个县行政区域内耕地资源为管理对象，应用GIS技术对辖区内的地形、地貌、土壤、土地利用、农田水利、土壤污染、农业生产基本情况、基本农田保护区等资料进行统一管理，构建耕地资源基础信息系统，并将此数据平台与各类管理模型结合，对辖区内的耕地资源进行系统的动态管理，为农业决策者、农民和农业技术人员提供耕地质量动态变化、土壤适宜性、施肥咨询、作物营养诊断等多方位的信息服务。

本系统行政单元为村，农田单元为基本农田保护块，土壤单元为土种，系统基本管理单元为土壤、基本农田保护块、土地利用现状叠加所形成的评价单元。

1. 系统结构（图2-3）

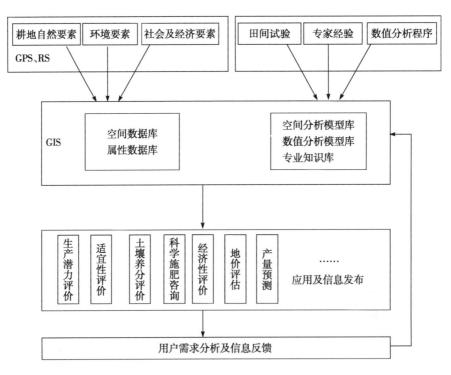

图2-3 耕地资源管理信息系统结构

2. 县域耕地资源管理信息系统建立工作流程（图2-4）。

3. CLRMIS、硬件配置

（1）硬件：P5及其兼容机，≥1G的内存，≥20G的硬盘，A4扫描仪，彩色喷墨打印机。

（2）软件：Windows 2000/XP，Excel 2000/XP等。

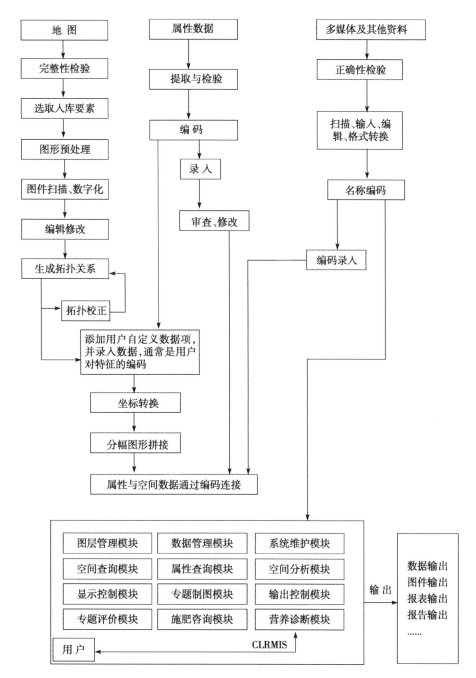

图 2-4 县域"耕地资源管理信息系统"建立工作流程

二、资料收集与整理

1. 图件资料收集与整理 图件资料指印刷的各类地图、专题图以及商品数字化矢量和栅格图。图件比例尺为 1：50 000 和 1：10 000。

（1）地形图：统一采用中国人民解放军总参谋部测绘局测绘的地形图。由于近年来公路、水系、地形地貌等变化较大，因此采用水利、公路、规划、国土等部门的有关最新图件资料对地形图进行修正。

（2）行政区划图：由于近年撤乡并镇等工作致使部分地区行政区划变化较大，因此按最新行政区划进行修正，同时注意名称、拼音、编码等的一致。

（3）土壤图及土壤养分图：采用第二次土壤普查成果图。

（4）基本农田保护区现状图：采用国土局最新划定的基本农田保护区图。

（5）地貌类型分区图：根据地貌类型将辖区内农田分区，采用第二次土壤普查分类系统绘制成图。

（6）土地利用现状图：采用 2009 年第二次土地调查成果及现状图。

（7）土壤肥力监测点点位图：在地形图上标明准确位置及编号。

（8）土壤普查土壤采样点点位图：在地形图上标明准确位置及编号。

2. 数据资料收集与整理

（1）基本农田保护区一级、二级地块登记表，国土局基本农田划定资料。

（2）其他有关基本农田保护区划定统计资料，国土局基本农田划定资料。

（3）近几年粮食单产、总产、种植面积统计资料（以村为单位）。

（4）其他农村及农业生产基本情况资料。

（5）历年土壤肥力监测点田间记载及化验结果资料。

（6）历年肥情点资料。

（7）县、乡、村名编码表。

（8）近几年土壤、植株化验资料（土壤普查、肥力普查等）。

（9）近几年主要粮食作物、主要品种产量构成资料。

（10）各乡历年化肥销售、使用情况。

（11）土壤志、土种志。

（12）特色农产品分布、数量资料。

（13）主要污染源调查情况统计表（地名、污染类型、方式、强度等）。

（14）当地农作物品种及特性资料，包括各个品种的全生育期、大田生产潜力、最佳播期、移栽期、播种量、栽插密度、100 千克籽粒需氮量、需磷量、需钾量等，及品种特性介绍。

（15）一元、二元、三元肥料肥效试验资料，计算不同地区、不同土壤、不同作物品种的肥料效应函数。

（16）不同土壤、不同作物基础地力产量占常规产量比例资料。

3. 文本资料收集与整理

（1）全县及各乡（镇）基本情况描述。

（2）各土种性状描述，包括其发生、发育、分布、生产性能、障碍因素等。

4. 多媒体资料收集与整理

（1）土壤典型剖面照片。

（2）土壤肥力监测点景观照片。

（3）当地典型景观照片。

（4）特色农产品介绍（文字、图片）。

（5）地方介绍资料（图片、录像、文字、音乐）。

三、属性数据库建立

（一）属性数据内容

CLRMIS 主要属性资料及其来源见表 2-7。

表 2-7　CLRMIS 主要属性资料及其来源

编　号	名　　　称	来　　源
1	湖泊、面状河流属性表	水利局
2	堤坝、渠道、线状河流属性数据	水利局
3	交通道路属性数据	交通局
4	行政界线属性数据	农业委员会
5	耕地及蔬菜地灌溉水、回水分析结果数据	农业委员会
6	土地利用现状属性数据	国土局、卫星图片解译
7	土壤、植株样品分析化验结果数据表	本次调查资料
8	土壤名称编码表	土壤普查资料
9	土种属性数据表	土壤普查资料
10	基本农田保护块属性数据表	国土局
11	基本农田保护区基本情况数据表	国土局
12	地貌、气候属性表	土壤普查资料
13	县乡村名编码表	统计局

（二）属性数据分类与编码

数据的分类编码是对数据资料进行有效管理的重要依据。编码的主要目的是节省计算机内存空间，便于用户理解使用。地理属性进入数据库之前进行编码是必要的，只有进行了正确的编码，空间数据库与属性数据库才能实现正确连接。编码格式有英文字母与数字组合。本系统主要采用数字表示的层次型分类编码体系，它能反映专题要素分类体系的基本特征。

（三）建立编码字典

数据字典是数据库应用设计的重要内容，是描述数据库中各类数据及其组合的数据集合，也称元数据。地理数据库的数据字典主要用于描述属性数据，其本身是一个特殊用途的文件，在数据库整个生命周期里都起着重要的作用。它避免重复数据项的出现，并提供了查询数据的唯一入口。

（四）数据库结构设计

属性数据库的建立与录入可独立于空间数据库和 GIS 系统，可以在 Access、dBase、Foxbase 和 Foxpro 下建立，最终统一以 dBase 的 dbf 格式保存入库。下面以 dBase 的 dbf

数据库为例进行描述。

1. 湖泊、面状河流属性数据库 lake. dbf

字段名	属　性	数据类型	宽　度	小数位	量　纲
lacode	水系代码	N	4	0	代　码
laname	水系名称	C	20		
lacontent	湖泊贮水量	N	8	0	万立方米
laflux	河流流量	N	6		立方米/秒

2. 堤坝、渠道、线状河流属性数据 stream. dbf

字段名	属　性	数据类型	宽　度	小数位	量　纲
ricode	水系代码	N	4	0	代　码
riname	水系名称	C	20		
riflux	河流、渠道流量	N	6		立方米/秒

3. 交通道路属性数据库 traffic. dbf

字段名	属　性	数据类型	宽　度	小数位	量　纲
rocode	道路编码	N	4	0	代　码
roname	道路名称	C	20		
rograde	道路等级	C	1		
rotype	道路类型	C	1		（黑色/水泥/石子/土）

4. 行政界线（省、市、县、乡、村）属性数据库 boundary. dbf

字段名	属　性	数据类型	宽　度	小数位	量　纲
adcode	界线编码	N	1	0	代　码
adname	界线名称	C	4		

adcode	name
1	国　界
2	省　界
3	市　界
4	县　界
5	乡　界
6	村　界

5. 土地利用现状* 属性数据库 landuse. dbf

字段名	属　性	数据类型	宽　度	小数位	量　纲
lucode	利用方式编码	N	2	0	代　码
luname	利用方式名称	C	10		

* 土地利用现状分类表。

6. 土种属性数据表 soil. dbf

字段名	属　性	数据类型	宽　度	小数位	量　纲
sgcode	土种代码	N	4	0	代　码
stname	土类名称	C	10		

ssname	亚类名称	C	20
skname	土属名称	C	20
sgname	土种名称	C	20
pamaterial	成土母质	C	50
profile	剖面构型	C	50

＊土地系统分类表。

土种典型剖面有关属性数据：

text	剖面照片文件名	C	40
picture	图片文件名	C	50
html	HTML 文件名	C	50
video	录像文件名	C	40

7. 土壤养分（pH、有机质、氮等）**属性数据库 nutr＊＊＊＊. dbf**

本部分由一系列的数据库组成，视实际情况不同有所差异，如在盐碱土地区还包括盐分含量及离子组成等。

（1）pH 库 nutrpH. dbf：

字段名	属　性	数据类型	宽　度	小数位	量　纲
code	分级编码	N	4	0	代　码
number	pH	N	4	1	

（2）有机质库 nutrom. dbf：

字段名	属　性	数据类型	宽　度	小数位	量　纲
code	分级编码	N	4	0	代　码
number	有机质含量	N	5	2	百分含量

（3）全氮量库 nutrN. dbf：

字段名	属　性	数据类型	宽　度	小数位	量　纲
code	分级编码	N	4	0	代　码
number	全氮含量	N	5	3	百分含量

（4）速效养分库 nutrP. dbf：

字段名	属　性	数据类型	宽　度	小数位	量　纲
code	分级编码	N	4	0	代　码
number	速效养分含量	N	5	3	毫克/千克

8. 基本农田保护块属性数据库 farmland. dbf

字段名	属　性	数据类型	宽　度	小数位	量　纲
plcode	保护块编码	N	7	0	代　码
plarea	保护块面积	N	4	0	亩
cuarea	其中耕地面积	N	6		
eastto	东　至	C	20		
westto	西　至	C	20		
sorthto	南　至	C	20		

northto	北　至	C	20		
plperson	保护责任人	C	6		
plgrad	保护级别	N	1		

9. 地貌*、气候属性 landform. dbf

字段名	属　性	数据类型	宽　度	小数位	量　纲
landcode	地貌类型编码	N	2	0	代　码
landname	地貌类型名称	C	10		
rain	降水量	C	6		

* 地貌类型编码表。

10. 基本农田保护区基本情况数据表（略）

11. 县、乡（镇）、村名编码表

字段名	属　性	数据类型	宽　度	小数位	量　纲
vicodec	单位编码—县内	N	5	0	代　码
vicoden	单位编码—统一	N	11		
viname	单位名称	C	20		
vinamee	名称拼音	C	30		

（五）数据录入与审核

数据录入前仔细审核，数值型资料注意量纲、上下限，地名应注意汉字多音字、繁简体、简全称等问题，审核定稿后再录入。录入后仔细检查，保证数据录入无误后，将数据库转为规定的格式（dBase 的 dbf 文件格式文件），再根据数据字典中的文件名编码命名后保存在规定的子目录下。

文字资料以 TXT 格式命名保存，声音、音乐以 WAV 或 MID 文件保存，超文本以 HTML 格式保存，图片以 BMP 或 JPG 格式保存，视频以 AVI 或 MPG 格式保存，动画以 GIF 格式保存。这些文件分别保存在相应的子目录下，其相对路径和文件名录入相应的属性数据库中。

四、空间数据库建立

（一）数据采集的工艺流程

在耕地资源数据库建设中，数据采集的精度直接关系到现状数据库本身的精度和今后的应用，数据采集的工艺流程是关系到耕地资源信息管理系统数据库质量的重要基础工作。因此，对数据的采集制定了一个详尽的工艺流程。首先，对收集的资料进行分类检查、整理与预处理；其次，按照图件资料介质的类型进行扫描，并对扫描图件进行扫描校正；再次，进行数据的分层矢量化采集、矢量化数据的检查；最后，对矢量化数据进行坐标投影转换与数据拼接工作以及数据、图形的综合检查和数据的分层与格式转换。

具体数据采集的工艺流程见图 2-5。

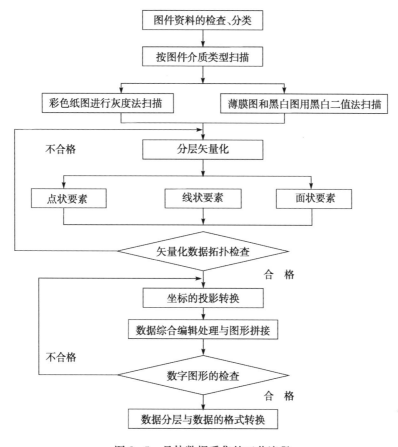

图 2-5 具体数据采集的工艺流程

（二）图件数字

1. 图件的扫描 由于所收集的图件资料为纸介质的图件资料，所以采用灰度法进行扫描。扫描的精度为 300dpi。扫描完成后将文件保存为 *.TIF 格式。在扫描过程中，为了能够保证扫描图件的清晰度和精度，我们对图件先进行预见扫描。在预见扫描过程中，检查扫描图件的清晰度，其清晰度必须能够区分图内的各要素，然后利用 CongtexF-ss8300 扫描仪自带的 CADimaGe/scan 扫描软件进行角度校正，角度校正后必须保证图幅下方两个内图廓点的连线与水平线的角度误差小于 0.2°。

2. 数据采集与分层矢量化 对图形的数字化采用交互式矢量化方法，确保图形矢量化的精度，在耕地资源信息系统数据库建设中需要采集的要素有：点状要素、线状要素和面状要素。由于所采集的数据种类较多，所以必须对所采集的数据按不同类型进行分层采集。

（1）点状要素的采集：可以分为两种类型，一种是零星地类；另一种是注记点。零星地类包括一些有点位的点状零星地类和无点位的零星地类。对于有点位的零星地类，在数据的分层矢量化采集时，将点标记置于点状要素的几何中心点；对于无点位的零星地类在分层矢量化采集时，将点标记置于原始图件的定位点。农化点位、污染源点位等注记点的采集按照原始图件资料中的注记点，在矢量化过程中一一标注相应的位置。

（2）线状要素的采集：在耕地资源图件资料上的线状要素主要有水系、道路、带有宽度的线状地物界、地类界、行政界线、权属界线、土种界、等高线等，对于不同类型的线状要素，进行分层采集。线状地物主要是指道路、水系、沟渠等，线状地物数据采集时考虑到有些线状地物，由于其宽度较宽，如一些较大的河流、沟渠，它们在地图上可以按照图件资料的宽度比例表示为一定的宽度，则按其实际宽度的比例在图上表示；有些线状地物，如一些道路和水系，由于其宽度不能在图上表示，在采集其数据时，则按栅格图上的线状地物的中轴线来确定其在图上的实际位置。对地类界、行政界、土种界和等高线数据的采集，保证其封闭性和连续性。线状要素按照其种类不同分层采集、分层保存，以备数据分析时进行利用。

（3）面状要素的采集：面状要素要在线状要素采集后，通过建立拓扑关系形成区后进行，由于面状要素是由行政界线、权属界线、地类界线和一些带有宽度的线状地物界等面状要素所形成的一系列的闭合性区域，其主要包括行政区、权属区、土壤类型区等图斑。所以，对于不同的面状要素，因采用不同的图层对其进行数据的采集。考虑到实际情况，将面状要素分为行政区层、地类层、土壤层等图斑层。将分层采集的数据分层保存。

（三）矢量化数据的拓扑检查

由于在矢量化过程中不可避免地要存在一些问题，因此，在完成图形数据分层矢量化，要进行下一步工作时，必须对分层矢量化以后的数据进行矢量化数据的拓扑检查，主要是完成以下几方面的工作。

1. 消除在矢量化过程中存在的一些悬挂线段　在线状要素的采集过程中，为了保证线段完成闭合，某些线段可能出现互相交叉的情况，这些均属于悬挂线段。在进行悬挂线段的检查时，首先使用 MapGIS 的线文件拓扑检查功能，自动对其检查和清除。如果其不能自动清除的，则对照原始图件资料进行手工修正。对线状要素进行矢量化数据检查完成以后，随即由作图员对所矢量化的数据与原始图件资料相对比进行检查。如果在对检查过程中发现有一些通过拓扑检查所不能解决的问题，矢量化数据的精度不符合精度要求的，或者是某些线状要素存在一定的位移而难以校正的，则对其中的线状要素进行重新矢量化。

2. 检查图斑和行政区等面状要素的闭合性　图斑和行政区是反映一个地区耕地资源状况的重要属性。在对图件资料中的面状要素进行数据的分层矢量化采集中，由于图件资料中所涉及的图斑较多，在数据的矢量化采集过程中，有可能存在着一些图斑或行政界的不闭合情况，可以利用 MapGIS 的区文件拓扑检查功能，对在面状要素分层矢量化采集过程中所保存的一系列区文件进行矢量化数据的拓扑检查。在拓扑检查过程中可以消除大多数区文件的不闭合情况。对于不能自动消除的，通过与原始图件资料的相互检查，消除其不闭合情况。如果通过矢量化以后的区文件的拓扑检查，可以消除在矢量化过程中所出现的上述问题，则进行下一步工作，如果在拓扑检查以后还存在一些问题，则对其进行重新矢量化，以确保系统建设的精度。

（四）坐标的投影转换与图件拼接

1. 坐标转换　在进行图件的分层矢量化采集过程中，所建立的图面坐标系（单位为毫米），而在实际应用中，则要求建立平面直角坐标系（单位为米）。因此，必须利用

MapGIS 所提供的坐标转换功能，将图面坐标转换成为正投影的大地直角坐标系。在坐标转换过程中，为了能够保证数据的精度，可根据提供数据源的图件精度的不同，在坐标转换过程中，采用不同的质量控制方法进行坐标转换工作。

2. 投影转换 县级土地利用现状数据库的数据投影方法采用高斯投影，也就是将进行坐标转换以后的图形资料，按照大地坐标系的经纬度坐标进行转换，以便以后进行图件拼接。在进行投影转换时，对 1∶10 000 土地利用图件资料，投影的分带宽度为 3°。但是根据地形的复杂程度，行政区的跨度和图幅的具体情况，对于部分图形采用非标准的 3° 分带高斯投影。

3. 图件拼接 繁峙县提供的 1∶10 000 土地利用现状图是采用标准分幅图，在系统建设过程中应把图幅进行拼接，在图斑拼接检查过程中，相邻图幅间的同名要素误差应小于 1 毫米，这时移动其任何一个要素进行拼接，同名要素间距为 1～3 毫米的处理方法是将两个要素各自移动一半，在中间部分结合，这样图幅接拼完全满足了精度要求。

五、空间数据库与属性数据库的连接

MapGIS 系统采用不同的数据模型分别对属性数据和空间数据进行存储管理，属性数据采用关系模型，空间数据采用网状模型。两种数据的连接非常重要。在一个图幅工作单元 Coverage 中，每个图形单元由一个标识码来唯一确定。同时一个 Coverage 中可以若干个关系数据库文件即要素属性表，用以完成对 Coverage 的地理要素的属性描述。图形单元标识码是要素属性表中的一个关键字段，空间数据与属性数据以此字段形成关联，完成对地图的模拟。这种关联是 MapGIS 的两种模型联成一体，可以方便地从空间数据检索属性数据或者从属性数据检索空间数据。

对属性与空间数据的连接采用的方法是：在图件矢量化过程中，标记多边形标识点，建立多边形编码表，并运 MapGIS 将用 Foxpro 建立的属性数据库自动连接到图形单元中，这种方法可由多人同时进行工作，速度较快。

第三章　耕地土壤属性

第一节　耕地土壤类型

一、土壤类型及分布

根据全国第二次土壤普查及 1985 年山西省土壤分类系统，繁峙县土壤分为五大土类，12 个亚类，32 个土属，49 个土种。其中，耕种土壤涉及三大土类，6 个亚类，12 个土属，21 个土种。各土类分布受地形、地貌、水文、地质条件影响，呈明显变化，具体分布见表 3-1。后经地市级、省级汇总修改。最后确定繁峙县土壤分类系统为：土类 7 个，亚类 11 个，25 个土属，37 个土种。见表 3-2。

本次评价主要是耕地土壤，包括褐土、潮土、水稻土 3 个土类；淋溶褐土、褐土性土、石灰性褐土、潮土、盐化潮土、盐渍型水稻土 6 个亚类中的 19 个土种，以及有部分耕地的 6 个土种（共 25 个土种）进行评价叙述。

表 3-1　繁峙县耕地土壤分布状况

土　类	面积（亩）	亚类面积（亩）	分布范围
褐　土	756 025	淋溶褐土（3 131）	广泛分布在五台山次生林区和恒山西部，海拔为 1 700～2 100 米，神堂堡相对海拔为 1 330～1 700 米，林木破坏后生草过程中形成的土壤，发育花岗片麻岩或黄土母质上
		褐土性土（486 060）	广泛分布在全县海拔为 1 100～1 950 米的低山丘陵地区，母质为石灰岩残积物、洪积物、淤积物、黄土或红黄土母质
		石灰性褐土（266 834）	分布在海拔为 980～1 100 米的二级阶地及高阶地残塬区，母质为黄土状母质
潮土	28 196	潮　土（2 830）	集中分布于滹沱河两岸河漫滩以及一级阶地和丘间小盆地，海拔为 950～1 100 米的低洼地带，土壤水分分布状态良好
		盐化潮土（25 366）	集中分布于滹沱河两岸河漫滩以及一级阶地和丘间小盆地，海拔为 950～1 100 米的低洼地带，是受生物气候影响较小的一种隐育性土壤
水稻土	14 190	盐渍型水稻土（14 190）	分布在繁峙县海拔为 910～950 米的一级阶地潜水溢出地带

表3-2　繁峙县耕种土壤类型对照

土类		亚类		土属		土种	
县名	省名	县名	省名	县名	省名	县名	省名
山地草甸土	亚高山草甸土 L	亚高山草甸土	亚高山草甸土 L.a	花岗片麻岩质亚高山草甸土	亚高山草甸土 L.a.1	(01) 中厚层花岗片麻岩质亚高山草甸土	冷潮土（中厚层亚高山草甸土）L.a.1.243
						(02) 中厚层花岗片麻岩质亚高山草原草甸土	
		山地草甸土	山地草甸土 M.a	黄土质山地草原草甸土	黄土质山地草甸土 M.a.5	(03) 薄层黄土质山地草原草甸土	潮毡土（中厚层黄土质山地草原草甸土）M.a.5.248
						(04) 中厚层黄土质山地草原草甸土	
				千枚岩质山地草原草甸土	泥质山地草甸土 M.a.3	(05) 薄层千枚岩质山地草原草甸土	薄泥质潮毡土（薄层千枚岩类山地草甸土）M.a.3.246
						(06) 中厚层千枚岩质山地草原草甸土	
山地棕壤	棕壤 A	山地棕壤	棕壤 A.a	花岗片麻岩质山地棕壤	麻沙质棕壤 A.a.1	(07) 薄层花岗片麻岩质山地棕壤	麻沙质林土（中厚层花岗片麻岩片麻岩类棕壤）A.a.1.001
				黄土质山地棕壤	黄土质棕壤 A.a.5	(08) 中厚层黄土质山地棕壤	黄土质林土（中厚层黄土质棕壤）A.a.5.006
				千枚岩质山地棕壤	泥质棕壤 A.a.3	(09) 中厚层千枚岩质山地棕壤	泥质林土（中厚层千枚岩质棕壤）A.a.3.003
		生草棕壤	棕壤性土 A.b	黄土质山地生草棕壤	黄土质棕壤性土 A.b.6	(10) 中厚层黄土质山地生草棕壤	黄土质棕土（中厚层黄土质棕壤性土）A.a.6.19
		山地褐土	中性粗骨土 K.a	花岗片麻岩质山地褐土	麻沙质中性粗骨土 K.a.1	(18) 薄层花岗片麻岩质山地褐土	薄层花岗片麻岩片麻岩类粗骨（薄层花岗片麻岩片麻岩类粗骨土）K.a.1.232
				千枚岩质山地褐土	沙泥质中性粗骨土 K.a.4	(21) 中厚层千枚岩质山地褐土	薄沙渣土（薄层沙页岩类粗骨土）K.a.4.237
				玄武岩质山地褐土	铁铝质中性粗骨土 K.a.3	(22) 中厚层玄武岩质山地褐土	浮石渣土（中厚层玄武岩类粗骨土）K.a.3.236
褐土	淋溶褐土 B.c	淋溶褐土	淋溶褐土 B.c	花岗片麻岩质淋溶褐土	麻沙质淋溶褐土 B.c.1	(11) 薄层花岗片麻岩质山地淋溶褐土	薄麻沙质淋土（薄层花岗片麻岩片麻岩类淋溶褐土）B.c.1.046
				耕种花岗片麻岩质淋溶褐土		(12) 中厚层花岗片麻岩质淋溶褐土	麻沙淋土（中厚层花岗片麻岩片麻岩类淋溶褐土）B.c.1.047
						(16) 中层少砾耕种花岗片麻岩质淋溶褐土	耕麻沙质淋土（耕种中厚层花岗片麻岩片麻岩类淋溶褐土）B.c.1.048（A（h）－B－C－R）

（续）

土类		亚类		土属		土种	
省名	县名	省名	县名	省名	县名	县名	省名
褐土 B	褐土	淋溶褐土 B.c	辉绿岩质淋溶褐土	沙泥质淋溶褐土 B.c.5	辉绿岩质淋溶褐土	（15）薄层辉绿岩质淋溶褐土	沙泥质淋溶褐土（中厚沙页岩类淋溶褐土）B.c.5.56
				黄土质淋溶褐土 B.c.7	黄土质淋溶褐土	（13）薄层黄土质淋溶褐土	黄淋土（中厚层黄土质淋溶褐土）B.c.7.62
						（14）中厚层黄土质淋溶褐土	
				洪积淋溶褐土 B.c.9	耕种沟淤淋溶褐土	（17）薄层耕种沟淤花岗片麻岩质淋溶褐土	耕种洪淋土（耕种中厚层洪积淋溶褐土）B.c.9.066（Ah-B-C）
		褐土性土 B.e	石灰岩质山地褐土	灰泥质褐土性土 B.e.3	石灰岩质山地褐土	（23）中厚层石灰岩质山地褐土	灰泥质立黄土（中厚层碳酸盐岩类褐土性土）B.e.3.080
			耕种石灰岩质山地褐土		耕种石灰岩质山地褐土	（24）中厚层耕种石灰岩质山地褐土性土	耕种泥质立黄土（耕种中厚层碳酸盐岩类褐土性土）B.e.3.082（A-B）（t）-Cca
			黄土质山地褐土	黄土质褐土性土 B.e.4	黄土质山地褐土	（19）薄层黄土质山地褐土	立黄土（中厚层黄土质褐土性土）B.e.4.085
						（20）中厚层黄土质山地褐土性土	耕立黄土（耕种黄土质褐土性土）（B.e.4.089）（A-B-C）
			耕种黄土质淡褐土性土		耕种黄土质淡褐土性土	（30）轻壤耕种黄土质淡褐土性土	耕二合立黄土（耕种黄土质褐土性土）B.e.4.096（A-B-C）
			耕种黄土质山地褐土		耕种黄土质山地褐土	（25）中厚层耕种黄土质山地褐土	
			红黄土质褐土性土	红黄土质褐土性土 B.e.5	红黄土质褐土性土	（31）中壤红黄土质淡褐土性土	二合红立黄土（黏壤红黄土质褐土性土）B.e.5.105（A-B）（t）-C）
			耕种沟淤山地褐土	沟淤褐土性土 B.e.8	耕种沟淤山地褐土	（26）中厚层耕种沟淤山地褐土	底砾沟淤土（耕种沟淤卵石沟淤褐土性土）B.e.8.126（A-B-Cgr）
					耕种沟淤淡褐土性土	（33）轻壤深位厚沙卵层耕种沟淤淡褐土性土	沟淤土（耕种壤沟淤淡褐土性土）B.e.8.124（A-B-C）
						（32）通体轻壤耕种沟淤淡褐土性土	
	淡褐土性土		耕种洪积黄土状淡褐土性土	洪积褐土性土 B.e.7	耕种洪积黄土状淡褐土性土	（27）通体轻壤耕种洪积黄土状淡褐土性土	耕洪立黄土（耕种壤洪积黄土性土）B.e.7.112（A-B-C）
						（28）轻壤耕种洪积黄土状淡褐土性土	底砾洪立黄土（耕种壤深位沙砾层洪积褐土性土）B.e.7.115（A-B-C）
						（29）轻壤深位厚沙砾层耕种洪积黄土状淡褐土性土	夹沙洪立垆土（耕种壤浅位石灰性褐土状洪积褐土性土）B.b.5.034（A-B-C）
						（37）中壤浅位厚沙壤耕种洪积黄土状淡褐土性土	

（续）

土类			亚类		土属		土种	
县名	省名	县名	亚类名 县名	省名	县名	省名	县名	省名
褐土 B			淡褐土 B		耕种黄土状褐土	黄土状石灰性褐土 B.B.b.3	（35）中壤耕种黄土状褐土	二合黄垆土（耕种黏黄土状石灰性褐土）B.b.3.032（A—B—C）
							（36）轻壤深位黑垆土层耕种黄土状淡褐土	底黑黄垆土（耕种壤深深位黑垆土层黄土状石灰性褐土）B.b.3.031（A—Bt—C）
			石灰性褐土 B.b				（34）通体轻壤耕种黄土状褐土	深黏黄垆土（耕种壤深深位黏化层黄土状石灰性褐土）B.b.3.030（A—B—Ct（ca））
					耕种风沙型淡褐土		（41）少砾沙壤耕种风沙型淡褐土	底砾黄垆土（耕种壤深深位卵石黄土状石灰性褐土）B.b.3.034（A—B—C—R）
							（42）少砾沙壤深位砂卵石层耕种风沙型淡褐土	
					耕种洪积黄土状淡褐土	洪积石灰性褐土 B.b.5	（38）轻壤耕种洪积黄土状淡褐土	洪黄垆土（耕种洪积黄土状石灰性褐土）B.b.5.038（A—B—C）
							（39）轻壤耕种洪灌黄土状褐土	
							（40）轻壤深位厚沙卵石层耕种洪积黄土状淡褐土	底砾洪黄垆土（耕种壤深深位沙砾层洪积石灰性褐土）B.b.5.034（A—B—（k）—C）
							（37）中壤浅位厚沙壤层耕种洪积黄土状淡褐土	夹沙洪黄垆土（耕种黏壤浅位洪积石灰性褐土）B.b.5.034（A—B—C）
草甸土	潮土 N		浅色草甸土 N.a		耕种浅色草甸土	冲积潮土 N.a.1	（43）中壤浅位砂耕种浅色草甸土	绵潮土（耕种壤冲积潮土）N.a.1.258（A—Bg—C）
							（44）通体沙壤耕种浅色草甸土	河潮土（壤冲积潮土）N.a.1.257（g）—Cg）
			盐化浅色草甸土 N.d		耕种硫酸盐氯化物盐化浅色草甸土	氯化物盐化潮土 N.d.2	（45）通体轻壤轻度耕种硫酸盐氯化物盐化色草甸土	轻盐潮土（耕种壤轻度氯化物盐化潮土）N.d.2.313（Ahz—Bg—C）
水稻土 Q			盐渍型水稻土 Q.d		耕种盐渍性水稻土	洪冲积盐渍型水稻土 Q.d.1	（46）轻壤耕种盐渍性质盐渍型水稻土	盐性田（黏洪冲积盐渍型水稻土）Q.d.1.351（A—Ap—C（w））

二、土壤类型特征及主要生产性能

（一）褐土 B

褐土广泛分布在二级阶地、丘陵低山区，低山区海拔为 1 250～2 100 米，二级阶地、丘陵区海拔为 980～1 500 米，共有面积 259.25 万亩，占全县总面积的 72.99%。此次调查耕地中，褐土面积 75.6 万亩，占全县总耕地面积的 94.69%。

繁峙县的气候特点比较复杂：山区年平均气温 2～4℃，1 月平均气温 −12～−14℃，7 月平均气温 16～18℃，全年日≥10℃积温 2 000℃，无霜期 110～120 天，年降水量 500 毫米多；二级阶地丘陵区，年平均气温 4～6℃，1 月平均气温 −10～−12℃，7 月平均气温 20℃ 左右，全年日≥10℃积温 2 500℃，无霜期 120～130 天，年降水量 400 毫米左右。

褐土地区高温高湿同时发生，由于高温结果促使矿物质加速分解，土壤中的矿物质颗粒分解形成黏粒；高湿结果促使黏粒下移，当黏粒下移到心土层中淀积起来，形成黏化层。但是，由于本县蒸发量 4 倍于降水量，淋溶过程只是季节性的，而且进行的不充分。因此，繁峙县的褐土中的黏化层不明显。本区自然植被稀疏，除生长一些草本植物，大部分早以人为种植作物所代替。

繁峙县褐土成土母质母岩，山区主要有花岗片麻岩、千枚岩、石灰岩和玄武岩。丘陵区为第四系的马兰黄土，二级阶地为第四系的沉积黄土状物质。

褐土根据土壤的形成特点划分为，淋溶褐土、褐土性、石灰性褐土 3 个亚类。

1. 淋溶褐土（B.c） 广泛分布在五台山次生林区，恒山西部有小面积分布，海拔为 1 700～2 100 米，神堂堡相对海拔 1 300～1 700 米，共有面积 65.18 万亩，占全县总面积的 18.35%。本次调查耕地面积 3 131 亩，占全县总耕地面积的 0.39%。

本区基本上是荒山荒坡，自然植被以桦树、山桃、山杏、山杨、栎树等阔叶林组成的森林；酸刺、荆条、刺玫、榛子等组成的灌木群；青蒿、狗尾草、早熟禾、臭兰香、苦坡草等组成的草本群落下发育起来的土壤。年降水量 700 毫米左右，年平均气温 4～6℃，土体潮润。在这样的生物气候条件下形成的土壤淋溶淀积较好，土体中有明显的淋溶层，表土层盐基基本被淋洗呈不饱和状态。

淋溶褐土的形态特征归纳起来有以下几点：

a. 表层一般为 3～4 厘米的枯枝落叶层。

b. 土层厚度一般为 20～80 厘米，质地轻壤至中壤，以轻壤为主。腐殖质层厚度普遍较薄，一般为 7～29 厘米，平均约 19 厘米。

c. 表土层以棕褐色或灰黄褐色为主，通体润至潮湿，全剖面无石灰反应，下部土层因母质不同有或无石灰反应，一般呈微碱性反应，pH 为 7～8。

d. 剖面特点：枯枝落叶层—腐殖质层—淋溶层—淀积层—半风化物层—基岩。

淋溶褐土根据成土母质及人为耕作因素影响的程度划分为：麻沙质淋溶褐土、沙泥质淋溶褐土、黄土质淋溶褐土、洪积淋溶褐土 4 个土属。

（1）麻沙质淋溶褐土（B.c.1）：分布在岩头、光裕堡、金山铺、神堂堡乡山区，海拔为 1 100～2 000 米。根据土层厚度，划分为 3 个土种，其中耕麻沙质淋土（耕种中厚层花岗片麻岩类淋溶褐土）B.c.1.048 为耕地土壤，叙述如下。

耕麻沙质淋土。主要分布在岩头乡白家查和蒿儿梁村，海拔为 2 000 米的坡梁地，面积为 1 078 亩，占全县总耕地面积的 0.13％。

耕麻沙质淋土典型剖面描述如下：

剖面地点：岩头乡蒿儿梁村西南 100 米处，海拔为 2 040 米。

剖面形态特征野外观察结果如下：

0～12 厘米：土色灰黄色，质地中壤，屑粒结构，土层疏松多孔，润，植物根系多量，无石灰反应，pH 为 6.5。

12～28 厘米：土色浅黄色，质地沙壤，小块结构，土层紧实，润，孔隙中量，植物根系中量，石灰反应微弱，pH 为 7。

28～40 厘米：土色灰黄色，质地中壤，屑粒结构，土层紧实，孔隙中量，润，植物根系少量，石灰反应微弱，pH 为 7。

40 厘米以下：为半风化物及母岩。

其剖面理化性状见表 3－3。

据此次调查测定，该土种土壤有机质为 27.01 克/千克，全氮为 1.41 克/千克，有效磷为 26.45 毫克/千克，速效钾为 199.40 毫克/千克，缓效钾为 898.97 毫克/千克，pH 为 8.02，有效铜为 1.71 毫克/千克，有效锰为 11.66 毫克/千克，有效锌为 1.76 毫克/千克，有效铁为 16.75 毫克/千克，有效硼为 1.01 毫克/千克，有效硫为 15.30 毫克/千克。

表 3－3　耕麻沙质淋土典型剖面理化性状分析结果（1982 年土壤普查数据）

土层深度 （厘米）	有机质 （克/千克）	全氮 （克/千克）	全磷 （克/千克）	碳酸钙 （%）	pH	代换量 （厘摩尔/千克）	机械组成（毫米）%		
							<0.001	<0.01	>0.01
0～12	19.3	1.2	0.56	0.0	7.8	10.3	15.46	43.32	56.68
12～28	17.6	1.1	0.56	0.0	8.0	10.6	8.74	16.20	83.80

该土种质地适中，土层较薄，土体润，代换量较低，养分含量一般，易漏水肥，不宜农用，要停止耕种，育草种树。

（2）沙泥质淋溶褐土（B.c.5）：分布在神堂堡乡水塔、庄旺滩、王子村、腰庄等村，海拔为 2 300 米，大部分为自然土壤，有小面积零星分布的耕地。根据土层厚度，划分为沙泥质淋溶褐土 1 个土种。

沙泥质淋土（中厚沙质岩类淋溶褐土）B.c.5.56。典型剖面描述如下：

剖面地点：神堂堡乡吐兰台村西南 1 500 米处，海拔为 1 400 米的梁地。

剖面形态特征野外观察结果如下：

0～10 厘米：土色灰褐色，质地沙壤，屑粒结构，土层疏松多孔，润，植物根系多量，pH 为 6.5。

10～28 厘米：土色棕褐色，质地沙壤，屑粒结构，土层较紧，孔隙中量，润，植物根系中量，pH 为 6.5。

28～38 厘米：为半风化物。

38 厘米以下：为母岩（辉绿岩）。

全剖面无石灰反应。

其剖面理化性状见表 3-4。

表 3-4 沙泥质淋土典型剖面理化性状分析结果（1982 年土壤普查数据）

土层深度（厘米）	有机质（克/千克）	全氮（克/千克）	全磷（克/千克）	碳酸钙（%）	pH	代换量（厘摩尔/千克）	机械组成（毫米）%		
							<0.001	<0.01	>0.01
0~10	49	26.8	0.6	0.0	7.9	16.2	11.22	18.70	81.30
10~28	38.1	23.8	0.64	0.0	8.2	15.7	11.12	16.82	83.18

据此次调查测定，沙泥质淋土土壤有机质为 26.38 克/千克，全氮为 1.36 克/千克，有效磷为 28.40 毫克/千克，速效钾为 165.70 毫克/千克，缓效钾为 856.66 毫克/千克，pH 为 7.95，有效铜为 1.65 毫克/千克，有效锰为 11.52 毫克/千克，有效锌为 1.94 毫克/千克，有效铁为 20.45 毫克/千克，有效硼为 0.91 毫克/千克，有效硫为 14.91 毫克/千克。

该土种质地偏粗，构型差，代换量一般，养分含量中等，土层较薄，宜草林混种。

（3）黄土质淋溶褐土：分布在岩头、东山、神堂堡、繁城镇等乡（镇）山区，大部分为自然土壤，有小面积零星分布的耕地。根据土层厚度，划分为黄淋土（中厚层黄土质淋溶褐土）1 个土种。

黄淋土（中厚层黄土质淋溶褐土）B.c.7.062 主要分布于繁城镇香坪村、东山乡射香、拖房底、正沟村和岩头乡的板铺村。

典型剖面描述如下：

剖面地点：典型代表剖面位于板铺村正东 600 米处，海拔为 2 230 米的坡梁，其剖面的形态特征野外观察结果如下：

0~6 厘米：土色灰黑色，质地沙壤，团粒结构，土层疏松多孔，潮湿，植物根系多量，pH 为 6。

6~40 厘米：土色黑褐色，质地轻壤，团粒结构，土层疏松多孔，潮湿，植物根系多量，pH 为 6。

40~58 厘米：土色棕褐色，质地中壤，块状结构，土层紧实，孔隙少量，潮湿，植物根系少量，pH 为 6。

58~80 厘米：土色浅棕褐色，质地重壤，块状结构，土层紧实，孔隙少量，潮湿，pH 为 6.5。

80 厘米以下：为基岩（石灰岩）。

全剖面无石灰反应。

其剖面理化性状见表 3-5。

表 3-5 黄淋土典型剖面理化性状分析结果（1982 年土壤普查数据）

土层深度（厘米）	有机质（克/千克）	全氮（克/千克）	全磷（克/千克）	碳酸钙（%）	pH	代换量（厘摩尔/千克）	机械组成（毫米）%		
							<0.001	<0.01	>0.01
0~6	87.2	52	6.5	0.0	7.6	29.3	9.10	18.66	81.34
6~40	76	43	6.0	0.0	7.7	31.0	9.12	23.92	76.08
40~58	53.6	26	4.2	0.0	7.9	28.5	12.49	37.15	62.49
58~80	35.1	16	4.6	0.0	7.9	35.5	23.03	51.73	48.27

据此次调查测定，黄淋土土壤有机质为 27.41 克/千克，全氮为 1.37 克/千克，有效磷为 25.67 毫克/千克，速效钾为 220.20 毫克/千克，缓效钾为 911.97 毫克/千克，pH 为 8.02，有效铜为 1.58 毫克/千克，有效锰为 15.30 毫克/千克，有效锌为 1.79 毫克/千克，有效铁为 18.33 毫克/千克，有效硼为 1.06 毫克/千克，有效硫为 17.10 毫克/千克。

该土质地适中，结构好，土体构型较好，土层较厚，代换量高，养分含量高，土体潮湿。只因山高气温低，不宜农用，是理想的林业基地之一。

（4）洪积淋溶褐土（B.c.9）：主要分布在神堂堡乡山地沟壑区，为洪冲积母质。根据淤积土层的厚度，划分为薄层耕种沟淤淋溶褐土 1 个土种，其面积为 2 053 亩，占全县总耕地面积的 0.26%。

耕洪淋土（耕种中厚层洪积淋溶褐土）典型剖面描述如下：

剖面地点：神堂堡乡楼房底村西南 900 米处，海拔为 1 120 米沟谷坪地，剖面形态特征野外观察结果如下：

0～10 厘米：土色浅黄色，质地沙壤，屑粒结构，土层疏松多孔，润，植物根系多量，pH 为 7。

10～21 厘米：土色暗黄棕色，质地轻壤，屑粒结构，土层较紧，孔隙中量，润，植物根系中量，石灰反应微弱，pH 为 7。

21 厘米以下，为卵石层。

其剖面理化性状见表 3-6。

表 3-6　耕洪淋土典型剖面理化性状分析结果（1982 年土壤普查数据）

土层深度（厘米）	有机质（克/千克）	全氮（克/千克）	全磷（克/千克）	碳酸钙（%）	pH	代换量（厘摩尔/千克）	机械组成（毫米）%		
							<0.001	<0.01	>0.01
0～10	2.19	0.65	7.0	3.59	8.1	11.6	10.10	18.94	81.06
10～21	1.91	0.65	14.0	3.90	8.1	16.3	10.14	20.72	79.28

据此次调查测定，耕洪淋土土壤有机质为 25.85 克/千克，全氮为 1.45 克/千克，有效磷为 26.51 毫克/千克，速效钾为 152.51 毫克/千克，缓效钾为 842.50 毫克/千克，pH 为 7.96，有效铜为 1.42 毫克/千克，有效锰为 12.23 毫克/千克，有效锌为 1.80 毫克/千克，有效铁为 18.62 毫克/千克，有效硼为 1.08 毫克/千克，有效硫为 13.07 毫克/千克。

该土种地处沟坪，土层较薄，耕层质地偏沙，土体湿润，代换量一般，土壤有机质缺乏。应增施有机肥料，实行粮肥轮作，提高地力，同时要筑坝，洪淤，加深土层，逐步建成山区重点粮田基地。

淋溶褐土亚类，多分布在次生林地，离村较近，人畜破坏严重。今后，采取封山育林措施，人工营林。同时，加强森林保护，使其尽快变成林业基地之一。

2. 褐土性土（B.e.）广泛分布在全县 13 个乡（镇）的低山丘陵地区，包括洪积扇中上部，海拔为 1 100～1 800 米，其面积为 784 555 亩，占全县总面积的 22.46%。本次调查耕地面积 486 060 亩，占全县总耕地面积的 62.36%。本区洪积扇区和沟谷地耕地面积与 1982 年土壤普查时面积相同，低山及丘陵中上部地区通过退耕还林还草，目前耕地约为 1982 年土壤普查时的 50%。本区域种植制为一年一作，主要种植谷子、黍子、豆类、油料作物，亩产100千克左右。自然植被稀疏，生长一些达乌里胡枝子、荷蓬、画眉、虎尾草、青芥、白草等旱生草被。

本区为石灰岩类、残积坡物、洪积物、黄土、红黄土母质，沟壑纵横，梁峁起伏，水土流失严重，使土壤发育微弱，层次过渡不明显，母质特征十分明显，一般土层深厚，矿质元素较为丰富，石灰含量高。土体中的好气性微生物的活动旺盛，植物残体和施入土壤中的有机物很快被分解，腐殖质积累少，肥力水平低，表土层有机质含量一般低于0.8%，土壤耕性好，耐涝不耐旱，发小苗不发老苗，耕作粗放，产量低而不稳。

褐土性土的形态特征归纳起来有以下几点：

a. 土层深厚，土质均匀，一般丘陵部位土层厚度远远大于150厘米，质地轻壤至中壤范围，以轻壤为主。发育在沟淤积淤母质上的土壤，土层较薄，一般土层厚度为87厘米左右，质地因沉积物而异，变化较大。

b. 土色灰黄色为主，全剖面石灰反应剧烈，呈微碱性反应，pH为8～8.6，心土层有较多的白色假菌丝体。

c. 剖面特点，耕作层—犁底层—心土层—底土层。

褐土性土根据成土母质及耕种与否等，划分为灰泥质褐土性土、黄土质褐土性土、红黄土质淡褐土性土、沟淤褐土性土和洪积褐土性土5个土属。

（1）灰泥质褐土性土（B.e.3）：主要分布在东山乡、香坪、耿庄村。岩头乡西天井村有小面积分布，海拔为1 500～2 000米。根据土层厚度，划分为中厚层灰泥质立黄土、耕种灰泥质立黄土2个土种。

①中厚层灰泥质立黄土（中厚层碳酸盐岩类褐土性土）（B.e.3.080）。从杏园乡薛家坡起，主要经过小戈、麻地彦、山寺、羊草渠、麻峪。光裕堡乡二岔，岩头乡西天井、深沟、铁关，前后天井等一带山区。东山乡童子崖、憨山、四道沟等一带也有小面积分布。大多数为自然土壤，只有及少数零星分布的耕地。

典型剖面描述如下：

剖面地点：东山乡茶坊村西北2 400米处，海拔为1 670米。剖面形态特征野外观察结果如下：

0～22厘米：土色灰棕色，质地轻壤，屑粒结构，土层紧实，孔隙中量，润，植物根系多量，pH为7。

22～51厘米：土色棕黄色，质地中壤，小块结构，土层紧实，孔隙中量，润，有假菌丝体，植物根系中量，pH为7.5。

51～83厘米：为半风化物。

83厘米以下：为母岩（石灰岩）。

全剖面石灰反应剧烈。

其剖面理化性状见表3-7。

据此次调查测定，中厚层灰泥质立黄土土壤有机质为18.65克/千克，全氮为0.96克/千克，有效磷为17.56毫克/千克，速效钾为172.73毫克/千克，缓效钾为855.98毫克/千克，pH为8.13，有效铜为1.57毫克/千克，有效锰为14.72毫克/千克，有效锌为1.65毫克/千克，有效铁为15.36毫克/千克，有效硼为0.66毫克/千克，有效硫为29.14毫克/千克。

表3-7 中厚层灰泥质立黄土典型剖面理化性状分析结果（1982年土壤普查数据）

土层深度（厘米）	有机质（克/千克）	全氮（克/千克）	全磷（克/千克）	碳酸钙（%）	pH	代换量（厘摩尔/千克）	机械组成（毫米）%		
							<0.001	<0.01	>0.01
0～22	42.3	2.5	0.41	2.8	8.0	17.7	15.30	27.45	72.55
22～51	34.0	2.06	0.42	0.0	8.0	23.6	22.23	38.73	61.37

该土种质地适中，构型良好，土层较厚，代换量高，富含碳酸钙。因山高坡大，是较理想的林、牧基地。

②耕种灰泥质立黄土（耕种中厚层碳酸盐岩类褐土性土）（B. e. 3.082）。主要分布在东山乡、香坪、耿庄村。岩头乡西天井村有小面积分布，海拔为1 500～2 000米。耕地面积为3 435亩，占全县总耕地面积的0.43%。

典型剖面描述如下：

剖面地点：东山乡香坪村东南250米处，海拔为1 950米。剖面形态特征野外观察结果如下：

0～7厘米：土色灰黄棕色，质地中壤，屑粒结构，土层疏松多孔，潮润，植物根系多量，夹砾石多，pH为7。

7～16厘米：土色暗棕灰色，中壤，块状结构，土层较紧，孔隙中量，润，植物根系多量，有假菌丝体，pH为7。

16～34厘米：土色红棕色，质地中壤，小块结构，土层紧实，孔隙中量，润，植物根系中量，有假菌丝体，pH为7。

34～54厘米：土色暗红棕色，质地中壤，碎块结构，土层紧实，孔隙中量，润，植物根系少量，有假菌丝体，石灰反应微弱，pH为7。

54厘米以下：为半风化物及母岩。

全剖面石灰反应剧烈。

其剖面理化性状见表3-8。

表3-8 耕种灰泥质立黄土典型剖面理化性状分析结果（1982年土壤普查数据）

土层深度（厘米）	有机质（克/千克）	全氮（克/千克）	全磷（克/千克）	碳酸钙（%）	pH	代换量（厘摩尔/千克）	机械组成（毫米）%		
							<0.001	<0.01	>0.01
0～7	25.6	1.44	0.54	1.2	8.3	14.6	17.66	40.00	60.00
7～16	22.1	1.49	0.46	1.6	8.0	14.0	17.68	38.35	61.65
16～34	6.8	0.8	0.48	0.4	8.2	11.0	21.00	33.16	66.84
34～54	10.4	1.5	0.66	0.4	8.4	15.2	26.27	38.52	61.48

据此次调查测定，耕种灰泥质立黄土土壤有机质为28.03克/千克，全氮为1.26克/千克，有效磷为28.72毫克/千克，速效钾为257.85毫克/千克，缓效钾为961.84毫克/千克，pH为8.09，有效铜为1.50毫克/千克，有效锰为14.99毫克/千克，有效锌为1.57毫克/千克，有效铁为13.84毫克/千克，有效硼为0.69毫克/千克，有效硫为33.57毫克/千克。

该土质地偏黏，土层较厚，结构较差，养分含量高。因地势高，气候冷凉，加之水土流失的威胁，故粮食亩产量仅50千克左右，因而适当退耕一部分土地还草还林，保持水土，促进林牧业发展。是今后改良土壤的一项有利途径。

（2）黄土质褐土性土（B.e.4）：广泛分布在繁峙县低山丘陵区和洪积扇上部，海拔为1 100～1 700米。发育在黄土母质上，垂直节理发育特别明显，土色以灰黄为主，土体由上至下逐渐紧实，心土层有明显的白色假丝体，土层发育不明显，母质特征十分显著。耕地面积为294 693亩，占全县总耕地面积的36.91%。根据土层厚度和利用现状，划分为立黄土、耕二合立黄土、耕二合立黄土3个土种。

①立黄土（中厚层黄土质褐土性土）（B.e.4.085）。分布在与应县接壤之处的关帝庙梁、盘道岭、殿山梁和与浑源县接壤之处的穆桂英山、油篓山。岩头乡的郎家庄、旋风口、尖山村、辛庄村官地、下后沟、大保、岩头、西天井，杏园乡北家岭，东山乡城沟、山羊会村，大营镇马庄、中庄和狮坪村，集义庄乡小宋峪、羊圈村，光峪堡乡雷家梁、胡芦嘴等村，金山铺乡麻地坪、老窝沟等村。大部分为自然土壤，只有少部分零星插花耕地。

典型剖面描述如下：

剖面地点：岩头乡照山村西南坡地，海拔为1 760米。剖面形态特征野外观察结果如下：

0～3厘米：草皮层。

3～16厘米：土色浅黄色，质地中壤，屑粒结构，土层稍紧，孔隙中量，稍润，植物根系中量，pH为7。

16～33厘米：土色灰黄色，质地轻壤，块状结构，土层紧实，孔隙中量，稍润，植物根系少量，pH为7。

33厘米以下：为基岩（花岗生麻岩）。

全剖面石灰反应微弱。

其剖面理化性状见表3-9。

表3-9 立黄土典型剖面理化性状分析结果（1982年土壤普查数据）

土层深度（厘米）	有机质（克/千克）	全氮（克/千克）	全磷（克/千克）	碳酸钙（%）	pH	代换量（厘摩尔/千克）	机械组成（毫米）%		
							<0.001	<0.01	>0.01
3～16	81	6.0	0.3	0.3	8.0	10.2	10.22	33.24	66.76
16～33	13.9	1.1	0.36	0.2	7.7	9.1	10.76	28.40	71.60

据此次调查测定，立黄土土壤有机质为19.68克/千克，全氮为1.00克/千克，有效磷为17.48毫克/千克，速效钾为192.43毫克/千克，缓效钾为860.47毫克/千克，pH为8.14，有效铜为1.63毫克/千克，有效锰为12.38毫克/千克，有效锌为1.41毫克/千克，有效铁为12.33毫克/千克，有效硼为0.77毫克/千克，有效硫为20.71毫克/千克。

该土质地较轻，土体稍润，代换量高，养分含量较高，通透性能较好，土层薄。今后需保护自然植被，防止水土流失。

②耕立黄土（耕种壤黄土质褐土性土）（B.e.4.089）。广泛分布在全县黄土丘陵区和低山区，耕地面积为20 993亩，占全县总耕地面积的27.68%。

典型剖面描述如下：

剖面地点：沙河镇后庄村东南梯田地，海拔为1 240米。剖面的外态特征野外观察结果如下：

0～15厘米，为耕作层，暗黄色，质地轻壤，屑粒结构，疏松多孔，润，植物根系多量，石灰反应强烈。

15～29厘米、29～61厘米、61～105厘米：三层土壤，以暗黄色为主，中壤块状结构，土体紧实，稍润，伴有少量的白色假菌丝体，石灰反应呈中性—微碱性。

105～150厘米：暗黄色，轻壤质地，无新生体，其余特征同上。

其剖面理化性状见表3-10。

表3-10 耕立黄土典型剖面理化性状分析结果（1982年土壤普查数据）

土层深度（厘米）	有机质（克/千克）	全氮（克/千克）	全磷（克/千克）	碳酸钙（%）	pH	代换量（厘摩尔/千克）	机械组成（毫米）%		
							<0.001	<0.01	>0.01
0～15	5.3	4.6	0.56	9.5	8.6	6.7	15.79	29.99	70.01
15～29	3.8	0.24	0.5	11.4	8.5	7.1	17.51	30.05	69.95
29～61	3.0	0.29	0.5	10.5	8.5	5.5	17.48	31.69	68.31
61～105	3.6	0.31	0.56	9.3	8.5	8.1	17.47	31.66	68.34
105～150	2.7	0.27	0.5	10.3	8.5	5.8	17.43	29.91	70.09

据此次调查测定，耕立黄土土壤有机质为11.31克/千克，全氮为0.60克/千克，有效磷为10.50毫克/千克，速效钾为116.75毫克/千克，缓效钾为749.80毫克/千克，pH为8.25，有效铜为1.59毫克/千克，有效锰为8.87毫克/千克，有效锌为0.93毫克/千克，有效铁为7.51毫克/千克，有效硼为0.51毫克/千克，有效硫为21.56毫克/千克。

本土种质地上轻下黏，土体构型较好，土性温和，通透性一般，保供肥性能好，但结构差，代换量低，养分含量低，富含碳酸钙，加之地面不平，水土流失严重，使土壤养分日渐贫乏。今后应继续修筑梯田，适当加深耕层，增施肥料，实行粮肥轮作，加强保持水土，培肥地力。

③耕二合立黄土（耕种黏壤黄土质褐土性土）（B.e.4.096）。主要分布在恒山山区，横涧乡西跑池村，海拔为1 200～1 700米，耕地面积为73 700亩，占总耕地土地面积人9.23%。

典型剖面描述如下：

剖面地点：剖面位于西跑池村东南的梯田地，海拔为1 450米。剖面形态特征野外观察结果如下：

0～16厘米：耕作层，土色灰黄色，质地轻壤，屑粒结构，土层疏松多孔，润，植物根系多量，石灰反应强烈，呈中性反应。

16～66厘米：土色淡黄色，66～116厘米为棕黄色，该两层土壤，质地为轻壤，块状结构，土层紧实，孔隙中量，润，植物根系由上而下减少，并有少量的假菌丝体。石灰反应强烈，pH呈中性反应。

116～150厘米：该土层为棕黄色，质地中壤，其余形态特征同上。

其剖面理化性状见表3-11。

表 3-11　耕二合立黄土典型剖面理化性状分析结果（1982 年土壤普查数据）

土层深度（厘米）	有机质（克/千克）	全氮（克/千克）	全磷（克/千克）	碳酸钙（%）	pH	代换量（厘摩尔/千克）	机械组成（毫米）%		
							<0.001	<0.01	>0.01
0～16	6.6	0.52	0.49	10.2	8.3	6.5	14.60	28.11	71.89
16～66	3.6	0.42	0.5	11.3	8.3	4.8	14.60	28.11	71.89
66～116	4.1	0.54	0.5	10.9	8.3	19.3	16.27	29.77	70.23
116～150	4.5	0.46	0.5	10.5	8.2	7.5	17.98	31.50	68.50

据此次调查测定，耕二合立黄土土壤有机质为 11.01 克/千克，全氮为 0.58 克/千克，有效磷为 8.52 毫克/千克，速效钾为 133.02 毫克/千克，缓效钾为 770.25 毫克/千克，pH 为 8.27，有效铜为 1.45 毫克/千克，有效锰为 8.82 毫克/千克，有效锌为 0.78 毫克/千克，有效铁为 7.12 毫克/千克，有效硼为 0.54 毫克/千克，有效硫为 17.71 毫克/千克。

以上说明，该土种质地适中，土体构型较好，富含碳酸钙，宜耕期较长，但土壤干旱，有机质含量少，各种养分缺乏，加之水土流失的危害，致使水肥条件不能充分满足作物生长的需要。因而今后应加强农田基本建设，保持水土，实行粮草轮作，用养结合，同时要将部分瘠薄陡坡耕地退耕种草植树，发展林牧业。

（3）红黄土质褐土性土（B.e.5）：主要分布在砂河镇、横涧乡丘陵切沟中，发育在红黄土母质上。根据土壤质地，划分为黏壤红黄土质淡褐土性土 1 个土种，耕地面积为 1 718 亩，占全县总耕地面积的 0.22%。

二合红立黄土（黏壤红黄土质褐土性土）（B.e.5.105），典型剖面描述如下：

剖面地点：横涧乡孤山村西北的沟壑坪地，海拔为 1 230 米。剖面的形态特征野外观察结果如下：

0～20 厘米：土色黄棕色，质地中壤，屑粒结构，土层较松多孔、稍润，植物根系多量，有少量的白色假菌丝体，石灰反应强烈。

20 厘米以下：包括 20～44 厘米、44～85 厘米、85～120 厘米，土色红黄色，质地中壤，块状结构，土层紧实，孔隙中量，润，植物根系中量，有较多白色假菌丝体在土体中淀积，石灰反应强烈，呈微碱性反应。

120～150 厘米：红黄色，重壤，棱块状结构，其余特征同上。

其剖面理化性状见表 3-12。

表 3-12　二合红立黄土典型剖面理化性状分析结果（1982 年土壤普查数据）

土层深度（厘米）	有机质（克/千克）	全氮（克/千克）	全磷（克/千克）	碳酸钙（%）	pH	代换量（厘摩尔/千克）	机械组成（毫米）%		
							<0.001	<0.01	>0.01
0～20	5.6	0.5	0.2	11.6	8.2	11.4	19.81	33.42	68.58
20～44	4.6	0.58	0.26	14.0	8.2	12.9	23.34	40.46	59.54
44～85	3.3	3.4	0.26	12.4	8.2	11.7	22.30	42.12	57.88
85～120	2.4	0.28	0.35	14.9	8.2	10.8	20.46	40.16	59.84
120～150	2.4	0.42	0.3	8.5	8.2	12.8	18.83	45.44	54.56

据此次调查测定，二合红立黄土土壤有机质为 11.35 克/千克，全氮为 0.60 克/千克，

有效磷为 10.47 毫克/千克，速效钾为 78.71 毫克/千克，缓效钾为 673.16 毫克/千克，pH 为 8.25，有效铜为 1.84 毫克/千克，有效锰为 10.96 毫克/千克，有效锌为 1.17 毫克/千克，有效铁为 8.70 毫克/千克，有效硼为 0.43 毫克/千克，有效硫为 12.90 毫克/千克。

该土质地偏黏，土体构型较好，保水肥性强，但供肥性弱，结构性差，活土层薄，养分贫瘠。需增施土杂肥，种植绿肥作物，同时要合理深耕，改良土壤结构，平整土地，陡坡处要种草、种树，保持水土，发展林牧业。

（4）沟淤褐土性土（B.e.8）：分布在集义庄乡、岩头乡、东山乡、下茹越乡、砂河镇、柏家庄乡山区沟壑地带。根据淤积土层厚度，划分为底砾沟淤土、沟淤土 2 个土种，面积为 22 523 亩，占全县总耕地面积的 2.82%。

①底砾沟淤土（耕种壤深位卵石沟淤褐土性土）（B.e.8.126）。主要分布在砂河镇杏树沟村、下小沿、同路、店门、孙家庄等村一带沟坪地，面积为 9 395 亩，占全县总耕地面积的 1.18%。

典型剖面描述如下：

剖面地点：典型代表剖面为砂河镇孙庄村正东面的沟谷坪地，海拔为 1 240 米。剖面的形态特征野外观察结果如下：

0～20 厘米：土色暗棕色，质地轻壤，屑粒结构，土层疏松多孔，润，植物根系多量。

20～43 厘米、43～56 厘米，两层均为灰棕色，质地 43 厘米以上为轻壤，其下为沙壤，块状结构，土层紧实，孔隙中量，润，植物根系多量。

56～80 厘米：为沙砾石层。

80 厘米以下：为河卵石层。

全剖面石灰反应剧烈，pH 为 7.5。

其剖面理化性状见表 3-13。

表 3-13　底砾沟淤土典型剖面理化性状分析结果（1982 年土壤普查数据）

土层深度（厘米）	有机质（克/千克）	全氮（克/千克）	全磷（克/千克）	碳酸钙（%）	pH	代换量（厘摩尔/千克）	机械组成（毫米）%		
							<0.001	<0.01	>0.01
0～20	13.40	0.91	0.7	6.9	8.2	8.6	12.17	24.09	75.91
20～43	8.50	0.7	0.7	6.8	8.3	10.0	14.72	29.20	70.80
43～56	3.9	0.3	0.64	6.1	8.3	4.9	12.12	18.91	81.09
56～80	1.70	0.2	1.0	2.3	8.3	2.2	5.95	7.96	92.04

据此次调查测定，底砾沟淤土土壤有机质为 13.83 克/千克，全氮为 0.75 克/千克，有效磷 13.21 毫克/千克，速效钾为 124.46 毫克/千克，缓效钾为 771.83 毫克/千克，pH 为 8.16，有效铜为 1.53 毫克/千克，有效锰为 12.82 毫克/千克，有效锌为 1.49 毫克/千克，有效铁为 12.76 毫克/千克，有效硼为 0.60 毫克/千克，有效硫为 15.13 毫克/千克。

该土种质地上轻下沙，代换量较低，养分含量一般，易耕，且适耕期长，土层薄，有漏水漏肥现象，要引洪淤灌，加厚表土层，增施肥料，培肥土壤，水肥管理宜少量多次和小水轻灌。

②沟淤土（耕种壤沟淤褐土性土）（B. e. 8.124）。主要分布在下双井、上双井、北辛庄等村，面积为 13 128 亩，占全县总耕地面积的 1.64%。

典型剖面描述如下：

剖面地点：柏家庄乡柏家庄村正西沟谷坪地，海拔为 1 320 米。剖面的形态特征野外观察结果如下：

0～15 厘米：土色褐灰色，质地中壤，屑粒结构，土层疏松多孔，稍润，植物根系多量。

15～55 厘米：土色灰棕色，质地中壤，块状结构，土层紧实，孔隙中量，润，植物根系中量。

55～80 厘米：土色灰棕色，质地中壤，片状结构，土层紧实，孔隙少量，润，植物根系少量。

80～110 厘米：土色黄棕色，质地中壤，块状结构，土层紧实，孔隙中量，润，植物根系无。

110～150 厘米：土色黄棕色，质地中壤，片状结构，土层紧实，孔隙中量，润，植物根系无，有少量的白色假菌丝体。

全剖面石灰反应剧烈，pH 为 7.5。

其剖面理化性状见表 3-14。

表 3-14　沟淤土典型剖面理化性状分析结果（1982 年土壤普查数据）

土层深度（厘米）	有机质（克/千克）	全氮（克/千克）	全磷（克/千克）	碳酸钙（%）	pH	代换量（厘摩尔/千克）	机械组成（毫米）%		
							<0.001	<0.01	>0.01
0～15	7.5	0.51	0.35	7.7	8.1	6.2	17.64	32.01	67.99
15～55	6.6	0.48	0.55	8.5	8.1	7.9	17.68	32.08	67.92
55～80	6.6	0.79	0.52	6.1	8.0	7.6	19.53	37.45	62.55
80～110	6.0	0.48	0.51	7.5	8.0	8.4	17.70	32.11	67.89
110～150	6.1	0.49	0.54	8.1	8.0	7.4	17.87	32.41	67.59

据此次调查测定，沟淤土土壤有机质为 10.71 克/千克，全氮为 0.57 克/千克，有效磷为 10.90 毫克/千克，速效钾为 125.71 毫克/千克，缓效钾为 794.99 毫克/千克，pH 为 8.20，有效铜为 1.44 毫克/千克，有效锰为 9.54 毫克/千克，有效锌为 0.91 毫克/千克，有效铁为 8.48 毫克/千克，有效硼为 0.62 毫克/千克，有效硫为 18.37 毫克/千克。

该土种地处沟坪，为重点农田，质地中偏轻，构型较为理想，结构一般，保水保肥性能较好，耕性一般，但土壤代换量低，耕层较薄，养分贫乏，加之历年施肥水平较低，农家肥 1 500 千克，碳酸氢铵 40 千克，连年种植谷子、马铃薯、玉米面等作物，亩产 300～500 千克。今后要加深耕层，增施肥料，拦洪引淤，改变土壤结构，增肥土壤。

（5）洪积褐土性土（B. e. 7）：发育在古洪积扇上，是耕种历史较长的一种土壤，有水蚀现象。主要分布在东山乡、杏园乡沿山麓一带。根据土壤质地和间层状况，划分为耕洪立黄土、底砾洪立黄土 2 个土种，共有耕地面积 163 691 亩，占全县总耕地面积的 20.50%。

①耕洪立黄土（耕种壤洪积褐土性土）（B.e.7.112）。主要分布在集义庄、光裕堡乡、杏园乡姚家庄、牛家尧、泽萌泉、新砂村洪积扇，面积为 106 681 亩，占全县总耕地面积的 13.36%。

典型剖面描述如下：

剖面地点：集义庄乡大宋峪村，石生道 21—34 号剖面，是本土种的典型代表剖面之一。剖面位于大宋峪村西北面的洪积扇，海拔为 1 140 米。剖面的形态特征野外贯彻结果如下：

0～13 厘米：土色灰黄棕色，质地轻壤，屑状结构，土壤疏松多孔，稍润，植物根系多量。

13～54 厘米：土色浅黄棕色，质地轻壤，小块结构，土壤紧实，孔隙中量，稍润，植物根系中量。

54～75 厘米和 75～114 厘米 2 个土层：土色褐棕色，质地轻壤，小块结构，土层紧实，孔隙中量，稍润，植物根系中量，有白色假菌丝体，呈中性反应。

114～150 厘米：土色黄棕色，质地轻壤，小块结构，土层紧实，孔隙少量，稍润，植物根系少量。

全剖面石灰反应剧烈，pH 为 7.5。

其剖面理化性状见表 3-15。

表 3-15　耕洪立黄土典型剖面理化性状分析结果（1982 年土壤普查数据）

土层深度（厘米）	有机质（克/千克）	全氮（克/千克）	全磷（克/千克）	碳酸钙（%）	pH	代换量（厘摩尔/千克）	机械组成（毫米）%		
							<0.001	<0.01	>0.01
0～13	8.7	0.68	0.056	4.1	8.1	6.1	13.59	25.76	74.24
13～54	6.3	0.53	0.056	3.4	8.4	8.1	15.25	20.82	79.18
54～75	10.8	0.7	0.058	4.8	8.3	11.7	17.06	26.07	73.93
75～114	8.9	0.58	0.056	7.9	8.3	8.5	17.02	26.01	73.99
114～150	5.3	0.44	0.050	9.9	8.4	6.5	17.63	24.89	75.11

据此次调查测定，耕洪立黄土土壤有机质为 10.35 克/千克，全氮为 0.55 克/千克，有效磷为 7.42 毫克/千克，速效钾为 101.38 毫克/千克，缓效钾为 762.52 毫克/千克，pH 为 8.24，有效铜为 1.45 毫克/千克，有效锰为 10.88 毫克/千克，有效锌为 0.85 毫克/千克，有效铁为 8.24 毫克/千克，有效硼为 0.57 毫克/千克，有效硫为 14.42 毫克/千克。

该土质地适中，土性燥，通透性能好，宜耕期长，供水肥性能较理想，但结构差，养分含量较低，代换量低，坡度大，有不同程度水土流失现象，部分地段底土层为沙壤土，易漏水漏肥，今后应增施有机肥氮、磷等各种化肥，以提高土壤肥力，但施用要少量多次，并要注意施肥方法，避免渗漏损失，通过搞粮草轮作、林粮、草粮条带种植，提高土壤肥力水平。

②底砾洪立黄土（黄种深位沙砾层洪积褐土性土）（B.e.7.115）。该土条带分布在繁城镇高升寨村，赵家庄至县城一带。集义庄乡白石头至大宋峪一带。光裕堡乡华岩至大李牛一带的洪积扇区，面积为 57 010 亩，占全县总耕地面积的 7.14%。

典型剖面描述如下：

剖面地点：典型代表剖面繁城镇赵家庄村西北的洪积扇，海拔为 1 030 米。剖面的形态特征野外观察结果如下：

0～12 厘米：土色灰黄色，质地轻壤，屑状结构，土层疏松多孔，润，植物根系多量。

12～48 厘米：土色浅黄色，质地轻壤，块状结构，土层紧实，孔隙中量，润，植物根系中量。

48～95 厘米：土色黄棕色，其余特征，同 12～48 厘米土层。

95 厘米以上：为河卵石层。

全剖面石灰反应剧烈。通体呈中性—微碱性反应。

其剖面理化性状见表 3‑16。

表 3‑16　底砾洪立黄土典型剖面理化性状分析结果（1982 年土壤普查数据）

土层深度（厘米）	有机质（克/千克）	全氮（克/千克）	全磷（克/千克）	碳酸钙（%）	pH	代换量（厘摩尔/千克）	机械组成（毫米）%		
							<0.001	<0.01	>0.01
0～12	9.3	0.87	0.65	5.9	8.1	8.2	15.32	25.83	74.17
12～48	4.6	0.44	0.56	4.3	8.1	8.0	15.34	25.85	74.15
48～95	4.1	0.33	0.62	7.1	8.2	6.9	15.23	25.67	74.33

据此次调查测定，底砾洪立黄土土壤有机质为 11.93 克/千克，全氮为 0.63 克/千克，有效磷为 9.93 毫克/千克，速效钾为 125.78 毫克/千克，缓效钾为 786.65 毫克/千克，pH 为 8.19，有效铜为 1.54 毫克/千克，有效锰为 11.08 毫克/千克，有效锌为 1.20 毫克/千克，有效铁为 10.18 毫克/千克，有效硼为 0.50 毫克/千克，有效硫为 25.84 毫克/千克。

该土质地适中，土性燥，通透性能好，宜耕期长，供水肥性能较理想，但结构差，养分含量较低，代换量低，部分地块有效土层浅薄，易漏水漏肥，今后应增施有机肥氮、磷等各种化肥，以提高土壤肥力，但施用要少量多次，并要注意施肥方法，避免渗漏损失，通过增施有机肥、秸秆还田等提高土壤肥力水平。

褐土性土多分布在低山丘陵区，一般土层深厚，肥力低，地面起伏不平，水土流失严重。今后要加大中低产田改良培肥力度，合理利用土地。平缓宜农处，培修梯田，加强地埂和坝堰的维修，在搞好农田基本建设的同时，要实行粮草轮作或划出一定面积的土地植树造林，发展林牧业生产。多施肥料，加深耕层，抗旱保墒。改革耕作制度，加速培肥土壤，提高地力。在侵蚀严重处要开展以流域综合治理，采取工程措施与生物措施相结合，确实把水土保持工作搞好。

3. 石灰性褐土（B. b）　广泛分布在滹沱河两岸的二级阶地以及高阶地残垣区，海拔为 980～1 100 米，面积为 266 834 亩，占全县总耕地面积的 33.42%。

该区为繁峙县主要的农业土壤，田间地埂生长一些狗尾草、白草、车前子、马唐、达里胡枝子等自然植被。成土母质为黄土状物质，地下水位较高，但成土母质不受地下水影响。所处地势平坦，交通便利有灌溉条件，是重要的农业生产基地。

石灰性褐土的形态特征归纳起来有以下几点：

a. 土层深厚，土质均匀，土层厚度一般大于 150 厘米，发育在卵石层上的土壤，土层较薄为 61～81 厘米，质地沙壤至中壤，一般沙壤至轻壤为主。

b. 表土层以灰黄色或灰黄褐色为主，心土或底土沿根孔及裂隙有点状或丝状假菌丝碳酸钙淀积。全剖面石灰反应强烈，呈微碱性反应，pH 一般为 8～8.5。

c. 剖面特点，耕作层—犁地层—心土层（弱钙积层、弱黏化层）—底土层。

石灰性褐土根据成土母质、水文地质、淤灌等因子，划分为耕种黄土状石灰性褐土、耕种洪积黄土状石灰性褐土 2 个土属。

（1）耕种黄土状石灰性褐土（B.b.3）：广泛分布在滹沱河两岸二级阶地上，地下水位 4～8 米，成土母质不受地下水影响。耕地面积为 169 237 亩，占全县总耕地面积的 21.20%。根据土壤质地和间层，划分为深黏黄垆土、底黑黄垆、二合黄垆土、底砾黄垆土 4 个土种（B.b.3）。

①深黏黄垆土（耕种壤深位黏化层黄土状石灰性褐土）（B.b.3.030）。主要分布在集义庄乡以西的二级阶地区，金山铺乡北河会、南河会、天成渠、贾家井村，大营镇灰泉、南窑门村，砂河镇长胜号等村，东山乡角耳门村等。面积为 42 539 亩，占全县总耕地面积的 5.33%。

典型剖面描述如下：

剖面地点：典型代表剖面为杏园乡古家庄村西南的二级阶地上，海拔为 907 米。剖面的形态特征野外观测结果如下：

0～16 厘米：土色褐灰色，质地轻壤，屑粒结构，土层较松多孔，稍润，植物根系多量。

16～67 厘米、67～104 厘米：土色褐黄色，质地轻壤，块状结构，土层紧实，孔隙中量，稍润，植物根系中量。

104～150 厘米：土色棕黄色，质地轻壤，块状结构，土层紧实，孔隙中量，润，植物根系少量。

全剖面石灰反应剧烈，pH 为 7.5。

其剖面理化性状见表 3-17。

表 3-17 深黏黄垆土典型剖面理化性状分析结果（1982 年土壤普查数据）

土层深度（厘米）	有机质（克/千克）	全氮（克/千克）	全磷（克/千克）	碳酸钙（%）	pH	代换量（厘摩尔/千克）	机械组成（毫米）%		
							<0.001	<0.01	>0.01
0～16	12	0.75	0.65	7.1	8.2	8.7	15.15	29.05	70.45
16～67	5.8	0.5	0.55	8.2	8.4	5.8	13.77	23.91	76.09
67～104	2.5	0.24	0.58	7.0	8.5	2.7	13.41	23.87	76.13
104～150	3.8	0.33	0.54	5.8	8.5	4.2	15.09	25.55	74.45

据此次调查测定，深黏黄垆土土壤有机质为 11.78 克/千克，全氮为 0.63 克/千克，有效磷为 9.55 毫克/千克，速效钾为 103.14 毫克/千克，缓效钾为 759.48 毫克/千克，pH 为 8.24，有效铜为 1.87 毫克/千克，有效锰为 8.84 毫克/千克，有效锌为 0.81 毫克/

千克，有效铁为 8.49 毫克/千克，有效硼为 0.50 毫克/千克，有效硫为 20.83 毫克/千克。

该土种质地适中，上轻下黏，构型理想，结构好，代换量一般，养分含量较高，主要种植玉米、蔬菜等高产高收作物，是繁峙县的高产土壤之一。今后要增施有机肥料，秸秆还田，加大推广测土配方施肥力度，调整种植结构，做到用地养地相结合，进一步提高土地的产出率，增加农民收入。

②底黑黄垆土（耕种壤深位黏化层黄土状石灰性褐土）（B、b、3.031）。分布在繁城镇笔锋、西义、高家庄、安家地、作头等村，面积为 10 543 亩，占全县总耕地面积的 1.32%。

典型剖面描述如下：

剖面地点：典型代表剖面在繁城镇西城街西南的二级阶地上，海拔为 960 米。剖面的形态特征野外观察结果如下：

0～21 厘米：为耕作层，土色灰黄色，质地轻壤，屑粒结构，土层疏松多孔，润，植物根系多量。

21～60 厘米：土色褐黄色，质地轻壤，块状结构，土层紧实，孔隙中量，润，植物根系中量，有白色假菌丝体。

60～100 厘米：土色灰棕色，质地重壤，块状结构，土层紧实，孔隙少量，润，植物根系少量，有白色假菌丝体。

100～145 厘米：土色灰棕色，质地重壤块状结构，土层坚实，孔隙少量，润，植物根系少量，有白色假菌丝体。

145～150 厘米：土色黄褐色，质地轻壤，小块结构，土层紧实，孔隙少量，植物根系少量，有白色假菌丝体。

全剖面石灰反应剧烈，pH 为 7.5。

其剖面理化性状见表 3-18。

表 3-18　底黑黄垆土典型剖面理化性状分析结果（1982 年土壤普查数据）

土层深度 （厘米）	有机质 （克/千克）	全氮 （克/千克）	全磷 （克/千克）	碳酸钙 （%）	pH	代换量 （厘摩尔/千克）	机械组成（毫米）%		
							<0.001	<0.01	>0.01
0～21	5.8	0.52	0.54	4.7	8.0	6.9	10.70	21.84	78.16
21～60	8.7	0.69	0.4	4.2	8.0	12.0	17.28	29.21	70.79
60～100	9.2	0.68	0.53	3.9	8.0	19.3	17.50	47.28	52.72
100～145	8.0	0.62	0.5	7.4	8.0	5.3	15.73	47.05	52.95
145～150	7.0	0.48	0.5	9.5	8.1	8.1	17.58	26.84	73.16

据此次调查测定，底黑黄垆土土壤有机质为 11.20 克/千克，全氮为 0.59 克/千克，有效磷为 13.81 毫克/千克，速效钾为 112.66 毫克/千克，缓效钾为 753.48 毫克/千克，pH 为 8.21，有效铜为 2.04 毫克/千克，有效锰为 6.62 毫克/千克，有效锌为 0.64 毫克/千克，有效铁为 6.58 毫克/千克，有效硼为 0.51 毫克/千克，有效硫为 19.41 毫克/千克。

本土种质地上轻下黏，构型理想，结构好，代换量一般，养分含量较高，主要种植玉米、蔬菜等高产高收作物，是繁峙县的高产土壤之一。今后要增施有机肥料，秸秆还田，加大推广测土配方施肥力度，调整种植结构，做到用地养地相结合，进一步提高土地的产出率，增加农民收入。

③二合黄垆土（耕种黏壤黄土状石灰性褐土）（B、b、3.032）。主要分布在砂河镇、集义庄乡的二级阶地，面积为96 648亩，占全县总耕地面积的12.11％。

典型剖面描述如下：

剖面地点：土种的典型代表剖面在集义庄乡三圣地村东北的二级阶地上，海拔为1 023米。剖面的形态特征野外观察结果如下：

0～15厘米：土色灰黄色，质地中壤，屑粒结构，土层疏松多孔，润，植物根系多量，pH为7.7，石灰反应强烈。

15～60厘米、60～110厘米、110～150厘米：土色以褐黄色为主，通体中壤，块状结构、紧实，全剖面石灰反应强烈，呈中性至微碱性反应。

其剖面理化性状见表3-19。

表3-19　二合黄垆土典型剖面理化性状分析结果（1982年土壤普查数据）

土层深度 （厘米）	有机质 （克/千克）	全氮 （克/千克）	全磷 （克/千克）	碳酸钙 （％）	pH	代换量 （厘摩尔/千克）	机械组成（毫米）％		
							<0.001	<0.01	>0.01
0～15	9.3	0.6	0.65	5.6	8.3	11.4	15.44	33.04	66.96
15～60	7.8	0.57	0.65	6.6	8.3	18.3	20.74	39.34	60.66
60～110	7.6	0.52	0.64	6.4	8.4	17.3	21.33	40.71	59.29
110～150	7.3	0.48	0.65	6.4	8.4	18.5	21.22	40.49	59.51

据此次调查测定，二合黄垆土土壤有机质为12.52克/千克，全氮为0.67克/千克，有效磷为12.00毫克/千克，速效钾为131.75毫克/千克，缓效钾为807.21毫克/千克，pH为8.22，有效铜为1.82毫克/千克，有效锰为7.66毫克/千克，有效锌为1.10毫克/千克，有效铁为9.14毫克/千克，有效硼为0.49毫克/千克，有效硫为28.03毫克/千克。

本土种质地适中，构型好，代换量较高，富含碳酸钙，生产性能较好，但活土层相对较薄。主要种植玉米、蔬菜等高产高收作物，是繁峙县的高产土壤之一。今后要机深耕，加深耕层，合理灌溉，增施有机肥料，秸秆还田，加大推广测土配方施肥力度，调整种植结构，做到用地养地相结合，进一步提高土地的产出率，增加农民收入。

④底砾黄垆土（耕种壤深位卵石黄土状石灰性褐土）（B、b、3.034）。主要分布在大营镇灰泉、南窑门村，砂河镇长胜号等村。东山乡角耳门和金山铺乡北河会、南河会、天成渠、贾家井村等，面积为19 507亩，占全县总耕地面积的2.44％。

典型剖面描述如下：

剖面地点：本土种的典型代表剖面金山铺乡南河交会村东南龙脊背地，地形部位二级阶地，海拔为1 165米。剖面的形态特征野外观察结果如下：

0～18厘米：土色灰黄色，质地沙壤，屑粒结构，土层疏松多孔，润，植物根系多量。

18～27厘米：土色暗黄棕色，质地沙壤，块状结构，土层紧实，孔隙中量，润，植物根系中量。

27～43 厘米：土色黄褐色，质地沙壤，块状结构，土层紧实，孔隙中量，润，植物根系少量。

43～60 厘米：土色黄褐色，质地沙壤，块状结构，土层紧实，孔隙中量，润，植物根系少量，有白色假菌丝体。

60～75 厘米：土色黄褐色，质地沙壤，块状结构，土层紧实，孔隙中量，润，植物根系少量。

75 厘米以下：为河卵石层。

全剖面石灰反应剧烈。

其剖面理化性状见表 3-20。

表 3-20　底砾黄垆土典型剖面理化性状分析结果（1982 年土壤普查数据）

土层深度（厘米）	有机质（克/千克）	全氮（克/千克）	全磷（克/千克）	碳酸钙（%）	pH	代换量（厘摩尔/千克）	机械组成（毫米）%		
							<0.001	<0.01	>0.01
0～18	0.72	0.052	0.052	2.1	8.5	5.1	10.16	13.36	86.64
18～27	0.69	0.051	0.040	3.0	8.5	4.5	13.53	19.26	80.74
27～43	0.73	0.071	0.040	6.6	8.4	7.0	11.86	17.59	82.41
43～60	0.80	0.062	0.040	8.0	8.4	9.2	12.86	21.28	78.72
60～75	0.68	0.049	0.050	8.9	8.4	6.8	12.79	19.40	80.60

据此次调查测定，底砾黄垆土土壤有机质为 13.95 克/千克，全氮为 0.74 克/千克，有效磷为 11.65 毫克/千克，速效钾为 129.54 毫克/千克，缓效钾为 808.42 毫克/千克，pH 为 8.21，有效铜为 1.99 毫克/千克，有效锰为 10.36 毫克/千克，有效锌为 1.44 毫克/千克，有效铁为 9.02 毫克/千克，有效硼为 0.40 毫克/千克，有效硫为 31.57 毫克/千克。

该土质地粗，构型差，代换量低，养分含量低，富含碳酸钙，通透性能好，保肥性能差，供肥性能好，漏水漏肥，土壤肥力水平低。今后掺黏客土改良，增施肥料，培肥土壤。

（2）耕种洪积黄土状石灰性褐土（B.b.5）：分布在二级阶地及洪积扇中下部。地下水位较高在 2.5 米以上，成土母质不受地下水影响。面积为 97 597 亩，占全县总耕地面积的 12.22%。根据土壤质地和间层以及农业生产状况，划分为洪黄垆土、底砾洪黄垆土、夹沙洪黄垆土 3 个土种。

①洪黄垆土（耕种洪积石灰性褐土）（B.b.5.038）。主要分布在繁城镇上西庄以及雁头村和繁城南门外菜园地，面积为 6 249 亩，占全县总耕地面积的 0.78%。

典型剖面描述如下：

剖面地点：繁城镇雁头村东北地形部位洪积扇下部的郝家园地，是本土种的典型剖面地块。海拔为 940 米。剖面的形态特征野外观察结果如下：

0～14 厘米：土色灰棕色，质地轻壤，屑粒结构，土层疏松多孔，润，植物根系多量。

14～36 厘米：土色淡棕色，质地轻壤，块状结构，土层较紧，孔隙中量，稍润，植物根系多量。

36～55厘米：土色淡棕色，质地沙壤，单粒结构，土层疏松，孔隙少量，稍润，植物根系中量，pH为7。

55～78厘米：土灰黄色，质地沙壤，单粒结构，土层疏松，孔隙少量，稍润，植物根系少量，pH为6.5。

78～112厘米：土色暗棕色，质地沙壤，小块结构，土层较紧，孔隙中量，润，植物根系少量，pH为6.5。

112～150厘米：土色暗棕色，质地沙壤，小块结构，土层较紧，孔隙少量，润，植物根系少量，pH为6.5。

全剖面石灰反应剧烈。

其剖面理化性状见表3-21。

表3-21 洪黄垆土典型剖面理化性状分析结果（1982年土壤普查数据）

土层深度（厘米）	有机质（克/千克）	全氮（克/千克）	全磷（克/千克）	碳酸钙（%）	pH	代换量（厘摩尔/千克）	机械组成（毫米）%		
							<0.001	<0.01	>0.01
0～14	5.9	0.52	0.71	5.9	8.1	13.9	14.25	21.85	78.15
14～36	7.0	0.35	0.64	6.1	8.1	13.3	14.22	21.80	78.20
36～55	5.8	0.38	0.55	4.3	8.1	6.4	12.49	16.69	83.31
55～78	4.7	0.24	1.00	21.4	8.2	2.7	5.65	10.04	89.96
78～112	4.1	0.31	0.59	4.1	8.1	7.8	8.97	16.69	83.31
112～150	5.9	0.34	0.65	2.6	8.2	6.9	9.04	15.13	84.87

据此次调查测定，洪黄垆土土壤有机质为10.16克/千克，全氮为0.54克/千克，有效磷为10.70毫克/千克，速效钾为111.19毫克/千克，缓效钾为801.82毫克/千克，pH为8.20，有效铜为1.98毫克/千克，有效锰为5.93毫克/千克，有效锌为0.70毫克/千克，有效铁为7.52毫克/千克，有效硼为0.49毫克/千克，有效硫为18.35毫克/千克。

本土种所处地形为地形部位洪积扇下部，土层深厚，耕性良好，质地上轻下沙，土体构型不够理想，土壤有机质，各养分含量相对较高，通透性能好，供肥性能好，主要种植玉米、蔬菜等高产高收作物，属本县的一等地。实行精根细作，增施有机肥、秸秆还田，配方施肥，调整种植结构，提高效益是今后发展的主攻方向。

②底砾洪黄垆土（耕种壤深黏位沙砾层洪积石灰性褐土）(B.b.5.040)。分布在繁城镇上西庄、赵家庄、圪撬堰、下茹越乡福连坊、瓦磁地等村，面积为5 410亩，占全县总耕地面积的0.68%。

典型剖面描述如下：

剖面地点：本土种的典型代表剖面为繁城镇西庄村东南熬石滩地，地形部位洪积扇下部，海拔为950米。剖面的形态特征野外观察结果如下：

0～19厘米：土色灰黄棕色，质地轻壤，屑粒结构，土层疏松多孔，润，植物根系多量。

19～50厘米：土色灰黄棕色，质地沙壤，块状结构，土层紧实，孔隙中量，润，植物根系中量，有白色假菌丝体。

50～61厘米：土色黄棕色，质地沙壤，屑粒结构，土层较松，孔隙多量，润，植物根系中量，有白色假菌丝体。

61厘米以下：为河卵石层。

全剖面石灰反应剧烈。

其剖面理化性状见表3-22。

表3-22　底砾洪黄垆土典型剖面理化性状分析结果（1982年土壤普查数据）

土层深度（厘米）	有机质（克/千克）	全氮（克/千克）	全磷（克/千克）	碳酸钙（%）	pH	代换量（厘摩尔/千克）	机械组成（毫米）%		
							<0.001	<0.01	>0.01
0～19	6.1	0.40	0.70	5.3	8.0	7.6	14.32	23.14	76.85
19～50	3.8	0.30	0.66	5.9	8.1	7.0	12.14	18.94	81.06
50～61	2.4	0.20	0.94	3.8	8.0	3.7	9.37	13.09	86.91

据此次调查测定，底砾洪黄垆土土壤有机质为11.73克/千克，全氮为0.62克/千克，有效磷为14.46毫克/千克，速效钾为130.33毫克/千克，缓效钾为774.39毫克/千克，pH为8.28，有效铜为1.66毫克/千克，有效锰为7.08毫克/千克，有效锌为0.71毫克/千克，有效铁为7.02毫克/千克，有效硼为0.49毫克/千克，有效硫为23.54毫克/千克。

本土种土性软绵，质地适中，耕性良好，但土壤肥力低，干旱仍是本土种发展农业生产的主要障碍因素。要增施肥料，引洪淤灌，加厚土层。

③夹沙洪黄垆土（耕种黏壤浅位沙层洪积石灰性褐土）（B.b.5.042）。分布在砂河镇南淤地、县农牧场、金山铺乡判成地、西淤地、金山铺、高盘、牛尿河等村。大营镇广黄地、马庄村。横涧乡西连仲、白坡头、孤山铺、前所、横涧、东淤地、西沟湾等村，面积为85 938亩，占全县总耕地面积的10.76%。

典型剖面描述如下：

剖面地点：本土种的典型代表剖面在金山铺乡金山铺村东南的九排地，地形部位洪积扇下部，海拔为1 140米。剖面的形态特征野外观察结果如下：

0～13厘米：土色暗黄棕色，质地中壤，屑粒结构，土层疏松多孔，润，植物根系多量。

13～41厘米：土色黄棕色，质地中壤，小块结构，土层紧实，孔隙中量，润，植物根系中量。

41～90厘米、90～110厘米、110～150厘米，土色以黄棕色为主，质地沙壤，小块结构，土层稍紧，孔隙中量，润，植物根系少量，有白色假菌丝体。

全剖面石灰反应剧烈，pH为7.5。

其剖面理化性状见表3-23。

表3-23　夹沙洪黄垆土典型剖面理化性状分析结果（1982年土壤普查数据）

土层深度（厘米）	有机质（克/千克）	全氮（克/千克）	全磷（克/千克）	碳酸钙（%）	pH	代换量（厘摩尔/千克）	机械组成（毫米）%		
							<0.001	<0.01	>0.01
0～13	11.10	0.82	0.62	6.5	8.4	11.0	18.05	33.32	66.68

（续）

土层深度 （厘米）	有机质 （克/千克）	全氮 （克/千克）	全磷 （克/千克）	碳酸钙 （%）	pH	代换量 （厘摩尔/千克）	机械组成（毫米）%		
							<0.001	<0.01	>0.01
13~41	10.70	0.74	0.60	6.6	8.4	12.3	19.81	38.52	61.48
41~90	5.50	0.40	0.48	5.4	8.5	5.9	10.15	13.34	86.66
90~110	3.80	0.34	0.46	6.7	8.4	6.0	12.86	19.60	80.40
110~150	2.60	0.24	0.46	6.6	8.5	2.5	11.49	16.19	83.81

据此次调查测定，夹沙洪黄垆土土壤有机质为 11.59 克/千克，全氮为 0.62 克/千克，有效磷为 9.52 毫克/千克，速效钾为 100.85 毫克/千克，缓效钾为 764.10 毫克/千克，pH 为 8.22，有效铜为 2.07 毫克/千克，有效锰为 8.38 毫克/千克，有效锌为 0.79 毫克/千克，有效铁为 7.61 毫克/千克，有效硼为 0.45 毫克/千克，有效硫为 18.76 毫克/千克。

该土质地上紧下松，构型差，养分含量上层高下层低，代换量一般，富含碳酸钙，有漏水肥现象。要适当深耕，防止水肥渗漏。

褐土亚类，虽农业生产条件较好，由于缺乏水源，有机肥施用量少，尤其有相当面积的沙性土壤，生产性能差，肥力水平低。今后应重点抓好水利建设，发展保浇水地。扩大肥料来源，搞好种植规划，注意用地和养地结合，不断提高土壤肥力。增施肥料，注意氮磷钾化肥的配合使用。

（二）潮土（N）

繁峙县潮土主要分布在滹沱河两岸的河漫滩以及一级阶地上，海拔为 950~1 100 米，其面积为 48 816 亩，占全县总面积的 1.4%。本次调查耕地面积为 28 196 亩，占全县总耕地面积的 3.53%。

该区年降水量为 350.2 毫米，全年日≥10℃积温 2 584.5℃，无霜期 130 天，地下水位较高为 0.8~2.5 米，农业生产条件优良。

潮土集中分布在大营一带地区，是地下水和地面水汇集的地方。一方面由于两侧山地地下水潜水向川谷汇集；另一方面，大气自然补给的降水均汇集于河内。特别是汛期涞水，河水大量渗漏地下，这样使的河漫滩和一级阶地经常保持着较高的地下水位。地表生长一些耐湿和耐盐碱性的自然植被。成土母质因河流上游母质和水流分选作用的不同而异，为冲积淤积物母质，土层厚度不等，底部为卵、沙、砾石层，土体有明显的冲积层次。

繁峙县潮土，在成土过程中，由于地形的影星和水温的变化，有的土壤趋向脱离地下水影响向褐土方向发展，有的土壤由于地形较低洼，地下水流通不畅，矿化度较高，在早春干旱蒸发条件下，可溶性盐分沿土壤毛细管随水蒸发上升到地表，形成盐渍性土壤。本县的潮土可划分为：潮土和盐化潮土 2 个亚类。

1. 潮土（N.a）　分布在河流两岸一级阶地上，丘间小盆地及丘陵沟壑两侧也有小面积零星分布。地下水位较高为 1.3 米左右，地下水流通不畅，土体锈纹锈斑明显，土层沙黏沉积层次相间。地表生长一些水稗、灰菜、三棱草等喜湿性植被。其面积为 23 450 亩，占全县总面积的 0.67%；本次调查耕地面积 2 830 亩，占全县总耕地面积的 0.35%。

潮土的形态特征归纳起来有以下几点：

a. 土层厚度为 100~130 厘米，质地因沉积物而变化较大，一般沙壤至重壤，而以沙壤为主，土体沙黏交替，层次过渡明显。

b. 表土层以黄灰或淡灰色为主，土体中、下部土层有明显的锈纹锈斑，通体湿润，石灰反应强烈，呈微碱反应，pH 为 7~8.5，心底土层均为沙壤。

潮土亚类在本县只有冲积潮土 1 个土属。

冲积潮土（N.a.1）：主要分布在光裕堡乡梁庄、富庄等村，大营镇杨庄、北淤地、任庄、泉河湾、西三泉、东三泉。根据土体构型，划分为绵潮土和河潮土 2 个土种，耕地面积为 2 830 亩，占全县总耕地面积的 0.35%。

①绵潮土（耕种土壤冲积潮土）（N.a.1.258）。主要分布在光裕堡乡梁庄、富庄等村，面积为 2 830 亩，占全县总耕地面积的 0.35%。

典型剖面描述如下：

剖面地点：光裕堡乡富家庄村半羊道 06—13 号剖面，是本土种的典型代表剖面。剖面位于东堡村西北，距离 700 米，海拔为 990 米。剖面的形态特征野外观察结果如下：

0~19 厘米：土色灰褐色，质地中壤，小块结构，土层疏松多孔，湿，植物根系多量。

19~42 厘米：土色暗黄褐色，质地中壤，片状结构，土层疏松，孔隙中量，湿，植物根系中量，有少量锈纹锈斑。

42~91 厘米：土色灰黄色，质地沙壤，块状结构，土层疏松多孔，湿，植物根系少量，有多量锈纹锈斑。

91~112 厘米：土色暗棕色，质地重壤，块状结构，土层紧实，孔隙少量，湿，植物根系少量，，有多量锈纹锈斑。

112~130 厘米：土色白灰色，质地中壤，块状结构，土层坚实，孔隙少量，湿，植物根系少量。

130 厘米以下：为静水面。

全剖面石灰反应强烈。

其剖面理化性状见表 3-24。

表 3-24　绵潮土典型剖面理化性状分析结果（1982 年土壤普查数据）

土层深度（厘米）	有机质（克/千克）	全氮（克/千克）	全磷（克/千克）	碳酸钙（%）	pH	代换量（厘摩尔/千克）	机械组成（毫米）%		
							<0.001	<0.01	>0.01
0~19	10.5	0.68	0.65	7.6	8.2	18.2	17.49	32.01	67.99
19~42	5.5	0.42	0.66	6.7	8.4	8.5	17.07	37.82	62.18
42~91	4.3	0.28	0.60	6.3	8.5	5.3	12.30	19.95	80.05
91~112	8.2	0.58	0.61	8.7	8.4	16.5	22.79	46.03	53.97
112~130	5.0	0.30	0.56	6.8	8.2	4.1	15.22	35.75	64.25

据此次调查测定，绵潮土土壤有机质为 12.56 克/千克，全氮为 0.68 克/千克，有效磷 12.97 毫克/千克，速效钾为 114.83 毫克/千克，缓效钾为 732.54 毫克/千克，pH 为

8.09，有效铜为 1.81 毫克/千克，有效锰为 12.85 毫克/千克，有效锌为 1.36 毫克/千克，有效铁为 13.36 毫克/千克，有效硼为 0.98 毫克/千克，有效硫为 40.04 毫克/千克。

该土种地势平坦，土体湿润，灌溉条件较好，宜种水稻、玉米、蔬菜等作物，土壤肥力较高，但土体中有沙层，易漏水肥，应改善土体构型，同时，增施有机肥料、磷肥、不断培肥土壤。

②河潮土（壤冲积潮土）（N.a.1.257）。主要分布在大营镇杨庄、北淤地，任庄泉河湾、西三泉、东三泉等村的河滩地，大部分为荒地，只有零星分布的耕地。

典型剖面描述如下：

剖面地点：大营镇大营村东滩东北 11—05 号剖面，是本土种的典型代表剖面。海拔为 1 160 米。剖面的形态特征野外观察结果如下：

0～12 厘米：土色灰黄色，质地沙壤，屑粒结构，土层紧实，孔隙多量，湿，植物根系多量，石灰反应强烈。

12 厘米以下（包括 12～28 厘米、28～58 厘米、58～89 厘米、89～109 厘米），土色浅黄灰色，通体沙壤，块状结构，土层紧实，孔隙少量，土体湿润，植物根系由上而下呈少量分布，全剖面有石灰反应。在 58～89 厘米土层中，伴有较多的锈纹锈斑，通体呈碱性反应，pH 为 8。

109 厘米：见地下水。

其剖面理化性状见表 3 - 25。

表 3 - 25　河潮土典型剖面理化性状分析结果（1982 年土壤普查数据）

土层深度（厘米）	有机质（克/千克）	全氮（克/千克）	全磷（克/千克）	碳酸钙（%）	pH	代换量（厘摩尔/千克）	机械组成（毫米）%		
							<0.001	<0.01	>0.01
0～12	8.5	0.80	0.46	4.7	8.8	7.1	12.51	16.22	83.78
12～28	8.2	0.83	0.48	5.4	8.6	4.6	14.18	17.88	82.12
28～58	4.4	0.39	0.52	5.1	8.3	3.5	14.17	16.18	83.82
58～89	3.8	0.45	0.50	3.7	8.4	2.0	10.79	14.48	85.52
89～109	2.3	0.27	0.49	4.6	8.3	2.3	9.12	12.80	87.20

据此次调查测定，河潮土土壤有机质为 10.87 克/千克，全氮为 0.58 克/千克，有效磷为 7.71 毫克/千克，速效钾为 89.67 毫克/千克，缓效钾为 723.15 毫克/千克，pH 为 8.35，有效铜为 1.25 毫克/千克，有效锰为 6.74 毫克/千克，有效锌为 0.69 毫克/千克，有效铁为 6.83 毫克/千克，有效硼为 0.53 毫克/千克，有效硫为 24.22 毫克/千克。

该土质地偏沙，地下水位较高，土体湿润，常有季节性积水现象。目前尚未为农业很好利用，应筑坝，淤灌，加厚土层，营造护岸林，使荒滩变良田。

冲积潮土所处地势平坦，水分过甚，特别是早春影响地温，气热协调。为此，要增施有机肥，改进耕作方法，化肥施用掌握少量多次，也要注意排水条件，防止产生次生盐渍化。

2. 盐化潮土（N.d）　盐化潮土零星分布在河流两岸局部洼地，主要分布在大营镇、横涧乡，属于封闭性洼地，常与浅水潮土毗邻，老百姓称"二性阴地"，面积为 25 366

亩，占全县总耕地面积的 3.18%。

本区由于地势低洼，地下水位高，同时地下水流通不畅。这样使的地下水位常时期保持为 1～2.5 米，有局部地区地下水接近地表。在春季干旱多风情况下，土壤水分大量蒸发，当水分蒸发后，盐分便留于地表形成盐化土壤。地表生长一些盐吸、披碱草等耐盐植被。

盐化潮土的形态特征归纳起来有以下几点：

a. 土层较厚，质地轻壤至中壤。

b. 表土层以淡灰色为主，土体中有明显的锈纹锈斑。通体潮湿至湿。全剖面石灰反应强烈，显碱性反应，pH 一般为 8.5 以上。

c. 剖面特点，积盐层—锈纹锈斑氧化还用层。

盐化潮土根据土壤盐分含量及盐分组成成分，划分为耕种氯化物盐化潮土 1 个土属，轻盐潮土 1 个土种。该土分布在孤山水库，大营镇西石荒、河南村、水磨、左所、北淤地村等，古家庄村也有小面积分布。

轻盐潮土（耕种壤轻度氯化物盐化潮土）（N.d.2.313）：

典型剖面描述如下：

剖面地点：横涧乡横涧村正南马道 14—28 号剖面，是本土种的典型代表剖面。海拔为 12 320 米。剖面的形态特征野外观察结果如下：

0～24 厘米：为耕作层，土色淡灰色，质地轻壤，碎块状结构，土层疏松多孔，潮湿植物根系少量，石灰反应强烈。

24～56 厘米、56～96 厘米、96～123 厘米、123～200 厘米：土色淡灰色，通体轻壤，片状结构土层较松，孔隙少量，潮湿，植物根系少量，在 93～123 厘米处，有较多的锈纹锈斑新生体出现，全剖面呈碱性，石灰反应强烈。

其剖面理化性状见表 3-26，盐分化验结果见表 3-27。

表 3-26 轻盐潮土典型剖面理化性状分析结果（1982 年土壤普查数据）

土层深度（厘米）	有机质（克/千克）	全氮（克/千克）	全磷（克/千克）	碳酸钙（%）	pH	代换量（厘摩尔/千克）	机械组成（毫米）%		
							<0.001	<0.01	>0.01
0～24	10.5	0.58	0.36	6.8	8.5	4.2	14.50	22.89	77.11
24～56	9.3	0.65	0.36	5.9	8.5	4.6	12.49	22.89	77.11
56～96	8.2	0.58	0.36	6.8	8.4	7.0	17.56	27.98	72.02
96～123	8.2	0.59	0.46	6.9	8.5	7.9	14.19	26.30	73.70
123～200	11.7	0.56	0.44	4.9	8.4	7.7	14.18	22.92	73.08

表 3-27 轻盐潮土剖面盐分化验结果

土层深度（厘米）	0～5	5～20	20～59	59～96	96～103	103～200
pH	8.6	8.8	8.5	8.5	8.4	8.4
全盐量（%）	0.45	0.09	0.03	0.03	0.04	0.03

（续）

土层深度（厘米）	0～5	5～20	20～59	59～96	96～103	103～200
CO_3^{2-}	0.040 2	—	—	—	—	—
HCO_3^-	0.217 1	—	—	—	—	—
SO_4^{2-}	2.784 7	—	—	—	—	—
Cl^-	2.894 8	—	—	—	—	—
Σ	3.144 8	—	—	—	—	—
Ca^{2+}	0.648 7	—	—	—	—	—
Mg^{2+}	1.347 3	—	—	—	—	—
Na^+	1.144 8	—	—	—	—	—
Σ	3.140 8	—	—	—	—	—
全盐量（％）	0.306 3	—	—	—	—	—

据此次调查测定，轻盐潮土土壤有机质为 10.80 克/千克，全氮为 0.58 克/千克，有效磷为 9.14 毫克/千克，速效钾为 87.33 毫克/千克，缓效钾为 721.92 毫克/千克，pH 为 8.29，有效铜为 1.48 毫克/千克，有效锰为 9.28 毫克/千克，有效锌为 0.87 毫克/千克，有效铁为 8.38 毫克/千克，有效硼为 0.55 毫克/千克，有效硫为 22.63 毫克/千克。

该土种质地适中，耕性良好，构形一般，土壤肥力较低，土体潮湿。由于地下水位高，矿化度较大，有轻度盐化。作物常受盐碱危害。需采用铺沙压盐、洪灌洗盐、种植绿肥及地膜覆盖、避盐巧种、深耕晒垡等改良措施。

盐化潮土在改良利用上以改良盐碱为主攻方向，着重于开挖排水渠，降低地下水位主要措施，辅助于其他生物等措施，种植耐盐碱植物，实行科学种田。

（三）水稻土（Q）

分布在繁峙县西部地区河流两岸一级阶地潜水溢出地带，海拔为 910～950 米，面积为 14 190 亩，占全县总耕地面积约 1.78％。

水稻土在耕作层以下，有大量的锈纹锈斑，底土层出现蓝灰色的腐泥层。地表生长一些茂密的湿生植被。如三棱草、莎草、稗草、隐花草等自然植被。

水稻土是繁峙县人民长久以来改良利用沼泽地、盐碱土的产物，耕种历史较久，水稻产量较高，一般平均亩产水稻 500～700 千克，是本县面积较小的一种水成型土壤。

水稻土根据土壤的成土特点，划分为盐渍性水稻土 1 个亚类。

盐渍性水稻土的形态特征归纳起来有以下几点：

a. 土层厚度为 33～130 厘米，质地因沉积层次不同而变化明显，一般为沙壤—中壤。

b. 表土层以灰褐色为主，主体中、下部有明显的锈纹锈斑，通体湿。全剖面石灰反应强烈，呈微碱性反应，pH 为 8 左右。

c. 剖面特点，耕作层—锈纹锈斑氧化还原层—潜育层。

盐渍性水稻土是发育在盐渍性浅色草甸土上的一种水成型土壤。地下水位高，一般为 0.5～1.3 米，局部地方有潜水溢出。据耕种与否划分为耕种盐渍性水稻土 1 个土属，全县只有盐性田 1 个土种。

盐性田（黏洪冲积盐渍型水稻土）（Q. d. 1. 351）：分布在杏园乡铁家会，牛家尧、古家庄、姚家庄、南关村，下茹越乡瓦磁地、大沟、福连坊、集义庄乡龙兴、下永兴等村，繁城镇东城街、圣水头、西义、笔峰、作头，其面积为 14 190 亩，占全县总面积的 1.78%。

典型剖面描述如下：

剖面地点：杏园乡铁家会村西北大凹地 04—26 号剖面，是本土种的典型代表剖面，海拔为 940 米。剖面的特征野外观察结果如下：

0～18 厘米：土色蓝灰色，质地轻壤，屑粒结构，土层较松，孔隙中量，湿，植物根系多量。

18～46 厘米：土色黄灰色，质地沙壤，鳞片状结构，土层较松，孔隙中量，湿，植物根系中量，有锈纹锈斑。

46～84 厘米、84～130 厘米：土色暗黄灰色，质地沙壤，小块结构，土层较紧，孔隙中量，湿，植物根系少量，有锈纹锈斑。

130 厘米以下：为静水面。

全剖面石灰反应强烈，pH 为 7。

其剖面理化性状见表 3 - 28。

表 3 - 28 盐性田典型剖面理化性状分析结果（1982 年土壤普查数据）

土层深度（厘米）	有机质（克/千克）	全氮（克/千克）	全磷（克/千克）	碳酸钙（%）	pH	代换量（厘摩尔/千克）	机械组成（毫米）%		
							<0.001	<0.01	>0.01
0～18	13.1	0.74	0.58	9.2	8.3	5.8	14.45	24.95	75.05
18～46	2.5	0.18	0.50	7.1	8.6	1.8	10.98	14.67	85.33
46～84	3.4	0.21	0.41	7.4	8.6	2.9	12.71	16.41	83.59
84～130	2.1	0.23	0.52	7.3	8.5	1.3	11.00	14.70	85.30

据此次调查测定，盐性田土壤有机质为 12.82 克/千克，全氮为 0.68 克/千克，有效磷为 14.48 毫克/千克，速效钾为 125.86 毫克/千克，缓效钾为 782.01 毫克/千克，pH 为 8.12，有效铜为 1.92 毫克/千克，有效锰为 11.30 毫克/千克，有效锌为 1.01 毫克/千克，有效铁为 11.10 毫克/千克，有效硼为 0.60 毫克/千克，有效硫为 29.36 毫克/千克。

该土质地适中，构型好，代换量较高，养分含量较高，保水肥性能好，供水肥性能较差，地下水位高，土性冷，要掺沙客土改良，深耕晒垡，灌排配套，培肥土壤。首先，盐渍性水稻土在改良利用上，以降低地下水位和土壤盐分含量为主攻方向，特别是稻田周围土地，更易产生次生盐化危害。因此，在稻田和稻区周围，应建立健全灌排系统，上灌下排，浇盐压盐；其次，保证用水，在新垦稻田（特别是沙性土）要经过耕种、施肥、客土、淤灌等措施，解决漏水漏肥问题；第三，精耕细作，巧施肥料。稻田要随耕随耙，硝态氮不宜用于水田，铵态氮施到深层效果为好。

第二节 土壤大量元素状况及评述

土壤大量元素背景值的表达方式以各统计单元养分汇总结果的算术平均值和标准差来

表示，分别以单体 N、P、K 表示。表示单位：有机质、全氮用克/千克表示，有效磷、速效钾、缓效钾用毫克/千克表示。

土壤有机质、全氮、有效磷、速效钾等以《山西省耕地土壤养分含量分级参数表》为标准各分 6 个级别，见表 3-29。

表 3-29 山西省耕地土壤养分耕地标准

级　别	I	II	III	IV	V	VI
有机质（克/千克）	>25.00	20.01～25.00	15.01～20.00	10.01～15.00	5.01～10.00	≤5.00
全　氮（克/千克）	>1.50	1.201～1.50	1.001～1.200	0.701～1.000	0.501～0.700	≤0.50
有效磷（毫克/千克）	>25.00	20.01～25.00	15.1～20.0	10.1～15.0	5.1～10.0	≤5.0
速效钾（毫克/千克）	>250	201～250	151～200	101～150	51～100	≤50
缓效钾（毫克/千克）	>1 200	901～1 200	601～900	351～600	151～350	≤150

一、土壤有机质及大量元素含量与分布

（一）土壤有机质含量与分布

土壤有机质是度肥力的主要物质基础之一，它包括动植物死亡以后遗留在土壤中的残体，施入的有机肥以及经过微生物作用所形成的腐殖质，其中腐殖质占有机质的 70%～90%。有机质里包含有大量的炭、氢、氧、硫、磷和少量的铁、镁等元素，有机质经过矿化和腐殖化两个过程，产生了无机盐类和二氧化碳，释放了养分供作物吸收利用，有机质含量越高，土壤肥力就越高。

繁峙县耕地土壤有机质含量变化为 2.05～39.85 克/千克，平均值为 12.95 克/千克，属四级水平。见表 3-30～表 3-32。

（1）不同行政区域：有机质平均最高的乡（镇）是神堂堡乡，为 26.39 克/千克；其次是岩头乡，为 25.1 克/千克；最低的是光裕堡乡，为 9.96 克/千克。

（2）不同地形部位：沟谷地平均值最高，为 21.98 克/千克；其次是低山丘陵坡地平均值为 18.03 克/千克；最低是黄土垣、梁地，平均值为 11.24 克/千克。

（3）不同土壤类型：褐土最高，平均值为 13.26 克/千克；其次是水稻土，平均值为 12.82 克/千克；潮土最低，平均值为 10.96 克/千克。

（二）土壤全氮含量与分布

氮素是植物生长所必需的大量营养元素之一。合理的氮肥供应，能促进植物体的蛋白质、叶绿素、核酸等物质的形成，增大碳素同化作用，从而提高作物产量。土壤缺氮时，作物生长受阻，植株矮小，叶色变淡，茎短而纤细，穗短小，不实率高。

不同土壤类型由于各种成土过程所进行的深度与广度不同，所形成的土壤类型及其全氮含量也产生差异。土壤有机质与氮素的消长规律，主要决定于生物积累和分解作用的强弱，以及种植作物与气候环境有直接的关系。

繁峙县土壤全氮含量变化范围为 0.25～1.98 克/千克，平均值为 0.67 克/千克，属五级水平。见表 3-30～表 3-32。

表 3-30　繁峙县大田土壤大量元素分类统计结果（按行政区域）

类别	有机质（克/千克）		全氮（克/千克）		有效磷（毫克/千克）		速效钾（毫克/千克）		缓效钾（毫克/千克）	
	平均值	区域值	平均值	区域值	平均值	区域值	平均值	区域值	平均值	区域值
繁城镇	10.86	2.21~24.35	0.59	0.25~1.29	11.07	2.54~35.99	115.92	46.95~311.55	756.58	550.12~1 018.96
砂河镇	12.91	2.84~34.17	0.63	0.26~1.56	11.96	2.54~37.95	125.26	43.42~309.23	757.82	315.53~1 048.59
大营镇	10.55	2.59~20.71	0.56	0.32~1.13	10.01	2.6~37.4	89.17	41.55~223.72	706.17	453.77~988.26
下茹越乡	10.48	2.59~23.65	0.56	0.30~1.31	11.51	2.57~38.4	125.55	40.3~216.57	746.61	393.9~1 765.22
杏园乡	10.58	2.05~23.21	0.58	0.25~1.214	9.86	2.54~37.15	95.18	40.17~310.40	750.49	485.63~1 097.4
光裕堡乡	9.96	2.96~22.08	0.53	0.18~1.19	7.84	2.55~27.8	116.67	61.73~286.06	772.68	503.64~996.65
集义庄乡	12.23	2.73~36.85	0.66	0.27~1.74	13.55	3.6~37.99	140.55	54.66~298.47	798.34	523.73~1 139.45
东山乡	19.05	2.5~39.59	0.96	0.26~1.69	17.99	1.00~38.625	188.48	42.79~318.08	868.23	571.71~1 072.0
金山铺乡	11.56	2.28~39.85	0.64	0.25~1.94	10.56	2.54~38.6	116.94	43.39~313.29	785.37	518.91~1 038.83
柏家庄乡	10.06	2.73~25.49	0.57	0.25~1.26	11.29	2.6~37.35	113.07	50.26~195.48	771.39	602.67~968.63
横涧乡	11.07	2.05~31.66	0.59	0.3~1.51	9.02	2.56~36.73	91.1	41.32~287.58	732.058	393.97~1 060.88
神堂堡乡	26.39	8.19~38.65	1.31	0.44~1.78	22.75	6.0~38.6	163.27	66.73~298.54	888.5	624.61~1 062.11
岩头乡	25.12	2.05~38.97	1.25	0.33~1.83	21.80	2.6~38.76	167.83	45.9~316.0	878.59	609.63~1 111.15

表 3-31　繁峙县大田土壤大量元素分类统计结果（按土壤类型）

类　别	有机质 （克/千克）		全　氮 （克/千克）		有效磷 （毫克/千克）		速效钾 （毫克/千克）		缓效钾 （毫克/千克）	
	平均值	区域值	平均值	区域值	平均值	区域值	平均值	区域值	平均值	区域值
潮　土	10.96	6.00~16.99	0.59	0.32~0.91	8.77	2.54~20.00	90.41	64.1~136.9	723.25	640.9~820.2
褐　土	13.26	4.63~37.55	0.70	0.25~1.85	11.86	2.27~38.65	128.48	51.0~316.8	784.59	563.2~1080.4
水稻土	12.82	6.99~16.33	0.68	0.36~0.88	14.48	4.45~29.27	125.86	80.4~207.5	782.01	587.7~860.1

表 3-32　繁峙县大田土壤大量元素分类统计结果（按地形部位）

类　别	有机质 （克/千克）		全　氮 （克/千克）		有效磷 （毫克/千克）		速效钾 （毫克/千克）		缓效钾 （毫克/千克）	
	平均值	区域值	平均值	区域值	平均值	区域值	平均值	区域值	平均值	区域值
冲、洪积扇前缘	15.62	6.00~33.26	0.83	0.34~1.75	13.65	3.91~34.48	156.23	70.6~306.7	832.15	660.8~1020.6
低山丘陵坡地	18.03	6.99~37.88	0.89	0.39~1.61	15.00	3.36~36.57	170.51	83.7~306.7	820.47	680.7~1000.7
沟谷地	21.98	6.99~39.20	1.17	0.36~1.99	20.76	2.27~37.61	167.24	77.1~316.8	845.77	640.9~1080.4
河流一级、二级阶地	12.27	4.75~38.21	0.65	0.25~1.96	10.97	2.54~38.65	116.53	51.0~311.77	772.14	526.3~1080.4
黄土垣、梁	11.24	4.63~20.34	0.59	0.25~1.03	10.79	2.81~34.48	127.10	70.6~266.2	765.95	620.9~899.95
中低山上、中部坡腰	14.18	7.98~37.55	0.73	0.41~1.61	11.12	3.09~35.53	149.35	73.9~301.6	800.62	680.7~1000.7

（1）不同行政区域：神堂堡乡平均值最高，为 1.31 克/千克；其次是岩头乡，平均值为 1.25 克/千克；最低是光裕堡乡，平均值为 0.53 克/千克。

（2）不同地形部位：沟谷地平均值最高，为 1.17 克/千克；其次低山丘陵坡地平均值为 0.89 克/千克；最低是黄土垣、梁地，平均值为 0.59 克/千克。

（3）不同土壤类型：褐土最高，平均值为 0.70 克/千克；其次是水稻土，平均值为 0.68 克/千克；最低是潮土，平均值为 0.59 克/千克。

（三）土壤有效磷含量与分布

磷是动植物体内不可缺少的元素之一。它对动植物体的新陈代谢、能量转化、酸碱度变化都起着重要作用，磷还可以促进植物对氮素的吸收和利用，为作物营养元素的三要素之一。

土壤全磷量即磷的总贮量，可以分为有机磷和无机磷两大类，大部分以迟效性状态存在。土壤全磷并不能作为土壤磷素供应的指标。

土壤中的有效性磷量与全磷量并不相关，全磷量高时，并不意味着磷素供应充足，而当土壤全磷量低于某一水平时，却有可能意味着磷素供应不足。

繁峙县有效磷含量变化范围为 2.54～38.65 毫克/千克，平均值为 11.78 毫克/千克，属四级水平。见表 3 - 30～表 3 - 32。

（1）不同行政区域：神堂堡乡平均值最高，为 22.75 毫克/千克；其次是岩头乡，平均值为 21.8 毫克/千克，最低是光裕堡乡，平均值为 7.84 毫克/千克。

（2）不同地形部位：沟谷地平均值最高，为 20.76 毫克/千克；其次是低山丘陵坡地，平均值为 15.00 毫克/千克；最低是黄土垣、梁地，平均值为 10.79 毫克/千克。

（3）不同土壤类型：水稻土平均值最高，为 14.48 毫克/千克；其次是褐土，平均值为 11.86 毫克/千克；最低是潮土，平均值为 8.77 毫克/千克。

（四）土壤速效钾含量与分布

钾素也是植物生长所需的重要养分之一。土壤中的钾素可分为缓效性钾和速效性钾两种类型，其中速效性钾可以被作物吸收利用，是反映钾肥肥效高低的标志之一。土壤钾素的供应水平，表现了含钾矿物分解成可被植物吸收的钾离子的速度和数量。耕作措施等可以改变钾肥的供应水平。

1. 土壤速效钾含量与分布　繁峙县土壤速效钾含量变化为 40.3～334.65 毫克/千克，平均值为 124.84 毫克/千克，属四级水平。见表 3 - 30～表 3 - 32。

（1）不同行政区域：东山乡最高，平均值为 188.40 毫克/千克；其次是岩头乡，平均值为 168 毫克/千克；最低是大营镇，平均值为 89.17 毫克/千克。

（2）不同地形部位：低山丘陵坡地平均值最高，为 170.51 毫克/千克；其次是沟谷地，平均值为 167.24 毫克/千克；最低是黄土垣、梁地，平均值为 127.1 毫克/千克。

（3）不同土壤类型：褐土最高，平均值为 128.48 毫克/千克；其次是水稻土，平均值为 125.86 毫克/千克；最低是潮土，平均值为 90.41 毫克/千克。

2. 土壤缓效钾含量与分布　繁峙县土壤缓效钾变化范围 351.53～1 139.45 毫克/千克，平均值为 774.66 毫克/千克，属三级水平。见表 3 - 30～表 3 - 32。

（1）不同行政区域：神堂堡乡平均值最高，为 888.50 毫克/千克；其次是岩头乡，平均值为 789.00 毫克/千克，最低是大营镇，平均值为 706.17 毫克/千克。

（2）不同地形部位：沟谷地平均值最高，平均值为 845.77 毫克/千克；其次是冲、洪积扇前缘，平均值为 832.15 毫克/千克，第三是河流阶地，平均值为 797.6 毫克/千克；最低是黄土垣、梁地，平均值为 765.95 毫克/千克。

（3）不同土壤类型：褐土最高，平均值为 784.59 毫克/千克，其次是水稻土，平均值为 782.01 毫克/千克，最低是潮土，平均值为 723.25 毫克/千克。

二、分级论述

繁峙县耕地土壤大量元素分级面积详见表 3 - 33。

表 3 - 33　繁峙县耕地土壤大量元素分级面积

单位：万亩

类　别	I		II		III		IV		V		VI	
	百分比（%）	面　积	百分比（%）	面　积	百分比（%）	面　积	百分比（%）	面　积	百分比（%）	面　积	百分比（%）	面　积
有机质	5.28	4.21	2.52	2.01	6.10	4.87	59.46	47.48	26.56	21.21	0.07	0.06
全　氮	3.15	2.52	3.49	2.79	1.81	1.44	10.74	8.58	67.18	53.64	13.63	10.88
有效磷	4.76	3.80	4.57	3.65	9.65	7.70	29.13	23.26	48.69	38.87	3.20	2.56
速效钾	1.47	1.17	3.10	2.48	14.00	11.18	55.69	44.46	24.24	19.35	1.5	1.2
缓效钾	0	0	3.51	2.81	91.28	72.88	5.21	4.16	0	0	0	0

（一）有机质

Ⅰ级　有机质含量为大于 25.0 克/千克，面积为 4.21 万亩，占总耕地面积的 5.28%。主要分布在东山乡、岩头乡、神堂堡乡、金山铺乡，砂河镇、光裕堡乡、横涧乡也有零星分布。种植玉米、马铃薯、谷子、蔬菜等作物。

Ⅱ级　有机质含量为 20.01～25.0 克/千克，面积为 2.01 万亩，占总耕地面积的 2.52%。主要分布在岩头乡、东山乡、金山铺乡、集义庄乡、横涧乡、砂河镇、神堂堡乡，繁城镇、杏园乡、下茹越乡、光裕堡乡、柏家庄乡也有零星分布。种植玉米、马铃薯、谷子和蔬菜等作物。

Ⅲ级　有机质含量为 15.01～20.0 克/千克，面积为 4.87 万亩，占总耕地面积的 6.10%。全县 13 个乡（镇）都有分布。其中东山乡、集义庄乡、砂河镇、金山铺乡、下茹越乡、杏园乡、繁城镇、横涧乡分布面积较大。目前主要种植玉米、谷子、马铃薯、蔬菜等作物。

Ⅳ级　有机质含量为 10.01～15.0 克/千克，面积为 47.48 万亩，占总耕地面积的 59.46%。全县 13 个乡（镇）都有大面积分布。主要作物有玉米、谷子、糜黍、马铃薯和蔬菜等作物。

Ⅴ级　有机质含量为 5.01～10.0 克/千克，面积为 21.21 万亩，占总耕地面积的 26.56%。全县 13 个乡（镇）都有较大面积分布。种植马铃薯、谷子、糜黍、玉米等作物。

Ⅵ级 有机质含量为小于等于 5.0 克/千克，面积为 0.06 万亩，占总耕地面积的 0.07%。主要分布在繁城镇、金山铺乡、杏园乡、光裕堡乡等乡镇，横涧乡、下茹越乡、砂河镇、大营镇、柏家庄乡也有零星分布。主要种植马铃薯、谷子、糜黍等作物。

（二）全氮

Ⅰ级 全氮量大于 1.5 克/千克，面积为 2.52 万亩，占总耕地面积的 3.15%。主要分布于东山乡、岩头乡、神堂堡乡，光裕堡乡、金山铺乡、砂河镇、横涧乡等乡（镇）也有零星分布。主要作物有玉米、谷子、马铃薯、蔬菜等作物。

Ⅱ级 全氮含量为 1.201～1.50 克/千克，面积为 2.79 万亩，占总耕地面积的 3.49%。主要分布于东山乡、岩头乡、神堂堡乡，金山铺乡、砂河镇、柏家庄乡、下茹越乡、集义庄乡等乡（镇）也有零星分布。主要作物有玉米、谷子、马铃薯、蔬菜等作物。

Ⅲ级 全氮含量为 1.001～1.20 克/千克，面积为 1.44 万亩，占总耕地面积的 1.81%。全县 13 个乡（镇）均有零星分布。主要作物有玉米、谷子、马铃薯、蔬菜等作物。

Ⅳ级 全氮含量为 0.701～1.000 克/千克，面积为 8.58 万亩，占总耕地面积的 10.74%。全县 13 个乡（镇）均有分布，其中繁城镇、下茹越乡、集义庄乡、砂河镇、东山乡、光裕堡乡、大营镇、横涧乡面积相对较大。主要种植玉米、谷子、糜黍、马铃薯、豆类等作物。

Ⅴ级 全氮含量为 0.501～0.700 克/千克，面积为 53.64 万亩，占总耕地面积的 67.18%。全县 13 个乡（镇）均有分布，除神堂堡乡、岩头乡分布面积较小外，其他乡（镇）均为大面积分布。种植作物有玉米、谷子、糜黍、马铃薯、豆类等。

Ⅵ级 全氮含量小于 0.500 克/千克，面积为 10.88 万亩，占总耕地面积的 13.61%。全县 13 个乡（镇）均有分布，除神堂堡乡、岩头乡分布面积较小外，其他乡（镇）均为较大面积分布。种植作物有谷子、糜黍、马铃薯、豆类等。

（三）有效磷

Ⅰ级 有效磷含量大于 25.00 毫克/千克。全县面积为 3.8 万亩，占总耕地面积的 4.76%。主要分布于东山乡、岩头乡、下茹越乡、集义庄乡，神堂堡乡、砂河镇、横涧乡、繁城镇、金山铺乡、杏园乡、大营镇等乡（镇）也有零星分布。种植作物有玉米、谷子、马铃薯和蔬菜等。

Ⅱ级 有效磷含量为 20.1～25.00 毫克/千克。全县面积为 3.65 万亩，占总耕地面积的 4.57%。全县 13 个乡（镇）均有零星分布。种植作物有玉米、谷子、马铃薯和蔬菜等。

Ⅲ级 有效磷含量为 15.1～20.0 毫克/千克。全县面积 7.7 万亩，占总耕地面积的 9.65%。全县 13 个乡（镇）均有分布。种植作物有玉米、谷子、马铃薯和蔬菜等。

Ⅳ级 有效磷含量为 10.1～15.0 毫克/千克。全县面积为 23.26 万亩，占总耕地面积的 29.13%。全县 13 个乡（镇）均有较大面积分布。种植作物有玉米、谷子、糜黍、马铃薯和蔬菜等。

Ⅴ级 有效磷含量为 5.0～10.0 毫克/千克。全县面积为 38.87 万亩，占总耕地面积的 48.69%。全县 13 个乡（镇）均有大面积分布。种植作物有玉米、谷子、糜黍、马铃薯和豆类等。

Ⅵ级　有效磷含量小于 5.0 毫克/千克，全县面积为 2.56 万亩，占总耕地面积的 3.20%。全县 13 个乡（镇）均有零星分布。种植作物有谷子、糜黍、马铃薯和豆类等。

（四）速效钾

Ⅰ级　速效钾的含量大于 250 毫克/千克，全县面积为 1.17 万亩，占总耕地面积的 1.47%。主要分布于东山乡、岩头乡，下茹越乡、金山铺乡、神堂堡乡、砂河镇、杏园乡、横涧乡、繁城镇均有零星分布。种植作物有玉米、谷子、马铃薯和蔬菜等。

Ⅱ级　速效钾含量为 201～250 毫克/千克，全县面积为 2.48 万亩，占总耕地面积的 3.10%。主要分布在东山乡、岩头乡、砂河镇、神堂堡乡、集义庄乡、金山铺乡、下茹越乡、杏园乡、繁城镇、光裕堡乡、横涧乡等乡（镇）也有零星分布。种植作物有玉米、谷子、马铃薯和蔬菜等。

Ⅲ级　速效钾含量为 151～200 毫克/千克，全县面积为 11.18 万亩，占总耕地面积的 14.0%。全县 13 个乡（镇）均有分布，其中，砂河镇、集义庄乡、大营镇、繁城镇、金山铺乡、东山乡、杏园乡面积较大。种植作物有玉米、谷子、马铃薯和蔬菜等。

Ⅳ级　速效钾含量为 101～150 毫克/千克，全县面积为 44.46 万亩，占总耕地面积的 55.69%。全县 13 个乡（镇）均有大面积分布。种植作物有玉米、谷子、糜黍、马铃薯和蔬菜等。

Ⅴ级　速效钾含量为 51～100 毫克/千克，全县面积为 19.35 万亩，占总耕地面积的 24.24%。全县 13 个乡（镇）均有较大面积分布。种植作物有玉米、谷子、糜黍、马铃薯和豆类等。

Ⅵ级　速效钾含量小于 50 毫克/千克，全县面积为 1.20 万亩，占总耕地面积的 1.5%。全县除集义庄乡、光裕堡乡、神堂堡乡外 10 个乡（镇）均有零星分布。种植作物有玉米、谷子、糜黍、马铃薯和豆类等。

（五）缓效钾

Ⅰ级　缓效钾含量大于 1 200 毫克/千克，全县无分布。

Ⅱ级　缓效钾含量为 901～1 200 毫克/千克，全县面积为 2.81 万亩，占总耕地面积的 3.51%。全县 13 个乡（镇）均有零星分布。种植作物有玉米、谷子、马铃薯和蔬菜等。

Ⅲ级　缓效钾含量为 601～900 毫克/千克，全县面积为 72.88 万亩，占总耕地面积的 91.28%。全县 13 个乡（镇）均有大面积分布。种植作物有玉米、谷子、马铃薯和蔬菜等。

Ⅳ级　缓效钾含量为 351～600 毫克/千克，全县面积为 4.16 万亩，占总耕地面积的 5.21%。全县除岩头乡、神堂堡乡、柏家庄乡外 10 个乡（镇）均有零星分布。种植作物有玉米、谷子、糜黍、马铃薯和豆类等。

Ⅴ级　缓效钾含量为 151～350 毫克/千克，全县无分布。

Ⅵ级　缓效钾含量小于等于 150 毫克/千克，全县无分布。

第三节　土壤中量元素状况及评述

土壤中量元素背景值的表达方式以各统计单元养分汇总结果的算术平均值和标准差来

表示。用符号硫（S）表示，表示单位：毫克/千克。

由于有效硫目前全国范围内仅有酸性土壤临界值，而全县土壤属石灰性土壤，没有临界值标准。因而只能根据养分含量的具体情况进行级别划分，分6个级别，见表3-34。

表3-34 山西省耕地地力土壤有效硫分级标准

级　别	Ⅰ	Ⅱ	Ⅲ	Ⅳ	Ⅴ	Ⅵ
有效硫（毫克/千克）	>200.0	100.1～200	50.1～100.0	25.1～50.0	12.1～25.0	≤12.0

一、土壤有效硫含量与分布

土壤有效硫含量与分布

繁峙县土壤有效硫变化范围为3.61～110.8毫克/千克，平均值为21.76毫克/千克，属五级水平。

（1）不同行政区域：集义庄乡最高，平均值为32.85毫克/千克；其次是东山乡，平均值为25.11毫克/千克；最低是神堂堡乡，平均值为12.77毫克/千克。

（2）不同地形部位：黄土垣、梁地最高，平均值为24.36毫克/千克；其次是河流一级、二级阶地，平均值为22.19毫克/千克；最低是冲、洪积扇前缘，平均值为15.53毫克/千克。

（3）不同土壤类型：水稻土最高，平均值为29.36毫克/千克；其次是潮土，平均值为24.63毫克/千克；最低是褐土，平均值为20.89毫克/千克。

繁峙县耕地土壤中量元素分类统计见表3-35。

表3-35 繁峙县耕地土壤中量元素分类统计结果

单位：毫克/千克

类　别		有效硫	
		平均值	区域值
行政区域	繁城镇	16.22	4.37～447.98
	砂河镇	21.54	4.89～58.12
	大营镇	23.18	3.02～76.10
	下茹越乡	15.04	2.16～38.53
	杏园乡	18.31	4.68～93.49
	光峪堡乡	17.11	6.88～60.48
	集义庄乡	32.85	6.07～90.70
	东山乡	25.11	5.20～78.44
	金山铺乡	19.71	3.01～50.38
	柏家庄乡	22.09	7.09～53.74
	横涧乡	16.4	1.2～65.09
	神堂堡乡	12.77	6.35～18.87
	岩头乡	18.97	6.43～41.00

（续）

类　　别		有效硫	
		平均值	区域值
土壤类型	潮　土	24.63	8.13～56.75
	褐　土	20.89	3.61～100.0
	水稻土	29.36	15.54～60.08
地形部位	冲、洪积扇前缘	15.53	8.77～46.68
	低山丘陵坡地	20.62	4.90～53.43
	沟谷地	16.52	5.55～73.39
	河流一级、二级阶地	22.19	7.48～100.0
	黄土垣、梁	24.36	6.84～86.69
	中低山上、中部坡腰	15.73	3.61～40.04

二、分级论述

繁峙县耕地土壤中量元素分级面积见表 3 - 36。

表 3 - 36　繁峙县耕地土壤中量元素分级面积

单位：万亩

类　　别	I		II		III		IV		V		VI	
	百分比（%）	面　积	百分比（%）	面　积	百分比（%）	面　积	百分比（%）	面　积	百分比（%）	面　积	百分比（%）	面　积
有效硫	0	0	0.008	0.006	2.57	2.05	20.83	16.63	70.53	56.31	6.07	4.84

Ⅰ级　有效硫含量大于 200.0 毫克/千克，全县无分布。

Ⅱ级　有效硫含量为 100.1～200.0 毫克/千克，全县面积为 0.006 万亩，占全县总耕地面积的 0.008%。在下茹越乡、东山乡、集义庄乡、沙河镇、岩头乡、大营镇等乡（镇）有零星分布。种植作物有玉米、谷子、马铃薯和蔬菜等。

Ⅲ级　有效硫含量为 50.1～100.0 毫克/千克，全县面积为 2.05 万亩，占全县总耕地面积的 2.57%。主要分布在集义庄乡、东山乡、沙河镇、大营镇、杏园乡、横涧乡、光裕堡乡、金山铺乡、柏家庄乡。种植作物有玉米、谷子、马铃薯和蔬菜等。

Ⅳ级　有效硫含量为 25.1～50.0 毫克/千克，全县面积为 16.63 万亩，占全县总耕地面积的 20.83%。全县除神堂堡乡外 12 个乡（镇）均有较大面积分布。种植作物有玉米、谷子、马铃薯和蔬菜等。

Ⅴ级　有效硫含量为 12.1～25.0 毫克/千克，全县面积为 56.31 万亩，占全县耕地面积的 70.53%。全县 13 个乡（镇）均有大面积分布。种植作物有玉米、谷子、马铃薯和豆类等。

Ⅵ级　有效硫含量小于等于 12.0 毫克/千克，全县面积为 4.84 万亩，占全县耕地面积的 6.07%。全县 13 个乡（镇）均有分布。种植作物有玉米、谷子、马铃薯和豆类等。

第四节 土壤微量元素状况及评述

土壤微量元素背景值的表达方式以各统计单元养分汇总结果的算术平均值和标准差来表示，分别以单体硫、铜、锌、铁、锰、硼表示。表示单位为毫克/千克。

土壤中微量元素参照全省第二次土壤普查的标准，结合繁峙县土壤养分含量状况重新进行划分，各分 6 个级别，见表 3 - 37。

表 3 - 37 山西省耕地地力土壤微量元素分级标准

级 别	I	II	III	IV	V	VI
有效铜（毫克/千克）	>2.00	1.51～2.00	1.01～1.51	0.51～1.00	0.21～0.50	≤0.20
有效锰（毫克/千克）	>30.00	20.01～30.00	10.01～20.00	5.01～10.00	1.01～5.00	≤1.00
有效锌（毫克/千克）	>3.00	1.51～3.00	1.01～1.50	0.51～1.00	0.31～0.50	≤0.30
有效铁（毫克/千克）	>20.00	15.01～20.00	10.01～15.00	5.01～10.00	2.51～5.00	≤2.50
有效硼（毫克/千克）	>2.00	1.51～2.00	1.01～1.50	0.51～1.00	0.21～0.50	≤0.20
有效钼（毫克/千克）	>0.30	0.26～0.30	0.21～0.25	0.16～0.20	0.11～0.15	≤0.10

一、土壤中微量元素含量与分布

（一）有效铜

繁峙县土壤有效铜含量变化范围为 0.77～5.41 毫克/千克，平均值 1.47 毫克/千克，属三级水平。见表 3 - 38～表 3 - 40。

（1）不同行政区域：砂河镇平均值最高，为 1.99 毫克/千克；其次是金山铺乡，平均值为 1.88 毫克/千克；下茹越乡最低，平均值为 0.98 毫克/千克。

（2）不同地形部位：河流一级、二级阶地最高，平均值为 1.72 毫克/千克；最低是低山丘陵坡地，平均值为 1.51 毫克/千克。

（3）不同土壤类型：潮土最高，平均值为 2.47 毫克/千克；其次是水稻土，平均值为 1.85 毫克/千克；最低是褐土，平均值为 1.67 毫克/千克。

（二）有效锌

繁峙县土壤有效锌含量变化范围为 0.22～7.14 毫克/千克，平均值为 1.08 毫克/千克，属四级水平。见表 3 - 38～表 3 - 40。

（1）不同行政区域：东山乡平均值最高，为 2.03 毫克/千克；其次是岩头乡，平均值为 2.01 毫克/千克；最低是繁城镇，平均值为 0.61 毫克/千克。

（2）不同地形部位：沟谷地平均值最高，为 1.68 毫克/千克；最低是黄土垣梁地，平均值为 0.93 毫克/千克。

（3）不同土壤类型：褐土最高，平均值为 1.04 毫克/千克；其次是水稻土，平均值为 1.01 毫克/千克；最低是潮土平均值为 0.82 毫克/千克。

表 3-38 繁峙县大田土壤微量元素分类统计结果（按行政区域）

单位：毫克/千克

行政区域	有效铜		有效锰		有效锌		有效铁		有效硼	
	平均值	区域值	平均值	区域值	平均值	区域值	平均值	区域值	平均值	区域值
繁城镇	1.47	0.2~3.85	5.67	1.97~13.66	0.61	0.09~1.8	5.26	2.41~9.27	0.46	0.1~1.18
砂河镇	1.99	0.47~7.95	9.23	2.46~25.68	1.56	0.38~5.66	7.73	2.53~25.17	0.49	0.01~1.55
大营镇	0.99	0.29~2.62	5.71	1.27~14.88	0.67	0.18~6.42	6.73	3.85~16.33	0.49	0.02~1.19
下茹越乡	0.98	0.41~3.85	6.92	5.13~14.18	0.85	0.23~3.66	5.99	3.30~20.59	0.64	0.11~1.64
杏园乡	1.57	1.05~3.90	10.22	2.31~25.91	0.94	0.09~4.02	7.51	2.66~27.19	0.49	0.02~1.39
光裕堡乡	1.06	0.36~2.95	7.8	1.86~23.55	0.80	0.17~2.82	7.67	3.49~23.93	0.64	0.02~1.86
集义庄乡	1.80	0.30~8.88	5.92	0.30~13.58	1.23	0.03~5.40	8.27	1.76~18.97	0.55	0.09~1.55
东山乡	1.64	0.65~4.66	11.73	4.29~26.76	2.03	0.45~7.79	10.26	4.12~31.78	0.62	0.04~1.84
金山铺乡	1.88	0.35~4.13	6.16	2.6~12.94	0.89	0.04~7.12	6.17	1.88~15.18	0.51	0.02~1.92
柏家庄乡	1.29	0.40~2.93	8.92	3.35~15.83	1.07	0.21~3.92	7.13	2.52~15.98	0.62	0.02~1.48
横涧乡	1.62	1.09~3.07	10.75	3.59~26.84	0.91	0.13~4.27	8.63	5.02~21.66	0.56	0.12~1.87
神堂堡乡	1.31	0.37~2.66	11.25	3.64~21.11	1.82	0.98~2.72	20.92	11.21~38.98	1.03	0.22~2.2
岩头乡	1.69	0.6~5.07	14.91	3.36~32.35	2.01	0.53~3.52	22.14	6.68~45.62	1.12	0.26~2.77

表 3-39 繁峙县大田土壤微量元素分类统计结果（按土壤类型）

单位：毫克/千克

土壤类别	有效铜		有效锰		有效锌		有效铁		有效硼	
	平均值	区域值	平均值	区域值	平均值	区域值	平均值	区域值	平均值	区域值
潮　土	1.40	0.58~2.66	8.39	3.09~18.00	0.82	0.35~2.01	8.04	5.34~18.00	0.57	0.13~1.50
褐　土	1.67	0.64~3.40	9.64	2.37~34.32	1.04	0.22~3.35	9.23	4.01~38.19	0.57	0.13~2.33
水稻土	1.92	0.93~2.47	11.30	5.00~16.67	1.01	0.54~1.61	11.10	4.89~15.68	0.60	0.27~1.08

表 3-40 繁峙县大田土壤微量元素分类统计结果（按地形部位）

单位：毫克/千克

地形部位	有效铜		有效锰		有效锌		有效铁		有效硼	
	平均值	区域值	平均值	区域值	平均值	区域值	平均值	区域值	平均值	区域值
冲、洪积扇前缘	1.69	0.93~2.57	9.83	4.52~19.33	1.03	0.39~2.40	9.30	4.45~16.67	0.67	0.29~1.61
低山丘陵坡地	1.51	0.64~2.66	11.59	3.81~25.34	1.36	0.29~2.50	10.99	4.12~23.65	0.72	0.33~2.33
沟谷地	1.54	0.64~2.75	14.27	6.34~34.02	1.68	0.49~3.35	17.09	4.45~38.19	0.93	0.23~2.16
河流一级、二级阶地	1.72	0.58~3.40	9.12	1.90~34.32	0.97	0.22~2.80	8.80	4.12~38.19	0.52	0.13~2.19
黄土垣、梁	1.54	0.84~3.03	9.21	2.61~21.34	0.93	0.31~2.21	7.59	4.01~17.01	0.55	0.31~2.21
中低山上、中部坡腰	1.54	0.77~2.75	11.42	4.76~22.67	1.07	0.25~2.11	9.88	4.56~21.22	0.57	0.15~1.50

（三）有效锰

繁峙县土壤有效锰含量变化范围为 2.37～26.84 毫克/千克，平均值为 8.27 毫克/千克，属五级水平。见表 3-38～表 3-40。

（1）不同行政区域：岩头乡平均值最高，为 14.91 毫克/千克；其次是东山乡，平均值为 11.73 毫克/千克；最低是繁城镇，平均值为 5.67 毫克/千克。

（2）不同地形部位：沟谷地最高，平均值为 14.27 毫克/千克；其次是低山丘陵坡地，平均值为 11.59 毫克/千克；最低是河流一级、二级阶地，平均值为 9.12 毫克/千克。

（3）不同土壤类型：水稻土最高，平均值为 11.30 毫克/千克；其次是褐土，平均值为 9.64 毫克/千克；最低是潮土，平均值为 8.39 毫克/千克。

（四）有效铁

繁峙县土壤有效铁含量变化范围为 4.01～39.55 毫克/千克，平均值为 8.05 毫克/千克，属四级水平。见表 3-38～表 3-40。

（1）不同行政区域：岩头乡平均值最高，为 22.14 毫克/千克；其次是神堂堡乡，平均值为 20.9 毫克/千克；最低是繁城镇，平均值为 5.26 毫克/千克。

（2）不同地形部位：沟谷地平均值最高，为 17.09 毫克/千克；其次是低山丘陵坡地，平均值为 10.99 毫克/千克；最低是河流一级、二级阶地，平均值为 8.80 毫克/千克。

（3）不同土壤类型：水稻土最高，平均值为 11.10 毫克/千克；其次是褐土，平均值为 9.23 毫克/千克；潮土最低，平均值为 8.04 毫克/千克。

（五）有效硼

繁峙县土壤有效硼含量变化范围为 0.14～2.53 毫克/千克，平均值为 0.57 毫克/千克，属四级水平。见表 3-38～表 3-40。

（1）不同行政区域：岩头乡平均值最高，为 1.12 毫克/千克；最低是繁城镇，平均值为 0.46 毫克/千克。

（2）不同地形部位：沟谷地平均值最高，为 0.93 毫克/千克；其次是低山丘陵坡地，平均值为 0.72 毫克/千克；最低是河流一级、二级阶地，平均值为 0.52 毫克/千克。

（3）不同土壤类型：水稻土最高，平均值为 0.6 毫克/千克；其次是褐土和潮土，平均值为 0.57 毫克/千克。

二、分级论述

繁峙县耕地土壤微量元素分级面积见表 3-41。

表 3-41　繁峙县耕地土壤微量元素分级面积

单位：万亩

类　　别	I		II		III		IV		V		VI	
	百分比（%）	面　积	百分比（%）	面　积	百分比（%）	面　积	百分比（%）	面　积	百分比（%）	面　积	百分比（%）	面　积
有效铜	23.01	18.37	38.92	31.07	35.83	28.61	2.25	1.79	0	0	0	0

（续）

类　别	I		II		III		IV		V		VI	
	百分比（%）	面积	百分比（%）	面积	百分比（%）	面积	百分比（%）	面积	百分比（%）	面积	百分比（%）	面积
有效锌	0.02	0.02	16.08	12.84	27.57	22.01	46.75	37.33	9.38	7.49	0.20	0.16
有效铁	4.60	3.67	3.74	2.99	18.97	15.14	68.17	54.42	4.52	3.61	0	0
有效锰	0.25	0.20	2.44	1.94	7.45	5.95	81.49	65.06	8.37	6.68	0	0
有效硼	0.18	0.15	1.88	1.50	3.73	2.98	42.06	33.58	51.79	41.35	0.35	0.28

（一）有效铜

Ⅰ级　有效铜含量大于 2.00 毫克/千克，全县面积为 18.37 万亩，占总耕地面积的 23.1％。主要分布在繁城镇、金山铺乡、杏园乡、横涧乡、集义庄乡、砂河镇、东山乡，下茹越乡、大营镇、光裕堡乡、柏家庄乡、神堂堡乡、岩头乡也有零星分布。种植作物有玉米、谷子、马铃薯和蔬菜等。

Ⅱ级　有效铜含量为 1.51～2.00 毫克/千克，全县面积为 31.07 万亩，占总耕地面积的 38.92％。全县 13 个乡（镇）均有分布。种植作物有玉米、谷子、马铃薯和蔬菜等。

Ⅲ级　有效铜含量为 1.01～1.50 毫克/千克，全县面积为 28.61 万亩，占总耕地面积的 35.83％。全县 13 个乡（镇）均有分布，其中大营镇、集义庄乡、光裕堡乡、东山乡、砂河镇、杏园乡等乡（镇）分布面积较大。种植作物有玉米、谷子、马铃薯和蔬菜等。

Ⅳ级　有效铜含量为 0.51～1.00 毫克/千克，全县面积为 1.79 万亩，占总耕地面积的 2.25％。全县 13 个乡（镇）均有分布。种植作物有玉米、谷子、马铃薯和蔬菜等。

Ⅴ级　有效铜含量为 0.21～0.50 毫克/千克，全县无分布。

Ⅵ级　有效铜含量为小于等于 0.20 毫克/千克，全县无分布。

（二）有效锰

Ⅰ级　有效锰含量为大于 30.00 毫克/千克，全县面积为 0.2 万亩。占总耕地面积的 0.25％。主要分布在岩头乡。种植作物有玉米、谷子、马铃薯和蔬菜等。

Ⅱ级　有效锰含量为 20.01～30.00 毫克/千克，全县面积为 1.49 万亩，占总耕地面积的 2.44％。零星分布于杏园乡、横涧乡、光裕堡乡、砂河镇、东山乡、神堂堡乡、岩头乡。种植作物有玉米、谷子、马铃薯和蔬菜等。

Ⅲ级　有效锰含量为 15.01～20.00 毫克/千克，全县面积为 5.95 万亩，占总耕地面积的 7.45％，主要分布于杏园乡、横涧乡、下茹越乡、光裕堡乡、砂河镇、东山乡、柏家庄乡、神堂堡乡、岩头乡等乡（镇），繁城镇、金山铺乡、大营镇、集义庄乡等乡（镇）也有零星分布。种植作物有玉米、谷子、马铃薯和蔬菜等。

Ⅳ级　有效锰含量为 5.01～15.01 毫克/千克，全县面积为 65.06 万亩，占总耕地面积的 81.49％。全县 13 个乡（镇）均有大面积分布。种植作物有玉米、谷子、马铃薯和蔬菜等。

Ⅴ级　有效锰含量为 1.01～5.00 毫克/千克，全县面积为 6.68 万亩，占总耕地面积的 8.37％。全县 13 个乡（镇）均有分布，其中，除柏家庄乡、神堂堡乡、岩头乡分布面积较小外，其余 10 个乡（镇）均有较大面积分布。种植作物有玉米、谷子、马铃薯和豆类等。

Ⅵ级　有效锰含量小于等于 1.00 毫克/千克，全县无分布。

（三）有效锌

Ⅰ级　有效锌含量大于 3.00 毫克/千克，全县面积为 0.02 万亩，占总耕地面积的 0.02％。零星分布在岩头乡、东山乡、砂河镇、集义庄乡、柏家庄乡、金山铺乡、杏园乡、横涧乡、下茹越乡，种植作物有玉米、谷子、马铃薯和蔬菜等。

Ⅱ级　有效锌含量为 1.51～3.00 毫克/千克，全县面积为 12.86 万亩，占总耕地面积的 16.08％。全县 13 个乡（镇）均有分布。种植作物有玉米、谷子、马铃薯和蔬菜等。

Ⅲ级　有效锌含量为 1.01～1.50 毫克/千克，全县面积为 22.01 万亩，占总耕地面积的 27.57％。全县 13 个乡（镇）均有较大面积分别。种植作物有玉米、谷子、马铃薯和蔬菜等。

Ⅳ级　有效锌含量为 0.51～1.00 毫克/千克，全县面积为 37.33 万亩，占总面积的 46.75％。全县 13 个乡（镇）均有大面积分布。种植作物有玉米、谷子、马铃薯和蔬菜等。

Ⅴ级　有效锌含量为 0.31～0.5 毫克/千克，全县面积为 7.49 万亩，占总耕地面积的 9.38％。全县除神堂堡乡、岩头乡外其余 11 个乡（镇）均有分布。种植作物有玉米、谷子、马铃薯和豆类等。

Ⅵ级　有效锌含量小于等于 0.30 毫克/千克，全县面积为 0.16 万亩，占总耕地面积的 0.2％。全县除砂河镇、东山乡、神堂堡乡、岩头乡外其余 9 个乡（镇）均有分布，其中集义庄乡、金山铺乡、繁城镇分布面积较大。种植作物有玉米、谷子、马铃薯和豆类等。

（四）有效铁

Ⅰ级　有效铁含量大于 20.00 毫克/千克，全县面积为 3.67 万亩，占总耕地面积的 4.60％。主要分布在神堂堡乡和岩头乡，杏园乡、横涧乡、下茹越乡、光裕堡乡、砂河镇和东山乡也有零星分布。种植作物有玉米、谷子、马铃薯和蔬菜等。

Ⅱ级　有效铁含量为 15.01～20.00 毫克/千克，全县面积为 2.99 万亩，占总耕地面积的 3.74％。除繁城镇、金山铺乡外其余 10 个乡（镇）均有零星分布。种植作物有玉米、谷子、马铃薯和蔬菜等。

Ⅲ级　有效铁含量为 10.01～15.00 毫克/千克，全县面积为 15.14 万亩，占总耕地面积的 18.97％。全县除金山铺乡外其余 12 个乡（镇）均有一定数量的分布。种植作物有玉米、谷子、马铃薯和蔬菜等。

Ⅳ级　有效铁含量为 5.01～10.00 毫克/千克，全县面积为 54.42 万亩，占总耕地面积的 68.17％。全县除神堂堡乡外其余 12 个乡（镇）均有大面积分布。种植作物有玉米、谷子、马铃薯和蔬菜等。

Ⅴ级　有效铁含量为 2.51～5.00 毫克/千克，全县面积为 3.61 万亩，占总耕地面积的 4.52％。全县除神堂堡乡、岩头乡外其余 11 个乡（镇）均有较大面积分布。种植作物有玉米、谷子、马铃薯和豆类等。

Ⅵ级　有效铁含量小于等于 2.5 毫克/千克，全县无分布。

（五）有效硼

Ⅰ级 有效硼含量大于 2.00 毫克/千克，全县面积为 0.15 万亩，占总耕地面积的 0.18％。主要分布在神堂堡乡和岩头乡。种植作物有玉米、谷子、马铃薯和蔬菜等。

Ⅱ级 有效硼含量为 1.51～2.00 毫克/千克，全县面积为 1.50 万亩，占总耕地面积的 1.88％。零星分布于金山铺乡、横涧乡、下茹越乡、光裕堡乡、集义庄乡、砂河镇、东山乡、神堂堡乡和岩头乡。种植作物有玉米、谷子、马铃薯和蔬菜等。

Ⅲ级 有效硼含量为 1.01～1.50 毫克/千克，全县面积为 2.98 万亩，占总耕地面积的 3.73％。全县 13 个乡（镇）均有零星分布。种植作物有玉米、谷子、马铃薯和蔬菜等。

Ⅳ级 有效硼含量为 0.51～1.00 毫克/千克，全县面积为 33.58 万亩，占总耕地面积的 42.06％。全县 13 个乡（镇）均有大面积分布。种植作物有玉米、谷子、马铃薯和蔬菜等。

Ⅴ级 有效硼含量为 0.21～0.50 毫克/千克，全县面积为 41.35 万亩，占总耕地面积的 51.79％。全县 13 个乡（镇）均有大面积分布。种植作物有玉米、谷子、马铃薯和豆类等。

Ⅵ级 有效硼含量小于等于 0.20 毫克/千克，全县面积为 0.28 万亩，占总耕地面积的 0.35％。全县除神堂堡乡、岩头乡外 11 个乡（镇）均有大面积分布。种植作物有玉米、谷子、马铃薯和豆类等。

第五节 其他理化性状

一、土壤 pH

繁峙县耕地土壤 pH 变化范围为 6.78～9.96，平均值为 8.11。见表 3-42。

（1）不同行政区域：大营镇 pH 平均值最高为 8.20；其次是下茹越乡，pH 平均值为 8.19；最低是神堂堡乡，pH 平均值为 7.93。

（2）不同地形部位：河流一级、二级阶地平均值最高，pH 为 8.37；其次是冲、洪积扇前缘地，pH 平均值为 8.2；最低是沟谷地，pH 平均值为 7.3。

（3）不同土壤类型：潮土最高，pH 平均值为 8.45；其次是水稻土，pH 平均值为 8.2；最低是褐土，pH 平均值为 8.08。

二、土壤容重

土壤容重又称一般比重，系指单位体积内干燥土壤的重量与同体积水重之比，单位以克/立方厘米或用不名数表示。一般来说，容重小的土壤，土粒排列较松，表明土质疏松，结构性较好。反之，则土体紧实，结构性较差。

繁峙县耕地土壤容重变化范围为 1～1.3 克/立方厘米，平均值为 1.22 克/立方厘米（表 3-42）。

表 3 - 42 繁峙县耕地土壤 pH 和容重平均值分类统计结果

类 别		pH	容重（克/立方厘米）
行政区域	繁城镇	8.12	1.19
	砂河镇	8.13	1.23
	大营镇	8.20	1.21
	下茹越乡	8.19	1.22
	杏园乡	8.12	1.20
	光峪堡乡	8.15	1.19
	集义庄乡	8.13	1.18
	东山乡	8.02	1.20
	金山铺乡	8.09	1.24
	柏家庄乡	8.11	1.25
	横涧乡	8.13	1.21
	神堂堡乡	7.93	1.16
	岩头乡	7.95	1.17
地形部位	冲、洪积扇前缘	8.2	1.23
	低山丘陵坡地	8.15	1.21
	沟谷地	8	1.17
	河流一级、二级阶地	8.37	1.21
	黄土垣、梁	8.15	1.25
	中低山上、中部坡腰	7.95	1.18
土壤类型	褐 土	8.08	1.23
	潮 土	8.45	1.19
	水稻土	8.20	1.20

从数值上看，繁峙县耕作土壤的容重是较为适宜的，这是由于耕作土壤发育在黄土母质上的缘故（黄土母质本身就具有疏松多孔容重较低的特点），而并不是因为土壤有机质含量较高所影响的。

（1）不同行政区域：柏家庄乡平均值最高，为 1.25 克/立方厘米；其次是金山铺乡，平均值为 1.24 克/立方厘米；最低是神堂堡乡，平均值为 1.16 克/立方厘米。

（2）不同地形部位：黄土垣、梁、峁地最高，平均值为 1.25 克/立方厘米；其次是洪积扇前缘，平均值为 1.23 克/立方厘米；沟谷地最低，平均值为 1.17 克/立方厘米。

（3）不同母质：红黄土平均值最高，为 1.33 克/立方厘米；菜园土 0.98 克/立方厘米、冲积物，平均值为 1.21 克/立方厘米；最低是黄土状物质，平均值为 1.19 克/立方厘米。

（4）不同土壤类型：褐土最高，平均值为 1.23 克/立方厘米；其次是水稻土，平均值为 1.20 克/立方厘米；潮土最低，平均值为 1.19 克/立方厘米。

三、耕层质地

土壤质地是土壤的重要物理性质之一，不同的质地对土壤肥力高低、耕性好坏、生产性能的优劣具有很大影响。

土壤质地亦称土壤机械组成，指不同粒径在土壤中占有的比例组合。根据卡庆斯基质地分类，粒径大于 0.01 毫米为物理性沙粒，小于 0.01 毫米为物理性黏粒。根据其沙黏含量及其比例，主要可分为沙土、沙壤、轻壤、中壤、重壤、黏土 6 级。

由于土壤质地主要决定于成土母质和土壤发育程度，所以，繁峙县的土壤质地概况是：凡是发育于黄土状母质上的土壤，不论是山地还是丘陵平川地，土壤质地一般为沙壤—中壤，多数为轻壤。发育在石灰岩残积—坡积物母质上的土壤，质地一般较细，多为轻壤—中壤；花岗片麻岩类风化物母质上发育的土壤，质地一般较粗，多以沙壤为主；在洪积—冲积母质上发育的土壤，由于水流风选作用的结果，土壤质地随着母质的沉积状况不同而变化较大。一般位于洪积扇上部的土壤，质地较粗，并含有不同数量的砾石，而下部的土壤质地则细，多为轻壤。

繁峙县耕层土壤质地 75% 以上为轻壤土和中壤，22.88% 为沙壤，重壤和轻黏土占的比例很少。见表 3-43。

表 3-43 繁峙县耕层土壤质地概况

质地类型	耕种土壤（亩）	占耕种土壤（%）
沙壤土	182 703.30	22.88
轻壤土	236 212.02	29.59
中壤土	370 377.10	46.39
重壤土	785.74	0.10
轻黏土	8 332.87	1.04
合　计	798 411.03	100

从表 3-43 看出，繁峙县壤土面积居首位，轻壤、中壤二者占到全县总耕地面积的 75.98%。这两种土俗称夹土，为壤质土。这类土壤广泛分布于冲、洪积扇前缘、低山丘陵坡地、沟谷坪地及河流一级、二级阶地。主要土壤类型是褐土性土、石灰性褐土、潮土亚类的大部分土壤。物理性沙粒大于 55%，物理性黏粒小于 45%。其主要特性是：沙黏适中，大小孔隙比例适当，通透性好，保水保肥，土性温和，养分含量丰富，有机质分解快，供肥性好，耕作方便，宜耕期长，通耕期早，耕作质量好，发小苗也发老苗。因此，一般壤质土水、肥、气、热比较协调，从质地上看，是农业上较为理想的土壤。

沙壤土占繁峙县耕地总面积的 22.88%，这种土俗称沙土，为沙质土。多分布于河滩地、一级阶地及部分沟坝地上，主要是潮土、盐化潮土亚类中的部分土壤，其物理性沙粒高达 80% 以上。沙质土的特性是：含沙粒较多，土粒间孔隙大，中孔隙小，毛管作用弱，保水保肥能力差，供肥性差，但通透性良好，耕作阻力小，疏松易耕，耕作质量高。沙质土热容量小，易增温也易降温，早春土温回升块，故为热性土，利于幼苗生长。但由于通气过盛，抗旱力弱，养分分解快，且易淋失，肥效持续时间短。所以，后期易脱肥，前劲强后劲弱，发小苗不发老苗。

根据沙质土的特性，在施肥时，应采取"少量多次"的办法，并注意中后期追肥，同时，应增施黏性冷性的农家肥；在田间管理过程中，要加强抗旱保墒措施，减少土壤水分蒸发；在作物分布上，由于沙质土昼夜温差大，利于淀粉糖分的积累。所以，宜于种植薯类、瓜类等作物；在改良上，主要是增施农家肥，特别是秸秆肥；有条件的村庄可以搞引洪淤灌或掺黏治沙。

黏质土包括重壤和黏土（俗称胶泥土），在繁峙县只有红黄土质褐土性土 1 个土属，面积很小，占全县总耕地面积的 1.14%。其土壤物理性黏粒（<0.01 毫米）高达 45%以上，土壤黏重致密，难耕作，易耕期短，保肥性强，养分含量高，但易板结，通透性能差。土体冷凉坷垃多，不养小苗，易发老苗。

四、土体构型

土体构型是指整个土体各层次质地排列组合情况。它对土壤水、肥、气、热等各个肥力因素有制约和调节作用，特别对土壤水、肥储藏与流失有较大影响。因此，良好的土体构型是土壤肥力的基础。

根据土体厚薄和质地，繁峙县土壤的土体构型可概括为以下 3 个类型：

1. 薄层型 大致分为两种。

山地薄层型，这类土壤发育于麻沙质、灰泥质和沙泥质岩类母质上，主要分布于神堂堡、光峪堡、横涧、岩头、繁城、集义庄、大营等乡（镇）。

沟谷、河川薄层型，主要分布于全县的沟谷地和河漫滩上。这类薄层型土壤的共同特点是土体很薄，且不同程度地夹有砾石，保水、保肥能力弱，供水、供肥能力差，土壤温度变化大，水、肥、气、热状况不协调。为此，对于农业利用少的山地薄层型土壤，应保护好自然植被，以控制水土流失；河川薄层型土壤大部分为农业利用，可因地制宜地采用引洪淤灌，人工堆垫等办法，逐步加厚土层。

2. 通体型 又分为 3 个类型。

通体沙质型：分布于一级阶地、丘陵中上部、河谷阶地和沟坪地等部位。前者发育在河流冲击物母质上，后者主要发育在淤积和堆积物母质上，部分丘陵上部的沙质型土壤，则发育在风积物母质上。

通体壤质型：分布在丘陵中下部、低山下部、沟平地和河谷阶地，主要发育于黄土母质上。这类土壤，土体厚，质地匀，轻壤较多，中壤次之，一般没有不良层次的沙质型土壤的缺点，是一种较好的农业土壤。

通体黏质型：分布于丘陵垣、梁和丘陵沟壑地带，主要发育在红土和红黄土母质上。这类土壤的特点是：虽然保水保肥性能强，土壤养分含量高，但由于土性冷凉，土质过黏，难于耕作，故发老苗不发小苗。土体较厚，质地均匀，除表层耕作熟化外，一般土性较僵硬，颗粒排列致密而紧实，故保水保肥能力强，但供肥力弱，通气性差。所以，应采取深耕、掺沙、增肥等措施，逐步改善其不良形状。

3. 夹层型 其母质为洪积、冲击和淤积类型。这类土壤的特点是，沙黏相间，层次明显，质地变化较大。一般来说，夹层型土壤均不利于通气透水、养分转化及根系发育。例如，上黏下沙的夹层，易漏水漏肥，中部夹黏或夹沙不利于水分养分的上下运行，在改良利用方向也较困难。但在夹层型土壤中，上沙下黏则是保水保肥，并能协调诸肥力因素的一种良好构型。该土上轻下重，上松下紧，易耕易种，底土层紧实致密，托水托肥，肥水不易泄漏。故既发小苗，又发老苗，是农业生产上最为理想的土体构型，可惜的是这种构型在繁峙县的面积极小。

对于不利于作物生长的夹层型土壤，可通过增施农肥或客土改良等途径进行改良，以逐步形成新的土体构型，使水肥失调的不良状况得到改善。

五、土壤结构

构成土壤骨架的矿物质颗粒，在土壤中并非彼此孤立、毫无相关的堆积在一起，而往往是受各种作物质胶结成形状不同、大小不等的团聚体。各种团聚体和单粒在土壤中的排列方式称为土壤结构。

土壤结构是土体构造的一个重要形态特征。它关系着土壤水、肥、气、热状况的协调，土壤微生物的活动、土壤耕性和作物根系的伸展，是影响土壤肥力的重要因素。

繁峙县山地土壤由于植被较好，有机质含量高，主要为团粒结构，粒径为 $0.25\sim10$ 毫米，由腐殖质为成型动力胶结而成。团粒结构是良好的土壤结构类型，可协调土壤的水、肥、气、热状况。

繁峙县的自然土壤，除面积小的薄层型粗骨性土壤外，一般都具有一定的植被，表层有机质的积累较多，结构多为屑粒和碎块，而心土层和底土层，由于有机质含量大大减少，加之，淋溶淀积作用，故多为块状或菱块状结构。

耕作土壤，由于有机质缺乏，培肥条件又差，而生物循环却很活跃，使得矿质化过程强于腐殖化过程。所以，大部分土壤结构不良。其具体情况是：

1. 耕作层 也称活土层，这一层受人类生产活动（如耕作、施肥、灌溉等）影响频繁。它的厚度反映了人类生产活动熟化土壤的程度，可作为土壤肥力状况的一项重要标志。本县耕地土壤耕作层一般为 $15\sim25$ 厘米。一般规律是山区薄、丘陵平川区较厚，离村近的，培肥条件好的土壤结构性较好，反之较差。本县土壤结构除面积很小的菜园土因耕作精细施肥较多、山地土壤因有机质含量高，具有微团粒结构外，多为屑粒结构或块状。可见，繁峙县土壤耕作层结构较差，需要加厚耕作层，增加有机肥，以促进土壤团粒的形成。

2. 犁底层 位于耕作层以下，厚度一般为 $6\sim10$ 厘米，较紧实。因受犁底机械压力而形成，其结构为片状和块状结构。繁峙县的耕作土壤，由于犁耕深度长期以来维持在相近的水平上。所以，犁底层紧实坚硬具有明显的隔离作用，既不利于根系下扎，又不利于上下层水、肥、气、热沟通交换。对此，今后应通过深耕，逐步消除犁底层，加厚活土层。但是，对于心土层质地偏沙，易漏水肥的夹沙型土壤，则应保持松紧度适中犁底层，以利保水保肥。

3. 心土层 位于犁底层以下，厚度一般为 $30\sim65$ 厘米，多为块状结构，较紧实，是保水、保肥的重要层次，也是作物生长后期供应水肥的重要层次。繁峙县的河流一级、二级阶地区的潮土、石灰性褐土，由于多年施肥，养分下移和作物根系活动的结果，此层可成为半熟化状态。而丘陵的褐土性土，由于施肥量少，养分下移极少，作物根系影响不大。所以，此层基本是原生化状态。因此，正确的耕作、施肥创造理想的心土层也很重要。

4. 底土层 位于心土层之下，也叫生土层或死土层。人类生产活动对此层几乎无影响。此层一般紧实少孔，根系极少，多为块状结构。底土层与作物生长的关系虽然不如上述土层那样密切，但它对整个土体的水、肥、气、热状况仍有一定的影响。

5. 繁峙县土壤的不良结构 主要有：

（1）板结：是指耕作土壤灌水或降雨后表层板结的现象，板结形成的原因是细黏粒含量较高，有机质含量少所致。板结是土壤不良结构的表现，它可加速土壤水分蒸发，使土壤紧实，影响幼苗出土生长以及土壤的通气性能。改良办法应增加土壤有机质，雨后或浇灌后及时中耕破除板结，以利于土壤疏松通气。

（2）坷垃：坷垃是在质地黏重的土壤上易产生的不良结构。坷垃多时，由于相互支撑，增大了土壤空隙，造成透风跑墒，加速土壤水分蒸发，并影响播种质量，造成露籽或压苗，或形成吊根，妨碍根系穿插。改良办法首先是大量施用有机肥和掺杂沙土改良黏重土壤，其次应掌握宜耕期，及时进行耙糖，使其粉碎。

六、耕地土壤阳离子交换量

土壤交换量即离子代换量（土壤所能含有代换性离子的数量称为离子代换量），这里是指阳离子交换量，通常以 100 克烘干土所含毫克当量的阳离子表示的。土壤代换量是鉴定土壤保存养分能力强弱的重要依据，也是施肥时必须考虑的土壤性质。一般交换量小于10 厘摩尔/千克为保肥力弱的土壤，交换量 10～20 厘摩尔/千克为保肥力中等的土壤，交换量在 20 厘摩尔/千克以上为保肥力强的土壤。

繁峙县耕地土壤阳离子交换量分类统计结果见表 3 - 44。

表 3 - 44　繁峙县耕地土壤阳离子交换量分类统计结果

类　　别		平均值（厘摩尔/千克）	区域值（厘摩尔/千克）
行政区域	繁城镇	12.28	9.82～17.97
	砂河镇	12.16	10.02～16.8
	大营镇	11.46	9.3～13.38
	下茹越乡	11.05	7.37～14.85
	杏园乡	9.42	5.49～11.47
	光裕堡乡	9.43	7.9～11.46
	集义庄乡	12.6	8.49～16.85
	东山乡	12.41	6.02～17.65
	金山铺乡	11.96	7.93～18.1
	柏家庄乡	11.6	7.88～18.11
	横涧乡	10.23	7.05～12.61
	神堂堡乡	8.6	8.6
	岩头乡	11.99	5.82～18.16

（续）

类 别		平均值（厘摩尔/千克）	区域值（厘摩尔/千克）
地形部位	冲、洪积扇前缘	9.15	5.62~13.28
	低山丘陵坡地	11.39	7.89~17.77
	沟谷地	12.68	8.56~17.06
	河流一级、二级阶地	12.89	9.70~18.47
	黄土垣、梁	8.35	5.2~11.46
	中低山上、中部坡腰	13.31	9.29~18.55
土壤类型	褐 土	12.65	7.3~17.97
	潮 土	11.2	6.3~14.85
	水稻土	12.4	7.05~16.85

注：以上统计结果依据 2009—2011 年测土配方施肥项目土样化验结果。

土壤交换量大小，主要受土壤质地、腐殖质含量及土壤酸碱反应等条件的影响，土壤质地越细，有机质含量越高，代换量就越大，反之，代换量就小。本县代换量钠平均为 11.43 厘摩尔/千克，范围为 5.82~18.61 厘摩尔/千克。

（1）不同行政区域：集义庄乡平均值最高，为 12.6 厘摩尔/千克；其次是东山乡，平均值为 12.41 厘摩尔/千克；最低是下茹越乡，平均值为 9.42 厘摩尔/千克。

（2）不同地形部位：中低山上、中部坡腰地最高，平均值为 13.31 厘摩尔/千克；其次是河流一级、二级阶地，平均值为 12.89 厘摩尔/千克；最低是黄土丘陵垣、梁峁地，平均值为 8.35 厘摩尔/千克。

（3）不同土壤类型：褐土最高，平均值为 12.65 厘摩尔/千克；其次是水稻土，平均值为 12.4 厘摩尔/千克；最低是潮土，平均值为 11.2 厘摩尔/千克。

总的看来，繁峙县土壤的交换量是弱小的。这就使得土壤保肥性不强，所以，应增施有机肥，从而增加有机质，使土壤交换量逐步提高。

七、土壤碳酸钙含量

土壤中碳酸钙的含量是表明土壤化学性质的一个重要指标，对土壤养分的有效性及土壤肥力有较大影响，同时也是植物所需钙素的主要来源之一。

土壤碳酸钙含量的高低主要决定于母质类型及淋溶强度。繁峙县土壤类型发育在冲积—洪积母质上的土壤，碳酸钙含量最低 2.4%，最高 10.7%，一般为 6.43%；发育在黄土和红黄母质上的土壤，碳酸钙含量最低 2.1%，最高 14.9%，一般含量为 6.5%；处于低山区的土壤，土体湿润，降水量较高，气候凉，蒸发量较小，土体受到一定的淋溶作用，则碳酸钙含量较低，最低含量为 0.2%，最高含量为 11.3%，一般含量为 3.8%。随着海拔增高，降水量增加，蒸发量减少，土体温度加大，土体淋溶作用加强，碳酸钙含量相之减小。如淋溶褐土，碳酸钙含量最低为 0.1%，最高含量为 1.2%，一般含量为 0.8%。在剖面中的垂直分布，由于受淋溶作用的影响，一般表土层较低，心土层和底土层稍高。

上述情况说明，繁峙县土壤碳酸钙含量较为丰富，这对土壤团粒结构的形成是有利的。但碳酸钙也能降低磷素的有效性，所以，施磷肥时要与农家肥混合沤制。

八、土壤孔隙状况

土壤是多孔体，土粒、土壤团聚体之间以及团聚体内部均有空隙。单位体积土壤空隙所占的百分数，称土壤孔隙度，也称总孔隙度。

土壤孔隙的数量、大小、形状很不相同，它是土壤水分与空气的通道和储存所，它密切影响着土壤中水、肥、气、热等因素的变化与供应情况。因此，了解土壤孔隙大小、分布、数量和质量，在农业生产上有非常重要的意义。

土壤孔隙度的状况取决于土壤质地、结构、土壤有机质、土粒排列方式及人为因素等。黏土孔隙多而小，通透性差；沙质土空隙少而粒间孔隙大，通透性强；壤土则孔隙大小比例适中。土壤孔隙可分 3 种类型：

1. 无效孔隙 孔隙直径小于 0.001 毫米，作物根毛难于伸入，为土壤结合水充满，孔隙中水分被土粒强烈吸附，故不能被植物吸收利用，水分不能运动也不通气，对作物来说是无效孔隙。

2. 毛管孔隙 孔隙直径为 0.001～0.1 毫米，具有毛管作用，水分可借毛管弯月面力保持存储在内，并靠毛管引力向上下左右移动，对作物是最有效水分。

3. 非毛细管孔隙 即孔隙直径大于 0.1 毫米的大孔隙，不具毛管作用，不保持水分，为通气孔隙，直接影响土壤通气、透水和排水的能力。

土壤空隙一般是 30%～60%，对农业生产来说，土壤空隙以稍大于 50% 为好，要求无效孔隙尽量低些，非毛管孔隙应保持在 10% 以上，若小于 5% 则通气、渗水性能不良。土壤孔隙当土壤容重为 1.0～1.2 克/立方厘米时，大致 60% 左右为宜。本县耕作土壤一般为稍松或疏松，是比较合适的。对于个别容重偏高、偏低的土壤，可通过客土改良、秸秆还田、增施有机肥料等措施加以改善。

土壤结构、土壤容重和土壤孔隙度是互为因果，互相关联的。结构较好的土壤，容重就小，孔隙度就一定适宜，水、肥、气、热也较协调，即土肥相融，生产性能优良。反之，结构差，容重大，孔隙度也大，生产性能就差。所以，这些性质关系重大，应作为培肥的重要目标去对待。

第六节 耕地土壤属性综述与养分动态变化

一、耕地土壤属性综述

2009—2011 年，繁峙县 3 750 个样点土壤测定结果表明，耕地土壤有机质平均含量为 12.95 克/千克，变化范围为 2.05～39.85 克/千克；全氮平均含量为 0.67 克/千克，变化范围为 0.25～1.98 克/千克；碱解氮平均含量为 70.29 毫克/千克，变化范围为 28.0～

169.4毫克/千克；有效磷平均含量为11.78毫克/千克，变化范围为2.54～38.65毫克/千克；速效钾平均含量为124.84毫克/千克，变化范围为40.3～334.65毫克/千克；缓效钾平均含量为774.66毫克/千克，变化范围为351.53～1 139.45毫克/千克；有效铁平均含量为8.05毫克/千克，变化范围为4.01～39.55毫克/千克；有效锰平均值为8.27毫克/千克，变化范围为2.37～26.84毫克/千克；有效铜平均含量为1.47毫克/千克，变化范围为0.77～5.41毫克/千克；有效锌平均含量为1.08毫克/千克，变化范围为0.22～7.14毫克/千克；有效硼平均含量为0.57毫克/千克，变化范围为0.14～2.53毫克/千克；有效硫平均含量为21.76毫克/千克，变化范围为3.61～110.8毫克/千克；pH平均值为8.11，变化范围为6.87～9.96；代换量平均含量为11.43厘摩尔/千克，变化范围为5.83～18.16厘摩尔/千克。见表3-45。

表3-45 繁峙县耕地土壤属性总体统计结果

项目名称	单 位	极小值	极大值	平均值	标准差	变异系数	点位数
有机质	克/千克	2.05	39.85	12.95	6.584	0.52	3 725
全 氮	克/千克	0.25	1.98	0.67	0.308	0.46	3 647
碱解氮	毫克/千克	28.0	169.0	70.29	28.969	0.41	3 679
有效磷	毫克/千克	2.54	38.65	11.78	8.427	0.72	3 267
缓效钾	毫克/千克	351.53	1 139.45	774.66	113.743	0.15	3 747
速效钾	毫克/千克	40.3	316.57	121.1	54.313	0.45	3 657
有效铁	毫克/千克	4.01	39.55	8.05	5.4	0.67	1 083
有效锰	毫克/千克	2.37	26.84	8.27	4.8	0.58	1 086
有效铜	毫克/千克	0.77	5.41	1.47	0.84	0.57	1 073
有效锌	毫克/千克	0.22	7.14	1.08	0.93	0.86	1 073
有效硼	毫克/千克	0.14	2.53	0.57	0.36	0.64	1 086
有效硫	毫克/千克	3.61	110.8	21.76	17.12	0.78	1 086
pH	—	6.87	9.96	8.11	0.18	0.02	3 750
代换量	厘摩尔/千克	5.83	18.16	11.43	2.76	0.24	101
容 重	克/立方厘米	1.17	1.34	1.25	0.079	0.061	50

二、有机质及大量元素的演变

随着农业生产的发展及施肥、耕作经营管理水平的变化，耕地土壤有机质及大量元素也随之变化。与1981年全国第二次土壤普查时耕层测定结果比，繁峙县土壤有机质、全氮、速效钾含量呈逐年上升趋势，有机质2011年比1981年土壤普查时增加4.25克/千克，全氮2011年比1981年土壤普查时增加0.03克/千克，有效磷2011年比1981年土壤普查时增加5.32克/千克，速效钾2011年比1981年土壤普查时增加47.10毫克/千克。详见表3-46。

表 3 - 46　繁峙县耕地土壤养分动态变化

项　　目		1981 年土壤普查	2011 年测土配方
有机质 (克/千克)	汇总点数	626	3 725
	最大值	38.8	39.85
	最小值	1.8	2.05
	平均值	8.7	12.95
全氮 (克/千克)	汇总点数	336	3 647
	最大值	1.31	1.98
	最小值	0.25	0.25
	平均值	0.66	0.67
有效磷 (毫克/千克)	汇总点数	626	3 267
	最大值	35	38.65
	最小值	1	2.54
	平均值	6.46	11.78
速效钾 (毫克/千克)	汇总点数	334	3 657
	最大值	248	316.83
	最小值	48	40.3
	平均值	74	121.1

　　从养分变化表中可以看出，增幅最大的是有机质、有效磷和速效钾，增加的原因是近年来秸秆还田和含磷钾多的复合肥用量的增加，标志着繁峙县土壤地力水平走上稳步提高的轨道。但也不排除在项目实施过程中，采土偏重于高、中肥力水平的地块，加之退耕还林下等地块大部分退出耕地，也是耕地土壤养分平均值高的原因之一，有待于进一步研究探讨。

　　尽管繁峙土壤有机质、有效磷和速效钾与全氮有所增加，但土壤比较缺乏的还是土壤有机质和碱解氮以及微量元素锌、硼、铁等元素，需要采取相应措施，如严禁秸秆田间焚烧，推广秸秆还田，发展畜牧业生产，增加有机肥源，增施有机肥；推广高氮复合配方肥；增加微量元素肥料的应用面积，更好地应用此次项目成果，促进农业丰产丰收。

第四章　耕地地力评价

第一节　耕地地力分级

一、面积统计

繁峙县耕地面积 79.84 万亩，其中，水浇地 16.5 万亩，占总耕地面积的 20.67%；旱地 63.34 万亩，占总耕地面积的 79.33%。旱地中坡耕地总面积 26.99 万亩，占总旱地面积的 42.61%。这些耕地土壤肥力较低，干旱贫瘠，粮食生产低而不稳，是繁峙县农业生产的明显障碍因素。按照地力等级划分指标，通过对 3 750 个评价单元 IFI 值的计算，对照分级标准，确定每个评价单元的地力等级，汇总结果见表 4-1。

表 4-1　繁峙县耕地地力等级统计表

国家等级	地方等级	面积（亩）	占总耕地面积（%）
3	1	33 055.48	4.14
4	2	54 965.3	6.88
5	3	124 847.77	15.64
6			
	4	141 964.04	17.78
7	5	254 335.52	31.85
8	6	144 553.08	18.11
9	7	44 689.84	5.60
合　计		798 411.03	100

二、地域分布

繁峙县耕地主要分布在河谷冲积平原、山前倾斜平原、丘陵地带，土石山地区。

第二节　耕地地力等级分布

一、一　级　地

（一）面积和分布

本级耕地主要分布在滹沱河沿岸一级、二级地的繁城镇、杏园乡，下茹越乡、集义庄乡等乡（镇）。柏家庄乡、东山乡、金山铺乡、神堂堡乡的沟谷地上也有零星分布。总面积为 33 055.48 亩，占全县总耕地面积的 4.14%。

（二）主要属性分析

本级耕地主要分布于繁峙县境内滹沱河沿岸一级、二级地及其支流的沟谷地段，国道"108"线由西向东穿过，交通十分便利。本级耕地海拔为 910～1 005 米，土地平坦，包括潮土 N、褐土 B 2 个土类，褐土性土 B.e、石灰性褐土 B.b、潮土 N.a 3 个亚类，沟淤褐土性土 B.e.8、黄土状石灰性褐土 B.b.3、冲积潮土 N.a.1 3 个土属，沟淤土（耕种壤沟淤褐土性土）B.e.8.124、底砾沟淤土（耕种壤深位卵石沟淤褐土性土）B.e.8.126、二合黄垆土（耕种黏壤黄土状石灰性褐土）B.b.3.032、底黑黄垆土（耕种壤深位黑垆土层黄土状石灰性褐土）B.b.3.031、深黏黄垆土（耕种壤深位黏化层黄土状石灰性褐土）B.b.3.030、底砾黄垆土（耕种壤深位卵石黄土状石灰性褐土）B.b.3.034、绵潮土（耕种壤冲积潮土）N.a.1.258 7 个土种；成土母质为河流冲积—淤泥物、黄土状母质；地面坡度为 1°～3°；耕层质地为轻壤、中壤为主；土体构型多为通体型和沙夹黏；有效土层厚度为 100～160 厘米，平均值为 140 厘米；耕层厚度平均为 20～25 厘米；pH 的变化范围为 8.0～8.89，平均值为 8.37；土壤容重为 1.1～1.23 克/立方厘米，平均值 1.21 克/立方厘米；地势平缓，无侵蚀，保水，地下水位浅且水质良好，灌溉保证率为充分满足，地面平坦，园田化水平高。

本级耕地土壤有机质平均含量为 18.04 克/千克，属省三级水平，比全县平均含量高 5.09 克/千克；全氮平均含量为 0.944 克/千克，属省四级水平，比全县平均含量高 0.284 克/千克；有效磷平均含量为 20.83 毫克/千克，属省二级水平，比全县平均含量高 9.05 毫克/千克；速效钾平均含量为 173.47 毫克/千克，属省三级水平，比全县平均含量高 52.37 毫克/千克；有效铁平均含量为 12.67 毫克/千克，属省三级水平；有效锰平均含量为 10.55 毫克/千克，属省四级水平；有效铜平均含量为 1.70 毫克/千克，属省二级水平；有效锌平均含量为 1.31 毫克/千克，属省三级水平；有效硼平均含量为 0.68 毫克/千克，属省四级水平；有效硫平均含量为 27.6 毫克/千克，属省四级水平。详见表 4-2。

表 4-2 一级地土壤养分统计

项 目	平均值	最大值	最小值	标准差	变异系数
有机质	18.04	38.21	7.32	6.91	38.30
全 氮	0.94	1.82	0.39	0.33	35.61
有效磷	20.83	38.65	8.73	5.82	27.93
速效钾	173.47	311.77	80.40	51.37	29.61
缓效钾	847	1021	588	73.53	8.68
pH	8.14	8.56	7.78	0.15	1.78
有效硫	27.60	73.39	10.71	11.51	41.71
有效锰	10.55	20.00	4.28	3.62	34.33
有效硼	0.68	1.74	0.29	0.27	40.01
有效铜	1.70	2.47	1.08	0.29	17.12
有效锌	1.31	2.60	0.54	0.39	30.01
有效铁	12.62	28.49	5.34	4.14	32.82

注：表中各项单位为：有机质、全氮为克/千克，pH 无单位，其他为毫克/千克。

该级耕地农作物生产水平较高。从农户调查表来看，春玉米平均亩产 600～800 千克，是繁峙县粮食主产区和蔬菜生产基地，蔬菜面积占全县的 60% 以上，蔬菜作物一年 2～3 作。

（三）主要存在问题

一是土壤肥力与高产高效的需求仍不适应；二是多年种菜的部分地块，化肥施用量不断增加，有机肥施用不足，引起土壤板结，土壤团粒结构不合理。

（四）合理利用

本级耕地在利用上应增施有机肥，科学施肥，进一步培肥地力；大力发展设施农业，加快蔬菜、建设绿色、有机蔬菜，发展高效产业。

二、二 级 地

（一）面积与分布

主要分布于繁峙县境内滹沱河流域的繁城镇、杏园乡，下茹越乡、集义庄乡，砂河镇的河漫滩、一级、二级、高阶地、洪积扇缘，以及柏家庄乡、东山乡、金山铺乡、神堂堡乡、光峪堡乡沟谷地段。总面积 54 965.3 亩，占全县总耕地面积的 6.88%。

（二）主要属性分析

本级耕地海拔为 910～1 100 米，土地平坦，包括潮土（N）、褐土（B）、水稻土（Q）3 个土类，褐土性土（B.e）、石灰性褐土（B.b）、潮土（N.a）、盐渍型号水稻土（Q.d）4 个亚类，沟淤褐土性土（B.e.8）、黄土状石灰性褐土（B.b.3）、洪积石灰性褐土（B.b.5）、冲积潮土（N.a.1）、洪冲积盐渍型号水稻土（Q.d.1）五个土属，沟淤土（耕种壤沟淤褐土性土）（B.e.8.124）、底砾沟淤土（耕种壤深位卵石沟淤褐土性土）（B.e.8.126）、二合黄垆土（耕种黏壤黄土状石灰性褐土）（B.b.3.032）、底黑黄垆土（耕种壤深位黑垆土层黄土状石灰性褐土）（B.b.3.031）、深黏黄垆土（耕种壤深位黏化层黄土状石灰性褐土）（B.b.3.030）、底砾黄垆土（耕种壤深位卵石黄土状石灰性褐土）（B.b.3.034）、洪黄垆土（耕种壤洪积石灰性褐土）（B.b.5.038）、底砾洪黄垆土（耕种壤深位卵石层洪积石灰性褐土）（B.b.5.040）、绵潮土（耕种壤冲积潮土）（N.a.1.258）、盐性田（Q.d.1.351）10 个土种；成土母质为河流冲积物、洪积物、黑垆土质、黄土状母质；质地多为轻壤和中壤；灌溉保证率为较充分满足；地面平坦，地面坡度 1°～4°，园田化水平较高；有效土层厚度为 90～150 厘米，耕层厚度平均为 20 厘米；土体构型多为通体型和沙夹黏；基本无侵蚀，肥力较高；pH 为 7.62～8.6，平均值为 8.18。

本级耕地土壤有平均机质平均含量 13.79 克/千克，属省四级水平；有效磷平均含量为 12.02 毫克/千克，属省四级水平；全氮平均含量 0.79 克/千克，属省四级水平；有效磷平均 14.33 毫克/千克，属省四级水平；速效钾平均含量为 139.34 毫克/千克，属省四级水平；有效铁平均含量为 10.29 毫克/千克，属省三级水平；有效锰平均含量为 9.95 毫克/千克，属省四级水平；有效铜平均含量为 1.80 毫克/千克，属省二级水平；有效锌平均含量为 1.18 毫克/千克，属省三级水平；有效硼平均含量为 0.54 毫克/千克，属省四级水平；有效硫平均含量为 28.29 毫克/千克，属省四级水平。详见表 4-3。

表4-3 二级地土壤养分统计

项 目	平均值	最大值	最小值	标准差	变异系数
有机质	13.79	29.63	6.99	3.73	27.06
全 氮	0.73	1.57	0.36	0.19	25.96
有效磷	14.33	34.48	5.43	4.14	28.91
速效钾	139.34	296.58	80.40	31.04	22.27
缓效钾	803	1 001	641	51.88	6.46
pH	8.18	8.56	7.62	0.11	1.37
有效硫	28.29	76.71	9.42	11.51	40.68
有效锰	9.95	23.34	2.85	4.05	40.75
有效硼	0.54	2.04	0.17	0.23	42.86
有效铜	1.80	2.94	0.93	0.36	19.90
有效锌	1.18	2.80	0.40	0.42	35.37
有效铁	10.29	30.92	4.89	4.01	38.94

注：表中各项单位为：有机质、全氮为克/千克，pH无单位，其他为毫克/千克。

本级耕地所在区域，主要为浅井灌溉区，是粮食作物、瓜、蔬菜主产区之一，一年一作，玉米平均每亩500～700千克。

（三）主要存在问题

盲目施肥现象严重，有机肥施用量少，由于产量高造成土壤肥力下降，农产品品质降低。

（四）合理利用

应"用养结合"，以培肥地力为主，一是合理布局，实行轮作，倒茬，尽可能做到须根与直根、深根与浅根、豆科与禾本科、夏作与秋作、高秆与矮秆作物轮作，使养分调剂，余缺互补；二是推广玉米秸秆两茬还田，提高土壤有机质含量；三是推广测土配方施肥技术，建设高标准农田。

三、三 级 地

（一）面积与分布

主要分布在繁城镇、砂河镇、大营镇、杏园乡、下茄越乡、光峪堡乡、集义庄乡、横涧乡、金山铺乡、柏家庄乡的高阶地、洪积扇中部以及丘陵下部的缓坡垣地、沟坝地、沟坪地及高水平梯田内，面积124 847.77亩，占全县总耕地面积的15.64%。

（二）主要属性分析

本级耕地海拔为910～1 200米，土地较平坦，包括潮土（N）、褐土（B）2个土类，褐土性土（B.e）、石灰性褐土（B.b）、潮土（N.a）、盐化潮土（N.d）4个亚类，沟淤褐土性土（B.e.8）、洪积石灰性褐土（B.b.5）、冲积潮土（N.a.1）、氯化物盐化潮土（N.d.2）4个土属，底砾沟淤土（耕种壤深位卵石沟淤褐土性土）（B.e.8.126）、底砾黄垆土（耕种壤深位卵石黄土状石灰性褐土）（B. b. 3.034）、夹沙洪黄垆土（耕种黏壤浅位沙层洪积石灰性褐土）（B. b. 5.042）、底砾洪黄垆土（耕种壤深位卵石层洪积石灰性褐土）（B. b. 5.040）、绵潮土（耕种壤冲积潮土）（N. a. 1.258）、河潮土（壤冲积潮土）（N. a. 1.257）、轻盐潮土（耕种壤轻度氯化物盐化潮土）（N. d. 2.313）7 个土种；成土母质为洪积物、河流冲积物、淤垫、黄土母质、黄土状母质；质地多为轻壤、中壤；无灌溉条件；地面基本平坦，地面坡度 2°～4°，园田化水平较高；有效土层厚度 150 厘米以上，耕层厚度平均为 20 厘米左右，土体构型多为通体型和夹砾、底砾型；基本无侵蚀，肥力较高；pH 为 7.62～8.71，平均为 8.22。

本级耕地土壤有机质平均含量 12.32 克/千克，属省四级水平；有效磷平均含量为 11.05 毫克/千克，属省四级水平；速效钾平均含量为 117.47 毫克/千克，属省四级水平；全氮平均含量为 0.66 克/千克，属省五级水平。有效铁平均含量为 8.43 毫克/千克，属省四级水平；有效锰平均含量为 8.50 毫克/千克，属省四级水平；有效铜平均含量为 1.82 毫克/千克，属省二级水平；有效锌平均含量为 0.97 毫克/千克，属省四级水平；有效硼平均含量为 0.50 毫克/千克，属省五级水平；有效硫平均含量为 23.28 毫克/千克，属省五级水平。详见表 4-4。

表 4-4　三级地土壤养分统计

项　目	平均值	最大值	最小值	标准差	变异系数
有机质	12.32	34.25	4.75	3.06	24.81
全　氮	0.66	1.96	0.25	0.18	27.12
有效磷	11.05	31.36	2.54	3.80	34.37
速效钾	117.47	296.58	64.07	26.45	22.52
缓效钾	779	1 001	526	53.33	6.84
pH	8.22	8.71	7.62	0.09	1.15
有效硫	23.28	83.37	8.13	8.94	38.41
有效锰	8.50	34.32	2.85	3.86	45.48
有效硼	0.50	2.19	0.13	0.18	37.03
有效铜	1.82	3.40	0.58	0.47	25.63
有效锌	0.97	2.80	0.22	0.44	45.62
有效铁	8.43	38.19	4.34	3.41	40.48

注：表中各项单位为：有机质、全氮为克/千克，pH 无单位，其他为毫克/千克。

本级所在区域，是玉米、谷子生产区，平均亩产 400～600 千克。

（三）主要存在问题

一是灌溉设施条件较差，干旱较为严重；二是本级耕地的有机质等大量元素和中微量元素含量普遍偏低。

（四）合理利用

由于此类田的养分偏低且失调，大大地限制了作物增产。因此，今后应注重增施有机肥，推广秸秆还田，要在不同的区域，大力推广平衡施肥技术，积极推广管灌、滴灌等节水灌溉技术，提高灌溉效率，进一步提升耕地的增产潜力。

四、四级地

（一）面积与分布

主要分布在繁城镇、砂河镇、大营镇、杏园乡、下茹越乡、光峪堡乡、集义庄乡、横涧乡、金山铺乡、柏家庄乡、东山乡 11 个乡（镇）的洪积扇中、上部和广大丘陵地区。面积 141 964.04 亩，占全县总耕地面积的 17.78%。

（二）主要属性分析

本级耕地海拔为 910～1 300 米，土地较平坦，包括潮土（N）、褐土（B）2 个土类，褐土性土（B.e）、石灰性褐土（B.b）、盐化潮土（N.d）3 个亚类，洪积褐土性土（B.e.7）、沟淤褐土性土（B.e.8）、洪积石灰性褐土（B.b.5）、黄土质褐土性土（B.e.4）、氯化物盐化潮土（N.d.2）5 个土属，底砾沟淤土（耕种壤深位卵石沟淤褐土性土）（B.e.8.126）、底砾黄垆土（耕种壤深位卵石黄土状石灰性褐土）（B.b.3.034）、夹沙洪黄垆土（耕种黏壤浅位沙层洪积石灰性褐土）（B.b.5.042）、底砾洪黄垆土（耕种壤深位卵石层洪积石灰性褐土）（B.b.5.040）、耕洪立黄土（耕种壤洪积褐土性土）（B.e.7.112）、底砾洪立黄土（耕种壤深位卵石层洪积褐土性土）（B.e.7.115）、耕立黄土（耕种壤黄土质褐土性土）（B.e.4.089）、河潮土（壤冲积潮土）（N.a.1.257）、轻盐潮土（耕种壤轻度氯化物盐化潮土）（N.d.2.313）9 个土种；成土母质为洪积物、河流冲积物、淤垫、黄土母质、黄土状母质；质地多为轻壤、中壤；无灌溉条件；地面基本平坦，坡度 2°～5°，园田化水平较高；有效土层厚度 150 厘米以上，耕层厚度平均为 19 厘米左右，土体构型多为通体型和夹砾、底砾型；基本无侵蚀，肥力较高；pH 为 7.93～8.56，平均为 8.24。

从表 4-5 中可以看出，本级耕地土壤有平均机质平均含量 11.32 克/千克，属省四级水平；有效磷平均含量为 9.46 毫克/千克，属省五级水平；速效钾平均含量 105.85 毫克/千克，属省四级水平；全氮平均含量为 0.60 克/千克，属省五级水平；有效硼平均含量为 0.50 毫克/千克，属省五级水平，有效铁为 7.95 毫克/千克，属省四级水平；有效锌为 0.91 毫克/千克，属省四级水平；有效锰平均含量为 8.78 毫克/千克，属省四级水平；有效硫平均含量为 20.23 毫克/千克，属省五级水平。

表 4-5　四级地土壤养分统计

项　　目	平均值	最大值	最小值	标准差	变异系数
有机质	11.32	32.27	5.34	2.27	20.01
全　氮	0.60	1.75	0.30	0.12	19.95
有效磷	9.46	24.72	2.54	3.19	33.69
速效钾	105.85	250.00	67.34	23.01	21.73
缓效钾	755	1 001	621	53.54	7.09
pH	8.24	8.56	7.93	0.09	1.09

（续）

项　目	平均值	最大值	最小值	标准差	变异系数
有效硫	20.23	100.00	7.48	8.90	43.99
有效锰	8.78	33.09	2.61	3.51	39.99
有效硼	0.50	2.10	0.13	0.14	28.05
有效铜	1.68	3.22	0.77	0.46	27.39
有效锌	0.91	2.70	0.24	0.42	46.17
有效铁	7.95	36.98	4.34	2.49	31.31

注：表中各项单位为：有机质、全氮为克/千克，pH无单位，其他为毫克/千克。

主要种植玉米、谷子、糜黍等作物，亩产一般为 300～500 千克。

（三）主要存在问题

一是灌溉设施条件较差，干旱较为严重；二是本级耕地的有机质等大量元素和中微量元素含量普遍偏低。

（四）合理利用

由于此类田的养分偏低，灌溉保证率不高，大大地限制了作物增产。因此，今后应注重增施有机肥，推广秸秆还田，要在不同的区域，大力推广平衡施肥技术，积极推广管灌、滴灌等节水灌溉技术，提高灌溉效率，进一步提升耕地的增产潜力。

五、五 级 地

（一）面积与分布

广泛分布在繁峙县 13 个乡（镇）的洪积扇上部、广大丘陵地区和土石山区。面积 254 335.52 亩，占全县总耕地面积的 31.85%，是繁峙县面积最大的耕地级别。

（二）主要属性分析

本级耕地海拔为 1 100～1 500 米，土地坡度相对较大，灌溉保证率为无，全部为旱地，大部分耕地有轻度侵蚀，多为高水平梯田、缓坡梯田。土壤类型主要以褐土（B）土类为主，包括褐土性土（B.e）1 个亚类，洪积褐土性土（B.e.7）、沟淤褐土性土（B.e.8）、黄土质褐土性土（B.e.4）、红黄土质褐土性土（B.e.5）4 个土属，底砾沟淤土（耕种壤深位卵石层洪积褐土性土）（B.e.8.126）、耕洪立黄土（耕种壤洪积褐土性土）（B.e.7.112）、底砾洪立黄土（耕种壤深位卵石层洪积褐土性土）（B.e.7.115）、耕立黄土（耕种壤黄土质褐土性土）（B.e.4.089）、二合红立黄土（黏壤红黄土质褐土性土）（B.e.5.105）5 个土种；成土母质为洪积物、淤垫、黄土母质、红黄土母质；质地多为轻壤、中壤；无灌溉条件；有效土层厚度 150 厘米以上，耕层厚度平均为 17 厘米左右，土体构型多为通体型、底砾或体砾型。pH 为 7.31～8.71，平均值为 8.22。

本级耕地土壤有平均机质平均含量 13.22 克/千克，属省四级水平；有效磷平均含量为 11.45 毫克/千克，属省四级水平；速效钾平均含量为 120.93 毫克/千克，属省四级水平；全氮平均含量为 0.69 克/千克，属省五级水平；有效硫平均含量为 20.38 毫克/千克，属省五级水平；微量元素有效锌平均含量为 1.01 毫克/千克，属省三级水平；有效铜平均含量为 1.62 毫克/千克，属省二级水平；有效硼平均含量为 0.59 毫克/千克，属省四级水平；有效铁平均含量为 9.43 毫克/千克，属省四级水平；有效锰平均含量为 9.99 毫克/千克，属省四级水平。详见表 4 - 6。

表 4 - 6　五级地土壤养分统计

项　目	平均值	最大值	最小值	标准差	变异系数
有机质	13.22	39.20	4.63	6.06	45.82
全　氮	0.69	1.82	0.25	0.30	43.16
有效磷	11.45	36.57	2.81	6.90	60.29
速效钾	120.93	316.83	51.00	47.67	39.42
缓效钾	773	1 080	563	75.60	9.78
pH	8.22	8.71	7.31	0.13	1.55
有效硫	20.38	86.69	8.13	10.28	50.44
有效锰	9.99	31.55	1.90	3.79	37.96
有效硼	0.59	1.77	0.14	0.23	39.63
有效铜	1.62	3.12	0.80	0.40	24.70
有效锌	1.01	3.04	0.26	0.49	48.49
有效铁	9.43	33.34	4.12	4.49	47.64

注：表中各项单位为：有机质、全氮为克/千克，pH 无单位，其他为毫克/千克。

种植玉米、马铃薯、谷子、糜黍等作物，平均亩产量玉米、谷子等 350 千克左右，马铃薯 700 千克左右。

（三）主要存在问题

坡耕地支离破碎，土壤团粒结构差，保水保肥性能较差；干旱缺水，侵蚀严重，管理粗放。

由于受地理环境影响，大部分是旱作区，受气候制约因素较大，干旱是影响农业生产的主要因素。因此，在改良措施上，搞好农田基本建设，加强坡耕地梯田化，提高土壤保墒能力。增施有机肥，平衡配方施肥，加大投入力度。

（四）合理利用

整修梯田，防蚀保土，推广测土配方施肥，培肥并熟化土壤，建设高产基本农田，坡耕地进行坡改梯，适量发展旱塬阶梯式日光温室，发展高产高效农业。

六、六 级 地

（一）面积与分布

广泛分布在繁峙县 13 个乡（镇）的洪积扇上部、广大丘陵地区和土石山区。面积为 144 553.08 亩，占全县总耕地面积的 18.11%。

（二）主要属性分析

该级耕地为旱地，干旱是影响农业生产的主要因素，肥力低下则是该级耕地土壤的第二障碍因素。大部分耕地有轻度侵蚀，以缓坡梯田居多，也有部分高水平梯田；土壤类型主要以褐土（B）土类为主，包括褐土性土（B.e）1个亚类，洪积褐土性土（B.e.7）、沟淤褐土性土（B.e.8）、黄土质褐土性土（B.e.4）、红黄土质褐土性土（B.e.5）4个土属，底砾沟淤土（耕种壤深位卵石层洪积褐土性土）（B.e.8.126）、耕洪立黄土（耕种壤洪积褐土性土）（B.e.7.112）、底砾洪立黄土（耕种壤深位卵石层洪积褐土性土）（B.e.7.115）、耕立黄土（耕种壤黄土质褐土性土）（B.e.4.089）、耕二合立黄土（耕种黏壤黄土质褐土性土）（B.e.4.096）、二合红立黄土（黏壤红黄土质褐土性土）（B.e.5.105）6个土种。成土母质为洪积物、淤垫、黄土母质、红黄土母质；质地多为轻壤、中壤，少数为黏壤；无灌溉条件；有效土层厚度60～150厘米，平均120厘米，耕层厚度平均值为17厘米左右，土体构型多为通体型、底砾或体砾型。pH为7.78～8.56，平均值为8.17。

本级耕地土壤有机质平均含量16.45克/千克，属省三级水平；有效磷平均含量为14.55毫克/千克，属省三级水平；速效钾平均含量为149.58毫克/千克，属省四级水平；全氮平均含量为0.86克/千克，属省四级水平有效硫平均含量为17.9毫克/千克，属省五级水平；微量元素有效锌平均含量为1.22毫克/千克，属省三级水平；有效铜平均含量为1.56毫克/千克，属省二级水平；有效硼平均含量为0.71毫克/千克，属省四级水平；有效铁平均含量为11.46毫克/千克，属省三级水平；有效锰平均含量为11.32毫克/千克，属省四级水平。详见表4-7。

表4-7　六级地土壤养分统计

项　目	平均值	最大值	最小值	标准差	变异系数
有机质	16.45	37.88	6.00	8.10	49.24
全　氮	0.86	1.89	0.34	0.41	47.80
有效磷	14.55	37.61	3.09	8.82	60.59
速效钾	149.58	316.83	70.60	53.36	35.67
缓效钾	809	1 080	641	83.07	10.27
pH	8.17	8.56	7.78	0.13	1.64
有效硫	17.90	80.04	3.61	8.91	49.78
有效锰	11.32	34.02	3.09	4.15	36.66
有效硼	0.71	2.33	0.15	0.32	45.79
有效铜	1.56	2.75	0.64	0.36	22.98
有效锌	1.22	3.04	0.25	0.57	46.94
有效铁	11.46	38.19	4.01	6.11	53.30

注：表中各项单位为：有机质、全氮为克/千克，pH无单位，其他为毫克/千克。

种植作物以玉米、马铃薯、谷子、糜黍为主，据调查统计，玉米平均亩产200～300千克，谷子、糜黍亩产100～150千克，马铃薯亩产600～800千克。

（三）存在问题

坡耕地支离破碎，土壤团粒结构差，保水保肥性能较差；干旱缺水，有中度侵蚀，管理粗放。

（四）合理利用

在改良措施上，一是搞好农田基本建设，提高土壤保墒能力；二是增施有机肥，大力实施玉米秸秆覆盖还田技术，提高土壤肥力；三是搞好测土配方施肥，增施氮磷肥；四是纳雨蓄墒，提高土壤含水量，改善土壤理化性状，变"三跑田"为"三保田"。

七、七 级 地

（一）面积与分布

本级耕地主要分布在丘陵及低山区的大部分地区和部分沟谷地，面积为 44 689.08 亩，占全县总耕地面积的 5.6%。

（二）主要属性分析

该级耕地全部为旱地，干旱是影响农业生产的主要因素，土层薄、气候冷凉、无霜期短，耕作粗放也是该级耕地土壤的重要障碍因素。大部分耕地有轻度侵蚀，以缓坡梯或坡耕地存在；土壤类型主要以褐土（B）土类为主，包括淋溶褐土（B.c）、褐土性土（B.e）2 个亚类，麻沙质淋溶褐土（B.c.1）、洪积淋溶褐土（B.c.9）、灰泥质褐土性土（B.e.3）、红黄土质褐土性土（B.e.5）4 个土属，耕麻砂质淋土（耕种中厚层花岗片麻岩类淋溶褐土）（B.c.1.048）、耕洪淋土（耕种中厚层洪积淋溶褐土）（B.c.1.066）、耕灰泥质立黄土（耕种中厚层碳酸盐岩类褐土性土）（B.e.3.082）、二合红立黄土（黏壤红黄土质褐土性土）（B.e.5.105）4 个土种；成土母质为洪积物、残积—坡积物和黄土母质、红黄土母质，质地多为轻壤、中壤，少数为黏壤；无灌溉条件；有效土层厚度 40～120 厘米，平均值 70 厘米，耕层厚度平均为 17 厘米左右，土体构型多为通体型、底砾或体砾型。pH 为 7.78～8.56，平均值 8.18。

本级耕地土壤有机质平均含量 15.74 克/千克，属省三级水平；有效磷平均含量为 13.37 毫克/千克，属省四级水平；速效钾平均含量为 150.85 毫克/千克，属省四级水平；全氮平均含量为 0.85 克/千克，属省四级水平。详见表 4-8。

表 4-8　七级地土壤养分统计

项　　目	平均值	最大值	最小值	标准差	变异系数
有机质	15.74	36.56	6.33	6.44	40.91
全　氮	0.85	1.99	0.36	0.37	43.22
有效磷	13.37	32.40	2.27	7.14	53.40
速效钾	150.85	316.83	77.14	45.89	30.42
缓效钾	818	1 060	621	78.59	9.61
pH	8.18	8.56	7.78	0.12	1.41
有效硫	16.72	60.08	3.61	7.03	42.07

（续）

项　　目	平均值	最大值	最小值	标准差	变异系数
有效锰	12.20	34.02	4.52	5.42	44.41
有效硼	0.71	2.13	0.29	0.33	47.30
有效铜	1.55	2.75	0.67	0.35	22.37
有效锌	1.26	3.35	0.27	0.68	53.48
有效铁	12.34	38.19	4.12	7.27	58.88

注：表中各项单位为：有机质、全氮为克/千克，pH无单位，其他为毫克/千克。

种植作物以马铃薯、糜黍、豆类为主，据调查统计，玉米平均亩产600～800千克，谷子糜黍、豆类平均亩产100～200千克。

（三）存在问题和改良利用

坡耕地支离破碎，土层薄，气候冷凉，无霜期短，干旱缺水，有中度侵蚀，管理粗放是本类型的主要障碍因素。在改良措施上，一是搞好农田基本建设，提高土壤保墒能力；二是增施有机肥，搞好测土配方施肥，改善土壤理化性状，变"三跑田"为"三保田"。

繁峙县耕地地力评价各乡（镇）分级亩数和所占级别的百分比详见表4-9。

表4-9　繁峙县耕地地力评价统计

乡（镇）	一级 （亩）	百分比 （%）	二级 （亩）	百分比 （%）	三级 （亩）	百分比 （%）	四级 （亩）	百分比 （%）	五级 （亩）	百分比 （%）	六级 （亩）	百分比 （%）	七级 （亩）	百分比 （%）
繁城镇	657.24	0.08	8 264.16	1.04	16 395.2	2.05	10 480.03	1.31	13 441.83	1.68	20 545.21	2.57	3 720.69	0.47
砂河镇	1 152.04	0.14	12 040.47	1.51	21 108.46	2.64	15 232.01	1.91	26 117.57	3.27	31 968.89	4.00	2 006.78	0.25
大营镇	0	0	0	0	13 188.18	1.65	31 211.18	3.91	39 795.31	4.98	1 283.54	0.16	35.66	0.004
下茹越乡	7 591.21	0.95	2 621.11	0.33	2 222.73	0.28	1 075.97	0.13	5 492.07	0.69	17 782.29	2.23	7 673.97	0.96
杏园乡	4 733.32	0.59	5 099.17	0.64	5 145.38	0.64	9 915.34	1.24	32 924.25	4.12	4 955.52	0.62	99.18	0.01
光裕堡乡	328.22	0.04	2 581.96	0.32	3 805.13	0.48	7 339.17	0.92	22 620.71	2.83	8 411.25	1.05	583.56	0.07
集义庄乡	8 584.78	1.08	8 478.71	1.06	7 925.11	0.99	6 174.25	0.77	7 773.84	0.97	10 818.5	1.36	697.99	0.09
东山乡	7 029.47	0.88	11 780.27	1.48	15 673.88	1.96	13 432.44	1.68	14 296.55	1.79	5 070.4	0.64	2 115.79	0.27
金山铺乡	861.55	0.11	2 361.05	0.30	18 370.16	2.30	18 026.32	2.26	26 350.54	3.30	4 733.53	0.59	363.42	0.05
柏家庄乡	422.22	0.05	704.02	0.09	10 460.74	1.31	11 606.65	1.45	35 180.58	4.41	5 165.18	0.65	194.13	0.02
横涧乡	0	0	0	0	9 581.46	1.20	17 107.08	2.14	22 468.9	2.81	9 962.07	1.25	879.78	0.11
神堂堡乡	1 651.54	0.21	393.48	0.05	183.03	0.02	0	0	3 338.62	0.42	7 261	0.91	146.89	0.02
岩头乡	43.89	0.01	638.9	0.08	785.31	0.10	359.6	0.05	4 529.75	0.57	16 595.7	2.08	26 172	3.28
合　计	33 055.48	4.14	54 965.3	6.88	124 847.77	15.64	141 964.04	17.78	254 335.52	31.86	144 553.08	18.11	44 689.84	5.60

第五章 耕地土壤环境质量评价

第一节 耕地土壤重金属含量状况

一、耕地重金属含量

根据保繁峙县滹沱河沿岸繁城镇、杏园乡、神堂堡乡工业园区实际情况，在雁头村、上西庄村、东魏村、赵家庄村、笔峰村、南关村、杨树湾村、大寨口等13个村平均分布30个点位，进行耕地质量调查。

从不同点位的重金属含量测定结果看，铅的平均值为25.555 7毫克/千克，最大值为37.20毫克/千克；镉的平均值为0.105 2毫克/千克，最大值为0.199毫克/千克；汞的平均值为0.104 0毫克/千克，最大值为0.236 0毫克/千克；铬的平均值为77.639 0毫克/千克，最大值为98.70毫克/千克；砷的平均值为10.574 3毫克/千克，最大值为14.19毫克/千克（表5-1）。

表5-1　繁峙县滹沱河流域杏园乡繁城镇段及神堂堡乡土壤重金属含量统计

项　目	平均值 （毫克/千克）	最小值 （毫克/千克）	最大值 （毫克/千克）	标准差 （毫克/千克）	变异系数 （％）	汇总点数 （个）
镉	0.105 2	0.043	0.199	0.038 4	0.365 2	30
铬	77.639 0	47.70	98.70	15.052 6	0.193 9	30
砷	10.574 3	3.69	14.19	2.859 5	0.270 4	30
汞	0.104 0	0.002 9	0.236 0	0.180 6	1.736 9	30
铅	25.555 7	12.80	37.20	7.811 1	0.305 7	30

本次调查结果表明，大田土壤的铅、镉、砷 、铬、汞 5个重金属平均含量均低于我国土壤环境质量的二级标准。

二、分布规律及主要特征

（一）铅

繁峙县滹沱河流域繁城镇、杏园乡段及神堂堡乡耕地土壤铅含量最大值为37.20毫克/千克，分布在繁城镇笔峰村，属于潮土；最小值为12.80毫克/千克，分布在杏园乡南关村，同属于潮土。

不同类型土壤含铅量平均值从大到小顺序为：潮土大于褐土（表5-2）。

表5-2　繁峙县滹沱河流域繁城镇杏园乡段及神堂堡乡不同土类重金属铅含量

项　目	平均值 （毫克/千克）	最大值 （毫克/千克）	最小值 （毫克/千克）	标准差 （毫克/千克）	变异系数 （%）	点　数 （个）
褐　土	26.266 5	31.49	13.10	5.835 2	0.222 2	20
潮　土	30.923 0	37.20	12.8	6.923 0	0.223 9	10

（二）镉

繁峙县滹沱河流域繁城镇、杏园乡段及神堂堡乡耕地土壤镉元素含量最大值为0.199毫克/千克，分布于繁城镇雁头村，属于褐土；最小值为0.043毫克/千克，分布在杏园乡南关村，属于潮土。

不同类型土壤含镉量平均值从大到小顺序为：潮土大于褐土（表5-3）。

表5-3　繁峙县滹沱河流域繁城镇杏园乡段及神堂堡乡不同土类重金属镉含量

项　目	平均值 （毫克/千克）	最大值 （毫克/千克）	最小值 （毫克/千克）	标准差 （毫克/千克）	变异系数 （%）	点　数 （个）
褐　土	0.121 4	0.199	0.082	0.036 4	0.284 9	20
潮　土	0.156 7	0.95	0.043	0.279 4	1.782 7	10

（三）汞

繁峙县滹沱河流域繁城镇、杏园乡段神堂堡乡耕地土壤汞元素的分布特点是，各点位的含量均偏低，测定值最高的点位在繁城镇笔峰村，土类是潮土，其测定值为0.236 0毫克/千克；最小值为0.002 9毫克/千克，分布在繁城镇赵家庄村。

不同类型土壤含汞量平均值从大到小顺序为：潮土大于褐土（表5-4）。

表5-4　繁峙县滹沱河流域繁城镇杏园乡段及神堂堡乡不同土类汞含量

项　目	平均值 （毫克/千克）	最大值 （毫克/千克）	最小值 （毫克/千克）	标准差 （毫克/千克）	变异系数 （%）	点　数 （个）
褐　土	0.100 7	0.094 6	0.002 9	0.218 1	2.166 6	20
潮　土	0.110 7	0.236 0	0.011 9	0.068 1	0.615 6	10

（四）砷

繁峙县滹沱河流域繁城镇、杏园乡段及神堂堡乡耕地土壤砷的含量情况是，最大值为14.19毫克/千克，位于繁城镇笔峰村，属于潮土；最小值为4.49毫克/千克，分布于神堂堡乡楼房庄村，属褐土。

不同类型土壤含砷量平均值从大到小顺序为：潮土、褐土（表5-5）。

表5-5　繁峙县滹沱河流域繁城镇杏园乡段及神堂堡乡不同土类重金属砷含量

项　目	平均值 （毫克/千克）	最大值 （毫克/千克）	最小值 （毫克/千克）	标准差 （毫克/千克）	变异系数 （%）	点　数 （个）
褐　土	9.563 5	13.24	4.49	2.763 5	0.289 0	20
潮　土	12.596 0	14.19	8.26	1.847 5	0.146 7	10

（五）铬

繁峙县滹沱河流域繁城镇、杏园乡段及神堂堡乡耕地土壤铬含量普遍偏低，最大值为98.70毫克/千克，位于繁城镇雁头村，属于褐土；最小值为47.7毫克/千克，在繁城镇赵家庄村，属于褐土。

不同类型土壤含铬量平均值从大到小顺序为：褐土、潮土（表5-6）。

表5-6　繁峙县滹沱河流域繁城镇杏园乡段及神堂堡不同土类重金属铬含量

项　目	平均值（毫克/千克）	最大值（毫克/千克）	最小值（毫克/千克）	标准差（毫克/千克）	变异系数（%）	点　数（个）
褐　土	79.560 0	98.70	47.70	16.664 2	0.209 5	20
潮　土	73.797 0	91.50	50.70	10.919 8	0.148 0	10

三、重金属污染的主要危害

繁峙县滹沱河流域繁城镇、杏园乡段及神堂堡乡耕地土壤中主要重金属污染元素为镉、铅2种。

镉是有毒元素，其单质毒性较低，但是化合物的毒性很强，并有致癌作用。植物可吸收和富集土壤中的镉，使动物食品中的镉含量增高。

铅是蓄积性毒物，人体大量摄入可引起"铅中毒"，其化合物毒性大。中毒后早期表现为类似神经衰弱的症状，典型者有肠胃痛、贫血和肌肉瘫痪，也可累及肾脏，严重者可发生脑病，威胁生命。

第二节　耕地水环境质量评价

根据繁峙县滹沱河流域繁城镇、杏园乡段及青羊河上游的神堂堡乡水源水系分布及污染源分布状况，共采集4个样点，分别为繁城镇东城街、笔峰村、赵家庄村和神堂堡乡杨家湾村的灌溉用水，重点选测pH、汞、砷、镉、铬、氟化物、氯化物、氰化物9个项目。

一、分析结果

繁峙县滹沱河流域繁城镇、杏园乡段及神堂堡乡水样分析结果及分析结果的初步评判结果见表5-7。根据NY 58013—2006评判标准，所检灌溉水样品各项目检验均为合格。

表5-7　繁峙县滹沱河流域繁城镇杏园乡段及神堂堡乡水样分析评判结果

采样地点	东城街村	笔峰村	赵家庄村	杨树湾村	标　准	单项评判
pH	7.90	7.77	8.02	8.32	5.5～8.5	合　格
镉（毫克/升）	0.000 5	0.000 5	0.000 22	未检出	≤0.005	合　格

（续）

采样地点	东城街村	笔峰村	赵家庄村	杨树湾村	标　准	单项评判
铬（毫克/升）	0.005 6	0.002	0.061	0.012	≤0.1	合　格
砷（毫克/升）	0.003 5	0.003 5	0.007 5	未检出	≤0.1	合　格
汞（毫克/升）	0.000 025	0.000 025	0.000 079	未检出	≤0.001	合　格
铅（毫克/升）	0.000 94	0.000 5	0.000 15	未检出	≤0.1	合　格
氰化物（毫克/升）	0.002 0	未检出	未检出	0.004	≤0.5	合　格
氟化物（毫克/升）	0.438	0.723	1.041	0.162	≤3.0	合　格
氯化物（毫克/升）	22.38	未检出	未检出	未检出	≤250	合　格

二、评价模式

采用单项污染指数和综合污染指数进行评价，评价模式为：

单项污染指数：

$$P_i = C_i / L_i$$

式中：P_i——环境中污染物 i 的单项污染指数；

C_i——环境中污染物 i 的实测数据；

L_i——污染物 i 的评价标准。

若某项污染因子检测结果为"未检出"，则按检出限的 1/2 计算单项污染指数。

综合污染指数采用内梅罗指数法：

$$综合污染指数 \ P_{综} = \sqrt{\frac{\left[(C_i/L_i)_{\max}^2 + (C_i/L_i)_{\mathrm{ave}}^2\right]}{2}}$$

式中：$P_{综}$——综合污染指数；

$(C_i/L_i)_{\max}^2$——污染指数最大值；

$(C_i/L_i)_{\mathrm{ave}}^2$——污染指数平均值。

三、评价参数与评价标准

评价参数与评价标准采用 NY 5013—2006《农田灌溉水质量标准》中规定的浓度限值，具体见表 5-8。分级标准按 NY/T 5295—2004《农用水源环境质量监测技术规范》中水质分级标准进行划分（表 5-9）。

表 5-8　农田灌溉水中各项污染物的浓度限值

测定项目	元素含量	测定项目	元素含量
pH	5.5～8.5	总　铅（毫克/升）	0.1
总　镉（毫克/升）	0.005	氰化物（毫克/升）	0.5
六价铬（毫克/升）	0.10	氟化物（毫克/升）	3

（续）

测定项目	元素含量	测定项目	元素含量
总　砷（毫克/升）	0.10	氯化物（毫克/升）	250
总　汞（毫克/升）	0.001		

表 5-9　水质分级标准

等级划分	综合污染指数	污染程度	污染水平
1	≤0.5	清　洁	清　洁
2	0.5～1.0	尚清洁	标准限量内
3	≥1.0	污　染	超出警戒水平

四、评价结果与分析

繁峙县滹沱河流域繁城镇杏园段及神堂堡乡水样评价结果见表 5-10。

表 5-10　繁峙县滹沱河流域繁城镇杏园乡段及神堂堡乡水样评价结果

采样地点	繁城街村 P_i	笔峰村 P_i	赵家庄村 P_i	杨家湾村 P_i	$P_综$	污染等级
$P_镉$	0.100 0	0.100 0	0.044 0	0	0.084 8	清　洁
$P_铬$	0.056 0	0.020 0	0.610 0	0.120 0	0.454 3	清　洁
$P_砷$	0.035 0	0.035 0	0.007 5	0	0.028 3	清　洁
$P_汞$	0.025 0	0.025 0	0.079 0	0	0.061 6	清　洁
$P_铅$	0.009 4	0.005 0	0.001 5	0	0.010 0	清　洁
$P_氯化物$	0.004 0	0	0	0.008 00	0.009 2	清　洁
$P_氯化物$	0.146 0	0.241 0	0.347 0	0.054 0	0.282 2	清　洁
$P_氯化物$	0.089 5	0	0	0	0.105 5	清　洁

从表 5-10 可以看出，4 个采样点单项污染指数变幅为 0.001 5～0.610 0，综合污染指数变幅为 0.009 2～0.454 3，所有指标均为"清洁"级。

第三节　耕地土壤环境质量评价

根据本区的具体情况，以农田范围内相对污染和外部环境影响较大的地块为重点，在杏园乡、繁城镇、神堂堡乡周围 13 个村，按污染的扩散方向，做同心圆或扇形布点采样，共采集了 30 个样点。

一、分析结果

繁峙县滹沱河流域杏园乡、繁城镇段及神堂堡乡土壤污染物分析及评判结果见表5-11。

表5-11　繁峙县滹沱河流域杏园乡繁城镇段土壤污染物实测及初评结果

采样地点	土　类	pH	镉 （毫克/千克）	铬 （毫克/千克）	砷 （毫克/千克）	汞 （毫克/千克）	铅 （毫克/千克）
繁城镇雁头村	褐　土	8.38	0.199	98.7	11.24	0.079 9	30.7
繁城镇雁头村	褐　土	8.37	0.178	97.63	12.31	0.084 5	29.91
繁城镇雁头村	褐　土	8.39	0.197	95.15	10.7	0.073 4	31.49
繁城镇赵家庄村	褐　土	7.79	0.12	47.7	9.57	0	13.1
繁城镇赵家庄村	褐　土	8.16	0.131	57.4	9.3	0.002 9	13.7
繁城镇赵家庄村	褐　土	8.14	0.137	59.6	9.12	0	13.1
繁城镇上西庄	褐　土	8.31	0.112	95.75	10.03	0.082 1	29.4
繁城镇上西庄	褐　土	8.36	0.11	94.92	11.01	0.094 6	30.66
繁城镇上西庄	褐　土	8.26	0.114	96.57	10.05	0.071 5	28.14
繁城镇东魏村	褐　土	8.32	0.095	69.25	12.46	0.033 9	25.5
繁城镇东魏村	褐　土	8.34	0.085	79.13	13.24	0.056 1	25.91
繁城镇东魏村	褐　土	8.30	0.102	84.32	11.78	0.041 5	26.09
繁城镇东城街	潮　土	7.83	0.068	75.21	14.19	0.062 3	31.52
繁城镇东城街	潮　土	7.92	0.093	81.52	13.64	0.081 4	33.24
繁城镇笔峰村	潮　土	8.19	0.072	82.5	14.03	0.075 8	37.2
繁城镇笔峰村	潮　土	8.03	0.063	73.23	13.15	0.080 2	36.67
繁城镇笔峰村	潮　土	8.01	0.044	69.25	13.86	0.236	34.98
繁城镇笔峰村	潮　土	8.05	0.055	74.13	12.93	0.124	32.65
杏园乡南关村	潮　土	8.16	0.043	65.6	12.5	0.214	30.7
杏园乡南关村	潮　土	8.12	0.082	50.7	8.26	0.011 9	12.8
杏园乡南关村	褐　土	8.10	0.098	55.4	8.84	0.004 91	14.8
杏园乡南关村	褐　土	8.10	0.097	64.5	9.02	1.015 8	13.2
杏园乡杏园村	潮　土	8.06	0.097	74.32	12.84	0.118	30.82
杏园乡杏园村	潮　土	8.11	0.095	91.51	10.56	0.103	28.65
杏园乡大砂村	褐　土	8.26	0.101	90.57	11.32	0.112	29.31
杏园乡大砂村	褐　土	8.24	0.092	93.41	12.04	0.079	27.33
神堂堡乡杨树湾村	褐　土	8.36	0.095	72.8	6.24	0.018 1	18.0
神堂堡乡大寨口村	褐　土	8.12	0.141	94.6	3.69	0.068 8	19.4
神堂堡乡王庄村	褐　土	8.20	0.132	70.1	4.82	0.032 6	18.6
神堂堡乡楼房庄村	褐　土	8.25	0.107	73.7	4.49	0.061 6	19.1

　　从表 5-11 看出，滹沱河流域杏园乡、繁城镇段及神堂堡乡土壤污染物测定和评判结果表明，土壤镉元素含量 0.43～1.99 毫克/千克，低于土壤 pH＞7.5 条件下镉元素含量限值≤0.60 毫克/千克指标；铬元素含量 47.70～98.70 毫克/千克，低于土壤 pH＞7.5 条件下铬元素含量限值≤1.00 毫克/千克指标；砷元素含量 3.69～14.19 毫克/千克，低于土壤 pH＞7.5 条件下砷元素含量限值≤25 毫克/千克指标；汞元素含量 0.004 9～0.214 毫克/千克，低于土壤 pH＞7.5 条件下汞元素含量限值≤250 毫克/千克指标；铅元素含量 12.8～37.2 毫克/千克，低于土壤 pH＞7.5 条件下铅元素含量限值≤350 毫克/千克指标。说明各个点各项污染物含量都在安全合格之内。

二、评价模式

　　采用单项污染指数和综合污染指数进行评价，评价模式为：
　　单项污染指数：

$$P_i = C_i / L_i$$

　　式中：P_i——环境中污染物 i 的单项污染指数；

　　　　　C_i——环境中污染物 i 的实测数据；

　　　　　L_i——污染物 i 的评价标准。

　　若某项污染因子检测结果为"未检出"，则按检出限的 1/2 计算单项污染指数。
　　综合污染指数采用内梅罗指数法：

$$综合污染指数\ P_{综} = \sqrt{\frac{[(C_i/L_i)_{\max}^2 + (C_i/L_i)_{\mathrm{ave}}^2]}{2}}$$

　　式中：$P_{综}$——综合污染指数；

　　$(C_i/L_i)_{\max}^2$——污染指数最大值；

　　$(C_i/L_i)_{\mathrm{ave}}^2$——污染指数平均值。

三、评价参数与评价标准

　　评价参数与评价标准采用中华人民共和国农业行业标准（NY/T 5295—2004）土壤中污染元素的浓度限值，见表 5-12，土壤污染分级标准见表 5-13。

表 5-12　土壤中各项污染物的浓度限值

单位：毫克/千克

评价参数		汞	镉	铅	砷	铬
评价标准	pH＜6.5	≤0.30	≤0.30	≤250	≤40	≤150
	pH 6.5～7.5	≤0.50	≤0.30	≤300	≤30	≤200
	pH＞7.5	≤1.00	≤0.60	≤350	≤25	≤250

表 5 - 13　土壤污染分级标准

等级划分	综合污染指数	污染等级	污染水平
1	$P_综 \leqslant 0.7$	安　全	清　洁
2	$0.7 < P_综 \leqslant 1.0$	警戒级	尚清洁
3	$1.0 < P_综 \leqslant 2.0$	轻污染	土壤污染物超过背景值视为轻污染，作物开始受污染
4	$2.0 < P_综 \leqslant 3.0$	中度污染	土壤、作物均受到中度污染
5	$P_综 > 3.0$	重污染	土壤、作物受到污染已相当严重

四、评价结果与分析

繁峙县滹沱河流域杏园乡繁城镇段神堂堡乡土壤污染物综合评价结果见表 5 - 14。

表 5 - 14　繁峙县滹沱河流域杏园乡繁城镇段神堂堡乡土壤污染物综合评价结果

采样点位	$P_镉$	$P_铬$	$P_砷$	$P_汞$	$P_铅$	综合		
						$S_综$	污染等级	综合评价
繁城镇雁头村	0.332	0.395	0.45	0.08	0.088	0.37	安　全	清　洁
繁城镇雁头村	0.297	0.391	0.492	0.085	0.085	0.40	安　全	清　洁
繁城镇雁头村	0.328	0.381	0.428	0.073	0.09	0.35	安　全	清　洁
繁城镇赵家庄村	0.2	0.191	0.383	0.000	0.037	0.31	安　全	清　洁
繁城镇赵家庄村	0.218	0.23	0.372	0.003	0.039	0.29	安　全	清　洁
繁城镇赵家庄村	0.228	0.238	0.365	0.000	0.037	0.30	安　全	清　洁
繁城镇上西庄	0.187	0.383	0.401	0.082	0.084	0.33	安　全	清　洁
繁城镇上西庄	0.183	0.38	0.44	0.095	0.088	0.35	安　全	清　洁
繁城镇上西庄	0.19	0.386	0.402	0.072	0.08	0.33	安　全	清　洁
繁城镇东魏村	0.158	0.277	0.498	0.034	0.073	0.38	安　全	清　洁
繁城镇东魏村	0.142	0.317	0.53	0.056	0.074	0.41	安　全	清　洁
繁城镇东魏村	0.17	0.337	0.471	0.042	0.075	0.37	安　全	清　洁
繁城镇东城街	0.113	0.301	0.568	0.062	0.09	0.43	安　全	清　洁
繁城镇东城街	0.155	0.326	0.546	0.081	0.095	0.42	安　全	清　洁
繁城镇笔峰村	0.12	0.33	0.561	0.076	0.106	0.43	安　全	清　洁
繁城镇笔峰村	0.105	0.293	0.526	0.08	0.105	0.40	安　全	清　洁
繁城镇笔峰村	0.073	0.277	0.554	0.236	0.1	0.43	安　全	清　洁
繁城镇笔峰村	0.092	0.297	0.517	0.124	0.093	0.40	安　全	清　洁
杏园乡南关村	0.072	0.262	0.5	0.214	0.088	0.39	安　全	清　洁
杏园乡南关村	0.137	0.203	0.33	0.012	0.037	0.25	安　全	清　洁
杏园乡南关村	0.163	0.222	0.354	0.005	0.042	0.27	安　全	清　洁
杏园乡南关村	0.162	0.258	0.361	1.016	0.038	0.36	安　全	清　洁

（续）

采样点位	$P_{镉}$	$P_{铬}$	$P_{砷}$	$P_{汞}$	$P_{铅}$	综合		
						$S_{综}$	污染等级	综合评价
杏园乡杏园村	0.162	0.297	0.514	0.118	0.088	0.40	安　全	清　洁
杏园乡杏园村	0.158	0.366	0.422	0.103	0.082	0.34	安　全	清　洁
杏园乡大砂村	0.168	0.362	0.453	0.112	0.084	0.36	安　全	清　洁
杏园乡大砂村	0.153	0.374	0.482	0.079	0.078	0.38	安　全	清　洁
神堂堡乡杨树湾	0.158	0.291	0.25	0.018	0.051	0.23	安　全	清　洁
神堂堡乡大寨口	0.235	0.378	0.148	0.069	0.055	0.30	安　全	清　洁
神堂堡乡王庄村	0.22	0.28	0.193	0.033	0.053	0.23	安　全	清　洁
神堂堡乡楼房庄	0.178	0.295	0.18	0.062	0.055	0.24	安　全	清　洁
$P_{综}$	0.264 6	0.355 0	0.500 1	0.181 7	0.089 4	0.27	安　全	清　洁
污染等级	安　全	安　全	安　全	安　全	安　全	安　全	—	—
污染水平	清　洁	清　洁	清　洁	清　洁	清　洁	清　洁	—	—

从表5-14可以看出，30个采样点单项污染指数变幅为0.003～0.568，均属安全清洁级。各元素综合污染指数变幅为0.089 4～0.500 1，均在安全清洁范围之内；各采样点各元素间综合污染指数变幅为0.226 9～0.432 2，均为安全清洁范围。

第四节　肥料与农药对农田的影响

一、肥料对农田的影响

（一）耕地肥料施用量

繁峙县大田作物主要为玉米、马铃薯、糜谷、大豆等，从调查情况看，玉米平均亩施纯N 9.0千克，P_2O_5 3.5千克，K_2O 0.34千克；马铃薯平均亩施纯氮13.0千克，P_2O_5 11.0千克，K_2O 0.8千克，肥料品种主要为尿素、普通过磷酸钙、硫酸钾、复合（混）肥等。

（二）施肥对农田的影响

在农业增产的诸多措施中，施肥是最有效最重要的措施之一。无论施用化肥还是有机肥，都给土壤与作物带来大量的营养元素。特别是氮、磷、钾等化肥的施用，极大地增加了农作物的产量。可以说化肥的施用不仅是农业生产由传统向现代转变的标志，而且是农产品从数量和质量上提高和突破的根本。施肥能增加农作物产量，改善农产品品质，提高土壤肥力，改良土壤。合理施肥是农业减灾中一项重要措施，可以改善环境、净化空气。施肥的种种好处已逐渐被世人认识。但是，由于肥料生产管理不善，因施肥量、施肥方法不当而造成土壤、空气、水质、农产品的污染也越来越引起人们的关注。

目前肥料对农业环境的污染主要表现在4个方面：肥料对土壤的污染，肥料对空气的污染，肥料对水源的污染，肥料对农产品的污染。

1. 肥料对土壤的污染

（1）肥料对土壤的化学污染：许多肥料的制作、合成均是由不同的化学反应而形成的，属于化学产品。它们的某些产品特性由生产工艺所决定，具有明显的化学特征，它们所造成的污染均为化学污染。如一些过酸、过碱、过盐、无机盐类，含有有毒有害矿物质制成的肥料，使用不当，极易造成土壤污染。

一些肥料本身含有放射性元素，如磷肥、含有稀土、生长激素的叶面肥料等，放射性元素含量如超过国家规定的标准不仅污染土壤，还会造成农产品污染，殃及人类健康。土壤被放射性物质污染后，通过放射性衰变，能产生 α、β、γ 射线。这些射线能穿透人体组织，使机体的一些组织细胞死亡。这些射线对机体既可造成外照射损伤，又可通过饮食或吸收进入人体，造成内照射损伤，使受害人头昏、疲乏无力、脱发、白细胞减少或增多、癌变等。

还有一些矿粉肥、矿渣肥、垃圾肥、叶面肥、专用肥、微肥等肥料中均不同程度地含有一些有毒有害的物质，如常见的有砷、镉、铅、铬、汞等，俗称"五毒元素"，它们不仅在土壤环境中容易富集，而且还非常容易在植株体内、人体内造成积累，影响作物生长和人类健康。如土壤中汞含量过高，会抑制夏谷的生长发育，使其株高、叶面积、干物重及产量降低。这些肥料大量的施用会造成土壤耕地重金属的污染。土壤被有毒化学物质污染后，对人体所产生的影响大部分都是间接的，主要是通过农作物、地面水或地下水对人体产生负面影响。

（2）肥料对土壤的生物性污染：未能无害化处理的人畜粪尿、城市垃圾、食品工业废渣、污水污泥等有机废弃物制成的有机肥料或一些微生物肥料直接施入农田会使土壤受到病原体和杂菌的污染。这些病原体包括各种病毒、病菌、有害杂菌，甚至一些大肠杆菌、寄生虫卵等，它们在土壤中生存时间较长，如痢疾杆菌能在土壤中生存 22～142 天，结核杆菌能生存 1 年左右，蛔虫卵能生存 315～420 天，沙门氏菌能生存 35～70 天等。它们可以通过土壤进入植物体内，使植株产生病变，影响其正常生长或通过农产品进入人体，给人类健康造成危害。

还有易引起病虫的粪便是一些病虫害的诱发剂，如鸡粪直接施入土壤，极易诱发地老虎，进而造成对植物根系的破坏。此外，被有机废弃物污染的土壤，是蚊蝇孳生和鼠类活动的场所，不仅带来传染病，还能阻塞土壤孔隙，破坏土壤结构，影响土壤的自净能力，危害作物正常生长。

（3）肥料对土壤的物理污染：土壤的物理污染易被忽视。其实肥料对土壤的物理污染经常可见。如生活垃圾、建筑垃圾未能分筛处理或无害化处理制成的有机肥料中，含有大量金属碎片、玻璃碎片、砖瓦水泥碎片、塑料薄膜、橡胶、废旧电池等不易腐烂物品，进入土壤后不仅影响土壤结构性、保水保肥性、土壤耕性，甚至使土壤质量下降、农产品数量锐减、品质下降，严重者使生态环境恶化。据统计，城市人均一天产生 1 千克左右的生活垃圾，这些生活垃圾中有 1/3 物质不易腐烂，若将这些垃圾当做肥料直接施入土壤，那将是巨大的污染源。

2. 肥料对水体的污染　海洋赤潮，是当今国家研究的重大课题之一。环境保护部 1999 年中国环境状况公告：我国近岸海域海水污染严重，1999 年中国海域共记录到 15 起赤潮。赤潮的频繁发生引起了政府与科学界的极大关注。赤潮的主要污染因子是无机氮和活性磷酸盐。氮、磷、碳、有机物是赤潮微生物的营养物质，为赤潮微生物的系列繁殖提供了物质基础。铁、锰等物质的加入又可以诱发赤潮微生物的繁殖。所以，施肥不当是加速这一过程的重要因素。

在肥料氮、磷、钾三要素中，磷、钾在土壤中容易被吸附或固定，而氮肥易被淋失。所以，施肥对水体的污染主要是氮肥的污染。地下水中硝态氮含量的提高与施肥有着密切关系。我国的地下水多数由地表水作为补给水源，地表水污染，势必会影响到地下水水质，地下水一旦受污染后，要恢复是十分困难的。

3. 施肥对大气的污染　施用化肥所造成的大气污染物主要有 NH_3、NO_x、CH_4、恶臭及重金属微粒、病菌等。在化肥中，气态氮肥碳酸氢铵中有氨的成分。氨是极易挥发的气态物质，喷施、撒施或覆土较浅时均易造成氨的挥发，从而造成空气中氨的污染。NH_3 受光照射或硝化作用生成 NO_x，NO_x 是光污染物质，其危害更加严重。

叶面肥和一些植物生长调节剂不同程度地含有一些重金属元素，如镉、铅、镍、铬、锰、汞、砷、氟等，虽然它们的浓度较低，但通过喷施会散发在大气中，直接造成大气的污染，危害人类。

有机肥或堆沤肥中的恶臭、病原微生物或者直接散发出让人头晕眼花的气体或附着在灰尘微粒上对空气造成污染。这些大气污染物不仅对人体眼睛、皮肤有刺激作用，其臭味也可引起感官性状的不良反应，还会降低大气能见度，减弱太阳辐射强度，破坏绿色，腐蚀建筑物，恶化居民生活环境，影响人体健康。

4. 施肥对农产品的污染　施肥对农产品的污染首先是表现在不合理施肥致使农产品品质下降，出口受阻，减弱了我国农产品在国际市场的竞争力。被污染的农产品还会以食物链传递的形式危害人类健康。

近年来，随着化肥施用量的逐年增加和不合理搭配，农产品品质普遍呈下降趋势。如粮食中重金属元素超标、瓜果的含糖量下降、苹果的苦痘病、番茄的脐腐病的发病率上升，棉麻纤维变短，蔬菜中硝酸盐、亚硝酸盐的污染日趋严重，食品的加工、贮存性变差。施肥对农产品污染的另一个表现是其对农产品生物特性的影响。肥料中的一些生物污染物在污染土壤、大气、水体的同时也会感染农作物，使农作物各种病虫害频繁发生，严重影响了农作物的正常生长发育，致使产量锐减，品种下降。

从繁峙县目前施肥品种和数量来看，蔬菜生产上施肥数量多、施肥比例不合理及不正确的施肥方式等问题较为突出，因而造成蔬菜品质下降、地下水水质变差、土壤质量变差等环境问题。

二、农药对农田的影响

（一）农药施用品种及数量

从农户调查情况看，繁峙县施用的农药主要有以下几个种类：有机磷类农药，平均亩施用量 42.6 克；氨基甲酸酯类农药，平均亩施用量 27 克；菊酯类农药，平均亩施用量 25.2 克；除草剂，平均亩施用量 24.0 克。

（二）农药对农田质量的影响

农药是防治病虫害和控制杂草的重要手段，也是控制某些疾病的病媒昆虫（如蚊、蝇等）的重要药剂。但长期和大量使用农药，也造成了广泛的环境污染。农药污染对农田环境与人体健康的危害，已逐渐引起人们的重视。

当前使用的农药，按其作用来划分，有杀虫剂、杀菌剂和除草剂等，按其化学组成划分，有有机氯、有机磷、有机汞、有机砷和氨基甲酸酯等几大类。由于农药种类多，用量大，农药污染已成为环境污染的一个重要方面。

1. 对环境的污染 农药是一种微量的化学环境污染物，它的使用会对空气、土壤和水体造成污染。

2. 对健康的危害 环境中的农药，可通过消化道、呼吸道和皮肤等途径进入人体，对人类健康产生各种危害。

3. 农药使用所造成的主要环境问题 繁峙县施用农药品种多、数量多，因而造成的环境问题也较多，归纳起来，主要有以下 5 种：

（1）农药施入大田后直接污染土壤，造成土壤农药残留污染。

（2）造成地下水的污染。

（3）造成农产品质量降低。

（4）破坏大田内生态系统的稳定与平衡。

（5）对土壤微生物群落形成一定程度的抑制作用。

第六章 中低产田类型分布及改良利用

第一节 中低产田类型及分布

中低产田是指存在各种制约农业生产的土壤障碍因素，产量相对低而不稳定的耕地。

通过对繁峙县耕地地力状况的调查，根据土壤主导障碍因素的改良主攻方向，依据中华人民共和国农业部发布的行业标准 NY/T 310—1996，引用忻州市耕地地力等级划分标准，结合实际进行分析，繁峙县中低产田包括如下 5 个类型：干旱灌溉型、瘠薄培肥型、坡地梯改型、盐碱耕地型、障碍层次型。中低产田面积为 710 390.25 亩，占总耕地面积的 88.98%。各类型面积情况统计见表 6-1、图 6-1。

表 6-1 繁峙县中低产田各类型面积情况统计

类 型	面积（亩）	占耕地总面积（%）	占中低产田面积（%）
干旱灌溉型	175 718.76	22.01	24.74
瘠薄培肥型	308 424.35	38.63	43.42
坡地梯改型	181 848.82	22.78	25.60
盐碱耕地型	18 186.63	2.28	2.56
障碍层次型	26 211.69	3.28	3.69
合计	710 390.25	88.98	100.00

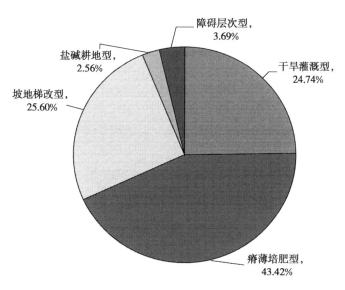

图 6-1 繁峙县个中低产田面积图

一、干旱灌溉型

干旱灌溉改良型是指由于气候重要条件造成的降水不足或季节性出现不均匀，又缺少必要的蓄手段，以及地形、土壤状况等的原因，造成的保水蓄水能力缺陷，不能满足作物正常生长所需的水分需求，但又具备水源开发条件，可以通过发展灌溉加以改良的耕地，一般可以将旱地发展为水浇地，其改良方向为发展灌溉。

繁峙县干旱灌溉面积 17.57 万亩，占全县耕地面积的 22.01%，占中低产田面积的 24.74%。共有 2 402 个评价单元。主要分布在滹沱河一级、二级阶地、高阶地及洪积扇缘地上。地类名称为盐碱地、坡地、梯田。包括繁城镇、沙河镇、大营镇、杏园乡、下茹越乡、光裕堡乡、金山铺乡、集义庄乡、横涧乡、柏家庄乡，地面坡度为 3°~5°。

二、瘠薄培肥型

瘠薄培肥型是指受气候、地形条件限制，造成干旱、缺水、土壤养分含量低、结构不良、投肥不足、产量低于当地高产农田，只能通过连年深耕、培肥土壤、改革耕作制度，推广旱农技术等长期性的措施逐步加以改良的耕地。

繁峙县瘠薄培肥型中低产田面积为 30.84 万亩，占总耕地面积的 38.63%，占中低产田总面积 43.45%，共有 4 640 个评价单元。遍布全县 13 个乡（镇）的洪积扇、丘陵地带的高水平梯田和缓坡梯田上。

三、坡地梯改型

坡地梯改型是指主导障碍因素为土壤侵蚀，以及与其相关的地形，地面坡度、土体厚度，土体构型与物质组成，耕作熟化层厚度与熟化程度等，需要通过修筑梯田埂等田间水保工程加以改良治理的坡耕地。

繁峙县坡地梯改型中低产田面积为 18.185 万亩，占总耕地面积的 22.78%，占中低产田总面积 25.6%，共有 2 253 个评价单元。分布于全县 13 个乡（镇）的海拔为 1 200~1 400 米低山丘陵地带。

四、盐碱耕地型

盐碱耕地型是指由于耕层或 1 米土体内可溶性盐分含量和碱化度超过限量，影响作物正常生长的多种盐碱化耕地，障碍程度改良难易取决于地形条件、土体构型、耕层质地、含盐量、碱化度、地下水临界深度、矿化度及排灌条件等。其改良主攻方向为工程浇、压、排盐及通过秸秆还田、增施有机肥、配方施肥等耕作措施、种植耐盐作物等生物措施、增施化学改良剂等化学措施改善土壤理化性状，加速脱盐和防止盐分上升。

繁峙县盐碱耕地型中低产田面积 1.82 万亩，占总耕地面积的 2.28%，占中低产田的

2.56%，共有 223 个评价单元。主要分布在滹沱河沿岸的河漫滩、一级阶地及交接洼地，包括大营镇、横涧乡、繁城镇等乡（镇）。

五、障碍层次型

障碍层次型是指土壤剖面构型上有土层薄、夹沙夹黏等严重缺陷、影响到作物根系发育和水肥吸收的耕地。繁峙县障碍层次主要类型是沙砾层、沙漏层，其形成原因主要是洪积、沟淤过程中因部位的不同而形成的有效土层薄或夹沙夹砾。

繁峙县障碍层次型中低产田面积 2.62 万亩，占总耕地面积的 3.28%，占中低产田的 3.69%，共有 341 个评价单元。主要分布在杏园乡大砂村、小砂村、泽荫泉村、南关村、光裕堡乡华岩村、集义庄乡白石头村、东山乡的中庄寨村、南峪口村、砂河镇上小沿村、下小沿村、金山铺乡贾家井村、小柏峪村等乡村的洪积扇上部及沟谷地带。

第二节　生产性能及存在问题

一、干旱灌溉型

滹沱河一级、二级阶地及支流的沟谷地干旱灌溉改良型号中低产田土壤耕性良好，宜耕期长，保水保肥性能较好。土壤类型以潮土、石灰性褐土、盐化潮水土为主。成土母质为黄土状物、河流冲积物。园田化水平较高，有效土层厚度在 150 厘米以上。耕层厚度为20 厘米，地力等级 3～5 级。主要问题是干旱缺水，水利条件差，灌溉保证率<40%，施肥水平相对较低，管理粗放，单产水平不高。经测定，干旱灌溉改良型区域土壤有机质含量为 12.58 克/千克，全氮为 0.67 克/千克，有效磷为 11.05 毫克/千克，速效钾为120.21 毫克/千克。详见表 6‑2。

表 6‑2　干旱灌溉型土壤养分统计表

单位：克/千克、毫克/千克

项　　目	平均值	最大值	最小值	标准差	变异系数
有机质	12.58	34.91	4.75	3.75	29.81
全　氮	0.67	1.96	0.25	0.22	32.73
有效磷	11.05	33.44	2.81	4.29	38.79
速效钾	120.21	311.77	64.07	29.40	24.46
缓效钾	784	1 080	526	55.13	7.03
有效硫	22.60	83.37	6.84	9.60	42.49
有效锰	9.12	34.32	1.90	4.34	47.51
有效硼	0.53	2.19	0.13	0.23	42.63
有效铜	1.80	3.40	0.80	0.45	24.98
有效锌	1.04	3.04	0.22	0.52	50.11
有效铁	9.15	38.19	4.12	4.45	48.61

二、瘠薄培肥型

该类型区域多分布在洪积扇、丘陵地带的高水平梯田和缓坡梯田上，土壤轻度或中度侵蚀，土壤类型是褐土性土，各种地形、各种质地均有，有效土层厚度＞150 厘米，耕层厚度为 16～20 厘米，地力等级为 4～6 级。耕层养分含量有机质为 14.3 克/千克，全氮为 0.76 克/千克，有效磷为 12.25 毫克/千克，速效钾为 127.17 毫克/千克，见表 6-3。

存在的主要问题是田面不平，水土流失严重，干旱缺水，土质粗劣，肥力较差。

表 6-3 瘠薄培肥型土壤养分统计

单位：克/千克、毫克/千克

项　目	平均值	最大值	最小值	标准差	变异系数
有机质	14.30	37.88	5.34	6.73	47.11
全　氮	0.76	1.99	0.27	0.35	46.44
有效磷	12.25	37.61	2.27	7.52	61.40
速效钾	127.17	316.83	51.00	50.21	39.48
缓效钾	782	1 060	563	81.48	10.41
有效硫	18.68	100.00	3.61	8.38	44.87
有效锰	10.25	34.02	2.61	4.45	43.35
有效硼	0.63	2.33	0.17	0.29	46.65
有效铜	1.60	3.22	0.67	0.40	24.94
有效锌	1.06	3.35	0.24	0.56	53.13
有效铁	10.10	38.19	4.12	5.62	55.65

三、坡地梯改型

该类型区地面坡度＞10°，以中度侵蚀为主，园田化水平较低，土壤类型为黄土质褐土性土和洪积褐土性土，土壤母质为黄土质母质和洪积物，耕层质地为轻壤、中壤，质地构型多为通体壤，有效土层厚度大于 150 厘米，耕层厚度为 16～20 厘米，地力等级多为 5～7 级。耕地土壤有机质含量为 14.49 克/千克，全氮为 0.75 克/千克，有效磷为 12.90 毫克/千克，速效钾为 140.39 毫克/千克，见表 6-4。

表 6-4 坡地梯改型土壤养分统计

单位：克/千克、毫克/千克

项　目	平均值	最大值	最小值	标准差	变异系数
有机质	14.49	39.20	4.63	7.04	48.56
全　氮	0.75	1.85	0.25	0.34	44.81
有效磷	12.90	36.57	2.81	7.67	59.48
速效钾	140.39	316.83	70.60	50.91	36.27

（续）

项　目	平均值	最大值	最小值	标准差	变异系数
缓效钾	791	1 080	621	78.74	9.95
有效硫	19.37	86.69	3.61	10.95	56.52
有效锰	10.66	34.02	2.61	3.57	33.46
有效硼	0.63	2.16	0.14	0.25	39.39
有效铜	1.58	3.03	0.64	0.38	23.91
有效锌	1.12	3.00	0.25	0.49	44.07
有效铁	9.89	38.19	4.01	4.83	48.87

存在的主要问题是土壤结构性差，水土流失比较严重，土体发育微弱，土壤干旱瘠薄、耕层浅。

四、盐碱耕地型

繁峙县的盐碱耕地主要以氯化物类型为主。盐碱土壤耕层盐分含量相对较高，有机质缺乏，土壤养分含量低。土壤类型为氯化物盐化潮土，耕地土壤养分含量为有机质含量为11.48克/千克，全氮为0.61克/千克，有效磷为9.93毫克/千克，速效钾为98.20毫克/千克，见表6-5。

表6-5　盐碱耕地型土壤养分统计

单位：克/千克、毫克/千克

项　目	平均值	最大值	最小值	标准差	变异系数
有机质	11.48	31.28	7.32	3.51	30.60
全　氮	0.61	1.36	0.39	0.15	24.89
有效磷	9.93	30.31	2.54	4.57	46.01
速效钾	98.20	281.38	70.60	36.66	37.33
缓效钾	737	981	641	58.54	7.94
有效硫	23.85	63.41	8.13	8.14	34.11
有效锰	9.62	16.34	3.09	3.45	35.85
有效硼	0.54	0.77	0.18	0.11	21.10
有效铜	1.51	2.66	0.58	0.46	30.76
有效锌	0.91	1.81	0.37	0.29	31.69
有效铁	8.77	17.01	5.68	1.99	22.71

土壤母质多为河流冲积物；耕层质地多为沙壤土、轻壤土、中壤土、重壤土，质地构型为均质、均质轻壤、夹沙轻壤、夹黏轻壤、沙底轻壤、黏底轻壤、均质中壤、夹黏中壤、沙底中壤、黏底中壤、均质重壤、夹壤重壤、壤身重壤、沙底重壤、均质黏土、壤底黏土等，有效涂层厚度大于150厘米，耕层厚度为18～20厘米。

存在的主要问题是：一是盐化土主要分布在潮土上，多分布在扇缘低洼地带，地形部位低，地下水位高，土壤阴湿、性凉、耕性差；二是土壤有机质含量低，土壤僵板，养分含量不高，氮磷比例失调，有机肥不足，加之钙离子的胶结作用，土壤板结严重。

五、障碍层次型

繁峙县的障碍层次型主要是沙漏层。主要分布在洪积扇上部及滹沱河支流的河谷地，由于土层相对较薄、结构性差，其生产性状为通体沙质或壤质夹沙，土壤疏松，虽易耕易肥，播全苗，发苗快，但土体黏粒含量少，通气透风，漏水漏肥，作物容易早衰。耕地土壤养分含量为有机质含量为11.81克/千克，全氮为0.64克/千克，有效磷为10.30毫克/千克，速效钾为119.39毫克/千克，见表6-6。

表6-6　障碍层次型土壤养分统计

单位：克/千克、毫克/千克

项　目	平均值	最大值	最小值	标准差	变异系数
有机质	11.81	29.63	6.00	4.71	39.91
全　氮	0.64	1.64	0.34	0.27	41.85
有效磷	10.30	31.36	4.18	5.46	53.01
速效钾	119.39	296.58	73.87	30.44	25.50
缓效钾	780	1 001	681	57.92	7.43
有效硫	18.08	46.68	8.77	7.28	40.28
有效锰	10.55	17.34	4.28	2.88	27.32
有效硼	0.54	1.14	0.33	0.19	38.38
有效铜	1.66	2.66	1.04	0.40	24.37
有效锌	1.01	2.60	0.37	0.43	41.91
有效铁	9.77	23.65	4.56	3.75	38.38

土壤母质多为洪积物；耕层质地多为沙壤土、轻壤土，质地构型为均质沙壤、夹沙砾轻壤、夹沙砾中壤、沙砾底轻壤、沙砾底中壤、体沙砾沙壤、体沙砾轻壤等，有效涂层厚度大于40～80厘米，耕层厚度为15～20厘米。

第三节　改良利用措施

繁峙县中低产田面积71.04万亩，占总耕地面积的88.98%。严重影响全县农业生产的发展和农业经济效益，因地制宜进行中低产田改良，对促进繁峙县农业可持续发展有着极其重要的意义。

总体上讲，中低产田的改良、耕作、培肥是一项长期而艰巨的任务。通过工程、生物、农艺、化学等综合措施，消除或减轻中低产田土壤限制农业产量提高的各种障碍因素，提高耕地基础地力，其中耕作培肥对中低产田的改良效果是极其显著的。具体措施如下：

1. 增施有机肥　增施有机肥，增加土壤有机质含量，改善土壤理化性状并为作物生长提供部分营养物质。据调查，有机肥的施用量达到每年 2 000～3 000 千克/亩，连续施用 3 年，可获得理想效果。主要通过秸秆还田和施用堆肥、厩肥、人粪尿及禽畜粪便、种植绿肥作物来实现。

2. 校正施肥　依据当地土壤实际情况和作物需肥规律选用合理配比，有效控制化肥不合理施用对土壤性状的影响，达到提高农产品品质的目的。

（1）巧施氮肥：速效性氮肥极易分解，通常施入土壤中的氮素化肥的利用率只有25％～50％，或者更低。这说明施入土壤中的氮素，挥发渗漏损失严重。所以，在施用氮素化肥时，一定注意施肥方法、施肥量和施肥时期，提高氮肥利用率，减少损失。

（2）重施磷肥：本县地处黄土高原，属石灰性土壤。土壤中的磷常被固定，而不能发挥肥效。加上部分群众重氮轻磷，作物吸收的磷得不到及时补充。试验证明，在缺磷土壤上增施磷肥增产效果明显。在施用磷肥时最好与增施人粪尿、骡马粪相结合并进行堆沤，其中的有机酸和腐殖酸能促进非水溶性磷的溶解，提高磷素的利用率。

（3）因地施用钾肥：本县土壤中钾的含量虽然在短期内不会成为限制农业生产的主要因素，但随着农业生产进一步发展和作物产量的不断提高，土壤中的有效钾的含量也会处于不足状态。所以，在生产中，应定期监测土壤中钾的动态变化，及时补充钾素。

（4）重视施用微肥：作物对微量元素肥料需要量虽然很小，但能提高产品产量和品质，有其他大量元素不可替代的作用。据调查，全县土壤硼、锌、锰、铁等含量均不高，近年来玉米施锌试验，增产效果均很明显。

然而，不同的中低产田类型有其自身的特点，在改良利用中应针对这些特点，采取相应的措施，现分述如下：

一、干旱灌溉型中低产田的改良利用

1. 水源开发及调蓄工程　干旱灌溉型中低产田地处的位置具备水资源开发条件。这类地区增加适当数量的深井、修筑一定数量的提水、调水、蓄水工程，以保证年浇水3～4次，毛灌定额 300～400 立方米/亩。

2. 田间工程及平整土地　一是平田整地采取小畦浇灌，节约用水，扩大浇水面积；二是积极发展管灌、滴灌，提高水的利用率；三是除适量增加深井外，要进一步修复和提高电灌的潜力，扩大灌溉面积。要充分发挥引洪水灌溉的作用，可采取多种措施，增加灌溉面积。

二、瘠薄培肥型中低产田的改良利用

1. 平整土地与梯田建设　将平坦垣面及缓坡地规划成梯田，平整土地，以蓄水保墒。有条件的地方，开发利用地下水资源和引水上垣，逐步扩大垣面水浇地面积。通过水土保持和提高水资源开发水平，发展粮食生产。

2. 实行水保耕作法 推广丰产沟、等高耕作、等高种植、高耐旱免耕作物及地膜覆盖、生物覆盖等旱农技术，有效保持土壤水分，满足作物需求，提高作物产量。

3. 大力兴建林带植被 因地制宜地造林、种草与农作物种植有效结合，兼顾生态效益和经济效益，发展复合农业。

三、坡地梯改型中低产田的改良利用

1. 梯田工程 此类型地区的深厚土层为修建水平梯田创造了条件。梯田可以减少坡长，使地面平整，变降雨的坡面径流为垂直入渗，防止水土流失，增强土壤水分储备和抗旱能力，可采用缓坡修梯田，陡坡种林率，增加地面覆盖度。

2. 增加梯田土层及耕作熟化层厚度 新建梯田的土层厚度相对较薄，耕作熟化程度较低。梯田土层厚度及耕作熟化层厚度的增加是这类田地改良的关键。梯田土层厚度的一般标准为：土层厚大于 80 厘米，耕作熟化层大于 20 厘米，有条件的应达到土层厚大于 100 厘米，耕作熟化层厚度大于 25 厘米。

3. 农、林、牧并重 此类耕地今后的利用方向应是农、林、牧并重，因地制宜，全面发展。此类耕地应发展种草、植树，扩大林地和草地面积，促进养殖业发展，将生态效益和经济效益结合起来，如实行农（果）林复合农业。

四、盐碱耕地型中低产田的改良利用

1. 排水工程 加强农田水利建设，通过大、中型水利系统控制地下水位和排除积水的同时，还要做好田间沟渠系统的疏通，以迅速排除土壤上层滞水。排水沟壤质土壤大于 2 米、黏质土壤大于 1.5 米，间隔 200～400 米。

2. 灌溉脱盐工程 引洪水或深井水，需水 7 500～10 500 立方米/公顷。

3. 平整土地工程 建成大于 0.2 公顷格田，畦面高差 3～5 米。

4. 耕作增施 建立合理的耕作制度，逐步实现耐盐碱作物的轮作间作制，既有利于充分发挥地力，又有利于用地养地相结合，提供持续增产的条件。

五、障碍层次型中低产田的改良利用

1. 工程措施 此类型地区的主要障碍因素是土层薄，可通过客土和灌淤增加有效土层厚度。对于少数过沙的地块主攻方向是质地改良，即沙土掺黏土、改善沙土地的沙黏比例，使沙土变黏结，逐步形成较理想的土壤结构。

2. 农业措施 增施有机肥，秸秆还田，合理施用氮、磷化肥，种植绿肥作物和豆科作物，促进土壤理化性状的改善，逐步提高土壤肥力。

3. 耕作措施 沙漏层地要适当保护犁底层，防止肥、水渗漏。在灌溉、施肥上要少量多次，从而提高肥、水利用率。

第七章 耕地地力评价与测土配方施肥

第一节 测土配方施肥的原理与方法

一、测土配方施肥的含义

测土配方施肥是以肥料田间试验、土壤测试为基础，根据作物需肥规律、土壤供肥性能和肥料效应，在合理施用有机肥料的基础的上，提出氮、磷、钾及中、微量元素等肥料的施用品种、数量、施肥时期和施肥方法。通俗地讲，就是在农业科技人员指导下科学施用配方肥。测土配方施肥技术的核心是调整和解决作物需肥与土壤供肥之间的矛盾。同时有针对性地补充作物所需的营养元素，作物缺什么元素就补充什么元素，需要多少补充多少，实现各种养分平衡供应，满足作物的需要。达到增加作物产量、改善农产品品质、节省劳力、节支增收的目的。

二、应用前景

土壤有效养分是作物营养的主要来源，施肥是补充和调节土壤养分数量与补充作物营养最有效手段之一。作物因其种类、品种、生物学特性、气候条件以及农艺措施等诸多因素的影响，其需肥规律差异较大。因此，及时了解不同作物种植土壤中的土壤养分变化情况，对于指导科学施肥具有重要的现实意义。

测土配方施肥是一项应用性很强的农业科学技术，在农业生产中大力推广应用，对促进农业增效、农民增收具有十分重要的作用。通过测土配方施肥的实施，能达到5个目标：一是节肥增产。在合理施用有机肥的基础上，提出合理的化肥投入量，调整养分配比，使作物产量在原有的基础上能最大限度地发挥其增产潜能；二是提高产品品质。通过田间试验和土壤养分化验，在掌握土壤供肥状况，优化化肥投入的前提下，科学调控作物所需养分的供应，达到改善农产品品质的目标；三是提高肥效。在准确掌握土壤供肥特性，作物需肥规律和肥料利用率的基础上，合理设计肥料配方，从而达到提高产投比和增加施肥效益的目标；四是培肥改土。实施测土配方施肥必须坚持用地与养地相结合、有机肥与无机肥相结合，在逐年提高作物产量的基础上，不断改善土壤的理化性状，达到培肥和改良土壤，提高土壤肥力和耕地综合生产能力，实现农业可持续发展；五是生态环保。实施测土配方施肥，可有效地控制化肥特别是氮肥的投入量，提高肥料利用率，减少肥料的面源污染，避免因施肥引起的富营养化，实现农业高产和生态环保相协调的目标。

三、测土配方施肥的依据

（一）土壤肥力是决定作物产量的基础

肥力是土壤的基本属性和质的特征，是土壤从养分条件和环境条件方面，供应和协调作物生长的能力。土壤肥力是土壤的物理、化学、生物性质的反映，是土壤诸多因子共同作用的结果。农业科学家通过大量的田间试验和示踪元素的测定证明，作物产量的构成，有40%～80%的养分吸收于土壤。养分吸收于土壤比例的大小和土壤肥力的高低有着密切的关系，土壤肥力越高，作物吸于土壤养分的比例就越大；相反，土壤肥力越低，作物吸于土壤的养分越少，那么肥料的增产效应相对增大，但土壤肥力低绝对产量也低。要提高作物产量，首先要提高土壤肥力，而不是依靠增加肥料。因此，土壤肥力是决定作物产量的基础。

（二）有机与无机相结合、大中微量元素相配合

用地和养地相结合是测土配方施肥的主要原则，实施配方施肥必须以有机肥为基础，土壤有机质含量是土壤肥力的重要指标。增肥有机肥可以增加土壤有机质含量，改善土壤理化、生物性状，提高土壤保水保肥性能，增强土壤活性，促进化肥利用率的提高，各种营养元素的配合才能获得高产稳产。要使作物—土壤—肥料形成物质和能量的良性循环，必须坚持用地养地相结合，投入、产出相对平衡，保证土壤肥力的逐步提高，达到农业的可持续发展。

（三）测土配方施肥的理论依据

测土配方施肥是以养分归还学说、最小养分律、同等重要律、不可代替律、肥料效应报酬递减律和因子综合作用律等为理论依据，以确定不同养分的施肥总量和肥料配比为主要内容。同时注意良种、田间管护等影响肥效的诸多因素，形成了测土配方施肥的综合资源管理体系。

1. 养分归还学说 作物产量的形成有40%～80%的养分来自土壤。但不能把土壤看做一个取之不尽、用之不竭的"养分库"。为保证土壤有足够的养分供应容量和强度，保证土壤养分的携出与输入间的平衡，必须通过施肥这一措施来实现。依靠施肥，可以把作物吸收的养分"归还"土壤，确保土壤肥力。

2. 最小养分律 作物生长发育需要吸收各种养分，但严重影响作物生长、限制作物产量的是土壤中那种相对含量最小的养分因素，也就是最缺的那种养分。如果忽视这个最小养分，即使继续增加其他养分，作物产量也难以提高。只有增加最小养分的量，产量才能相应提高。经济合理的施肥是将作物所缺的各种养分同时按作物所需比例相应提高，作物才会优质优高产。

3. 同等重要律 对作物来讲，不论大量元素或微量元素，都是同样重要缺一不可的，即使缺少某一种微量元素，尽管它需要量很少，仍会影响某种生理功能而导致减产。微量元素和大量元素同等重要，不能因为需要量少而忽略。

4. 不可替代律 作物需要的各种营养元素，在作物体内都有一定功效，相互之间不能替代，缺少什么营养元素，就必须施用含有该元素的肥料进行补充，不能相互替代。

5. 报酬递减律 随着投入的单位劳动和资本量的增加，报酬的增加却在减少，当施

肥量超过适量时，作物产量与施肥量之间单位施肥量的增产会呈递减趋势。

6. 因子综合作用律 作物产量的高低是由影响作物生长发育诸因素综合作用的结果，但其中必有一个起主导作用的限制因子，产量在一定程度上受该限制因素的制约。为了充分发挥肥料的增产作用和提高肥料的经济效益，一方面，施肥措施必须与其他农业技术措施相结合，发挥生产体系的综合功能；另一方面，各种养分之间的配合施用，也是提高肥效不可忽视的问题。

四、测土配方施肥确定施肥量的基本方法

（一）土壤与植物测试推荐施肥方法

该技术综合了目标产量法、养分丰缺指标法和作物营养诊断法的优点。对于大田作物，在综合考虑有机肥、作物秸秆利用和管理措施的基础上，根据氮、磷、钾和中、微量元素养分的不同特征，采取不同的养分优化调控与管理策略。其中，氮肥推荐根据土壤供氮状况和作物需氮量，进行实时动态监测和精确调控，包括基肥和追肥的调控；磷、钾肥通过土壤测试和养分平衡进行监控；中、微量元素采用因缺补缺的矫正施肥策略。该技术包括氮素实时监控、磷钾养分恒量监控和中、微量元素养分矫正施肥技术。

1. 氮素实时监控施肥技术 根据不同土壤、不同作物、不同目标产量确定作物需氮量，以需氮量的 30%～60% 作为基肥用量。具体基施比例根据土壤碱解氮含量，同时参照当地丰缺指标来确定。一般在碱解氮含量偏低时，采用需氮量的 50%～60% 作为基肥；在碱解氮含量居中时，采用需氮量的 40%～50% 作为基肥；在碱解氮含量偏高，采用需氮量的 30%～40% 作为基肥。30%～60% 基肥比例可根据上述方法确定，并通过"3414"田间试验进行校验，建立当地不同作物的施肥指标体系，有条件的地区可在播种前对 0～20 厘米土壤无机氮进行监测，调节基肥用量。

$$基肥用量（千克/亩）=\frac{（目标产量需氮－土壤无机氮）\times（30\%～60\%）}{肥料中养分含量\times肥料当季利用率}$$

其中：土壤无机氮（千克/亩）=土壤无机氮测试值（毫克/千克）×0.15×校正系数

氮肥追肥用量推荐以作物生育期的营养状况诊断或土壤碱解氮的测试为依据，这是实现氮肥准确推荐的关键环节，也是控制过量施氮或施氮不足、提高氮肥利用率和减少损失的重要措施。测试项目主要是土壤全氮含量、土壤碱解氮含量或玉米最新展开叶叶脉中部硝酸盐浓度，水稻采用叶色卡或叶绿素仪进行叶色诊断。

2. 磷钾养分恒量监控施肥技术 根据土壤有效磷、钾含量水平，以土壤有效磷、钾养分不成为实现目标产量的限制因子为前提，通过土壤测试和养分平衡监控，使土壤有效磷、钾含量保持在一定范围内。对于磷肥，基本思想是根据土壤有效磷测试结果和养分丰缺指标进行分级，当有效磷水平处在中等偏上时，可以将目标产量需要量（只包括带出田块的收获物）的 100%～110% 作为当季磷肥用量；随着有效磷含量的增加，需要减少磷肥用量，直至不施；随着有效磷的降低，需要适当增加磷肥用量，在极缺磷的土壤上，可以施到需要量的 150%～200%。在 2～3 年后再次测土时，根据土壤有效磷和产量的变化再对磷肥用量进行调整。钾肥首先需要确定施用钾肥是否有效，再参照上面方法确定钾肥

用量，但需要考虑有机肥和秸秆还田带入的钾量。一般大田作物磷、钾肥料全部做基肥。

3. 中、微量元素养分矫正施肥技术 中、微量元素养分的含量变幅大，作物对其需要量也各不相同。主要与土壤特性（尤其是母质）、作物种类和产量水平等有关。矫正施肥就是通过土壤测试，评价土壤中、微量元素养分的丰缺状况，进行有针对性的因缺补缺的施肥。

（二）肥料效应函数法

根据"3414"方案田间试验结果建立当地主要作物的肥料效应函数，直接获得某一区域、某种作物的氮、磷、钾肥料的最佳施用量，为肥料配方和施肥推荐提供依据。

（三）土壤养分丰缺指标法

通过土壤养分测试结果和田间肥效试验结果，建立不同作物、不同区域的土壤养分丰缺指标，提供肥料配方。

土壤养分丰缺指标田间试验也可采用"3414"部分实施方案。"3414"方案中的处理1为空白对照（CK），处理6为全肥区（NPK），处理2、4、8为缺素区（即PK、NK和NP）。收获后计算产量，用缺素区产量占全肥区产量百分数即相对产量的高低来表达土壤养分的丰缺情况。相对产量低于50％的土壤养分为极低；相对产量50％～60％（不含）为低，60％～70％（不含）为较低，70％～80％（不含）为中，80％～90％（不含）为较高，90％（含）以上为高（也可根据当地实际确定分级指标），从而确定适用于某一区域、某种作物的土壤养分丰缺指标及对应的肥料施用数量。对该区域其他田块，通过土壤养分测试，就可以了解土壤养分的丰缺状况，提出相应的推荐施肥量。

（四）养分平衡法

1. 基本原理与计算方法 根据作物目标产量需肥量与土壤供肥量之差估算施肥量，计算公式为：

$$施肥量（千克/亩）=\frac{目标产量所需养分总量-土壤供肥量}{肥料中养分含量×肥料当季利用率}$$

养分平衡法涉及目标产量、作物需肥量、土壤供肥量、肥料利用率和肥料中有效养分含量五大参数。土壤供肥量即为"3414"方案中处理1的作物养分吸收量。目标产量确定后因土壤供肥量的确定方法不同，形成了地力差减法和土壤有效养分校正系数法两种。

地力减差法是根据作物目标产量与基础产量之差来计算施肥量的一种方法。其计算公式为：

$$施肥量（千克/亩）=\frac{（目标产量-基础产量）×单位经济产量养分吸收率}{肥料中养分含量×肥料利用率}$$

基础产量即为"3414"方案中处理1的产量。

土壤有效养分校正系数法是通过测定土壤有效养分含量来计算施肥量。其计算公式为：

$$施肥量（千克/亩）=\frac{单分吸收量×目标产量-土壤测试值×0.15×土壤有效养分校系数}{肥料中养分含量×肥料利用率}$$

2. 有关参数的确定

目标产量：目标产量可采用平均单产法来确定。平均单产法是利用施肥区前3年平均单产和年递增率为基础确定目标产量，其计算公式是：

$$目标产量（千克/亩）=（1+递增率）×前3年平均单产（千克/亩）$$

一般粮食作物的递增率为10％～15％，露地蔬菜为20％，设施蔬菜为30％。

作物需肥量：通过对正常成熟的农作物全株养分的分析，测定各种作物百千克经济产量所需养分量，乘以目标产量即可获得作物需肥量。

$$作物目标产量所需养分量（千克） = \frac{目标产量（千克）\times 百千克产量所需养分量（千克）}{100}$$

土壤供肥量：土壤供肥量可以通过测定基础产量、土壤有效养分校正系数两种方法估算：

通过基础产量估算（处理1产量）：不施肥区作物所吸收的养分量作为土壤供肥量。

$$土壤供肥量（千克） = \frac{不施养分区农作物产量（千克）\times 百千克产量所需养分量（千克）}{100}$$

通过土壤有效养分校正系数估算：将土壤有效养分测定值乘一个校正系数，以表达土壤"真实"供肥量。该系数称为土壤养分校正系数。

$$土壤有效养分校正系数（\%） = \frac{缺素区作物地上部分吸收该元素量（千克/亩）}{该元素土壤测定值（毫克/千克）\times 0.15}$$

肥料利用率：一般通过差减法来计算：利用施肥区作物吸收的养分量减去不施肥区农作物吸收的养分量，其差值视为肥料供应的养分量，再除以所用肥料养分量就是肥料利用率。

$$肥料利用率（\%） = \frac{施肥区农作物吸收养分量（千克/亩） - 缺素区农作物吸收养分量（千克/亩）}{肥料施用量（千克/亩）\times 肥料中养分含量（\%）}\times 100$$

上述公式以计算氮肥利用率为例来进一步说明。

施肥区（$N_2P_2K_2$区）农作物吸收养分量（千克/亩）："3414"方案处理6的作物总吸氮量；

缺氮区（$N_0P_2K_2$区）农作物吸收养分量（千克/亩）："3414"方案处理2的作物总吸氮量；

肥料施用量（千克/亩）：施用的氮肥肥料用量；

肥料中养分含量（%）：施用的氮肥肥料所标明含氮量。

如果同时使用了不同品种的氮肥，应计算所用的不同氮肥品种的总氮量。

肥料养分含量：供施肥料包括无机肥料与有机肥料。无机肥料、商品有机肥料含量按其标明量，不明养分含量的有机肥料养分含量可参照当地不同类型有机肥养分平均含量获得。

第二节　测土配方施肥项目技术内容和实施情况

一、样品采集

按照土样采集操作规程，结合繁峙县耕地的实际情况，以村为单位，根据立地条件、土壤类型、利用现状、产量水平、地形部位等的不同，按照平川（梯田）平均每100～200亩采一个混合样，丘陵区每30～80亩采一个混合样、特殊地形单独定点，每个采样单元的肥力求均匀一致的原则，对全县的79.84万亩耕地64万亩粮田进行了采样单元划分，并在2004年版的土壤利用现状图上予以标注，野外组在实际采样过程中，根据实际情况进行适当调整。全县组建了6个野外工作组，共采集土样3 750个，覆盖全县402个行政村。具体工作流程是：采样布点根据采样村耕地面积和地理特征确定点位和点位数→野外工作带上取样工具（土钻、土袋、调查表、标签、GPS定位仪等）→联系村对地块熟悉的农户代表→到采样点位选择有代表性地块→GPS定位仪定位→S型取样→混样→四分法分样→装袋→填写标签→填写采样点农户基本情况调查表→处理土样→填写送样清单→送化验室化验分析→化验分析结果汇总。

二、田间调查与资料收集

为了给测土配方施肥项目提供准确、可靠的第一手数据，达到理论和实践的有机统一，按照农业部测土配方施肥规范要求，进行了3次田间调查：一是采样地块基本情况调查；二是农户测土配方施肥准确度调查；三是农户施肥情况调查；共调查农户4 350户，填写各种调查表4 350份，获得有效数据和信息37.335万项。初步掌握了全县耕地地力条件、土壤理化性状与施肥管理水平。同时收集整理了1981年第二次土壤普查、土壤耕地养分调查、历年土壤肥力动态监测、肥料试验及其相关的图件和土地利用现状图、土壤图，繁峙土壤等资料。

三、分析化验

根据土样测试技术操作规程要求，2009—2011年共完成3 750个大田土样的测试任务，取得土壤养分化验数据36 480项次。其中，大量元素22 500项次、中微量元素6 480项次，其他项目7 500项次。检测项目为：pH、有机质、全氮、碱解氮、有效磷、速效钾、缓效钾、有效硫、有效铜、有效锌、有效铁、有效锰、水溶性硼等项目。

测试方法简述：

pH：土液比1：2.5，采用电位法。

有机质：采用油浴加热重铬酸钾氧化容量法。

全氮：采用凯氏蒸馏法。

全磷：采用（选测10%的样品）氢氧化钠熔融——钼锑抗比色法。

有效磷：采用碳酸氢钠或氟化铵—盐酸浸提——钼锑抗比色法。

速效钾：采用乙酸胺提取——火焰光度计法。

缓效钾：采用硝酸提取——火焰光度计法。

有效硫：采用磷酸盐—乙酸或氯化钙浸提——硫酸钡比浊法。

有效铜、锌、铁、锰：采用DTPA提取——原子吸收光谱法。

水溶性硼：采用沸水浸提——甲亚铵—H比色法或姜黄素比色法。

四、田间试验

依据繁峙县项目实施方案，首先对繁峙县主栽作物玉米进行肥效试验，按照试验要求，结合繁峙县不同土壤类型的分布状况及肥力水平等级，参照各区域玉米历年的产量水平，3年共安排玉米"3414"肥料效应完全试验30个。通过田间试验，初步摸清了土壤养分校正系数、土壤供肥能力、玉米养分吸收量和肥料利用率等基本参数；初步掌握了玉米在不同肥力水平地块的优化施肥量，施肥时期和施肥方法；构建了科学施肥模型，为完善测土配方施肥技术指标体系提供了科学依据。

玉米"3414"实验操作规程如下：

根据全县地理位置、肥力水平和产量水平等因素，确定"3414"试验地点→土肥站技术人员编写试验方案→乡（镇）农技人员承担试验→玉米播前召开专题培训会→试验地基础土样采集与调查→规划地块小区→土肥站技术人员按区称肥→不同处理按照方案施肥播种→生育期和农事活动调查记载→收获期测产调查→小区植株取样→小区产量汇总→试验结果分析汇总→撰写试验报告。在试验中除了要求试验人员严格按照试验操作规程操作，做好有关记载和调查外，县土肥站还在作物生长关键时期组织人员到各试验点进行检查指导，确保试验成功。

五、配方制定与校正试验

根据繁峙县 2009—2011 年 3 750 个采样点化验结果，应用养分平衡法计算公式，并结合 2009—2011 年玉米"3414"试验初步获得的土壤丰缺指标及相应施肥量，制定了全县主要粮食作物玉米配方施肥总方案，即全县的大配方。再以每个采样地块所代表区域为一个配方小单元，提出 3 750 个配方母卡，再以每个母卡所代表的户数提出各户配方施肥建议，并发放到农民手中，由各级农业技术人员指导农民全面实施。全县共填写发放配方施肥建议卡 15 万份，配方施肥建议卡入户率达到 100%，执行率达到 91.3%。进一步推进了繁峙县测土配方施肥技术的标准化、规范化。同时为客观评价配方肥的施肥效果和施肥效益，校正测土配方施肥技术参数，找出存在的问题和需要改进的地方，进一步优化测土配方施肥技术。为此，根据全县地理位置、土壤类型、肥力水平和产量状况等因素进行了校正试验 70 个，达到了预期的效果。

（一）配方的制定

1. 小配方的制定 以每个采样地块所代表区域为一个配方小单元，提出 3 750 个配方母卡，在每个母卡所代表的户数提出各户配方施肥建议，并发放到农民手中，按照"大配方、小调整"原则，由各级农业技术人员指导农民全面实施。配方的制定：根据平均 3 750 个土样的化验测试结果，制定每个采样单元的目标产量，参考山西省及本县玉米形成百千克经济产量的养分数量，采用养分平衡法计算公式，计算出不同产量作物对 N、P_2O_5、K_2O 的需要量。公式：肥料需要量＝（作物吸收养分量－土壤养分测定值×0.15×校正系数）/肥料养分含量（%）×肥料当年利用率，得出 3 750 个土样点所需化肥尿素、过磷酸钙、硫酸钾的用量。由于繁峙县土壤的实际供肥状况，由此引发的部分推荐施肥为精确、最佳施肥量不合理、田间供给不均匀、经济效益不明显等问题。为解决这些问题，我们根据历年来不同地块的肥效试验，以及当地群众施肥经验和施肥效益，将 3 750 个地块玉米达到目标产量需补充尿素、过磷酸钙、硫酸钾的量划分范围，再根据实际对每块地的各种元素的施肥量进行适当调整，如过磷酸钙计算施用量与实际施用量接近，不做调整，尿素计算施肥量小于实际施肥量，考虑到培肥土壤等因素，适当增加尿素的施用量，相对减少硫酸钾施用量。

2. 大配方的制定 根据全县 2009—2011 年 3 750 个采样点化验结果，应用养分平衡法计算公式，并结合历年玉米的产量水平，"3414" 和校正试验获得的土壤丰缺指标及相应的施肥量，参考往年肥料试验结果和施肥经验等技术参数，按不同区域、不同养分含量、不同产量水平制定了全县玉米配方施肥总方案，即全县的大配方。

（1）高产区：亩产≥700 千克区域配方：亩施优质农肥 1 500 千克或秸秆还田，纯 N 20 千克，P_2O_5 15 千克，K_2O 10 千克。即每亩施用配方比例 N‐P_2O_5‐K_2O 分别为 20‐15‐10 的配方肥 100 千克。

亩产为 600～700 千克区域配方：亩施优质农肥 1 500 千克或秸秆还田，纯 N 18 千克，P_2O_5 12 千克，K_2O 10 千克。即每亩施用配方比例 N‐P_2O_5‐K_2O 分别为 18‐12‐10 的配方肥 100 千克。

（2）中产区：亩产为 500～600 千克区域配方：亩施优质农肥 1 300 千克或秸秆还田，纯 N 15 千克，P_2O_5 7.5 千克，K_2O 6 千克。即每亩施用配方比例 N‐P_2O_5‐K_2O 分别为 18‐15‐12 的配方肥 50 千克（氮素不足部分苗期追肥）。

亩产为 400～500 千克区域配方：亩施优质农肥 1 300 千克或秸秆还田，纯 N 13 千克，P_2O_5 6 千克，K_2O 3 千克。即每亩施用配方比例 N‐P_2O_5‐K_2O 分别为 23‐12‐5 的配方肥 50 千克（氮素不足部分苗期追肥）。

（3）低产区：亩产为 300～400 千克区域配方：亩施优质农肥 1 000 千克或秸秆还田，纯 N 11 千克，P_2O_5 5 千克，K_2O 3 千克。即每亩施用配方比例 N‐P_2O_5‐K_2O 分别为 22‐10‐6 的配方肥 50 千克。

亩产＜300 千克区域配方：亩施优质农肥 1 000 千克或秸秆还田，纯 N 8 千克，P_2O_5 3.5 千克。即每亩施用配方比例 N‐P_2O_5‐K_2O 分别为 26‐12‐0 的配方肥 30 千克。

（二）校正试验

按照高、中、低肥力水平，3 年共安排校正试验玉米 70 个。每个校正试验设置测土配方施肥、农户习惯施肥和空白对照 3 个处理。各个处理面积为：测土配方施肥、农民习惯施肥处理不少于 200 米², 空白（不施肥）处理不少于 30 米²。在试验过程中派技术人员对各生育阶段及农艺活动自然情况进行了详细的观察记载，并建立了规范的田间记录档案。从全县 3 年来安排的 70 校正试验结果看，试验结果表明，配方肥施用合理，成本降低，增产明显，效益较高。配方施肥区较习惯施肥区平均增产率 2009 年为 6.28％、2010 年为平均 6.65％、2011 年为平均 7.9％，3 年总平均为 7.25％；较空白区平均增产率 2009 年为 66.45％、2010 年平均为 57.1％、2011 年平均为 56.7％，3 年总平均为 62.06％。配方施肥区产投比 3 年分别为 2.28、2.13、2.18，平均 2.19；习惯施肥区产投比 3 年分别为 1.66、1.50、1.47，平均 1.53，配方施肥区较习惯施肥区产投比 3 年分别 0.62、0.63、0.71，平均增加 0.66。

（三）效果评价

根据对繁峙县 300 户农户玉米测土配方施肥执行情况和执行效果跟踪调查结果汇总，结果表明见表 7‐1；在实际应用中，繁峙县土壤肥料工作站的玉米配方推荐施肥量与农民实际执行相比，两者在施肥量、养分比例基本相同，测算施肥成本、产量、效益差异不大，说明配方肥的执行情况良好，达到了预期目标。

表 7-1 2009—2011年繁峙县玉米测土配方施肥农户执行情况效果对比

年度	配方状况	样本数	施氮量(千克/亩)		施磷量(千克/亩)		施钾量(千克/亩)		养分比例		施肥成本(元/亩)		产量(千克/亩)		效益(元/亩)		配方施肥增加(%)	
			平均值	标准差	平均值	标准差	平均值	标准差	氮磷比	氮钾比	平均	标准差	平均值	标准差	平均值	标准差	产量	效益
2009	配方推荐	100	14.85	1.42	6.22	1.87	3.95	2.59	1:0.42	1:0.27	100.67	22.84	588.4	141.36	882.6	223.99	6.5	6.3
	实际执行	100	15.17	3.31	6.09	1.93	4.09	2.53	1:0.40	1:0.27	108.88	21.95	592.8	142.95	889.2	228.34	6.69	6.5
	差值(与推荐比)		0.32		-0.13		0.14		-0.02	-0.10	8.21		4.4		6.6		0.19	0.2
2010	配方推荐	100	14.68	3.32	5.70	1.85	4.50	1.53	1:0.39	1:0.31	110.68	23.91	469.3	140.61	827.92	275.0	6.7	6.5
	实际执行	100	14.45	3.33	5.53	1.90	4.31	1.56	1:0.38	1:0.29	107.77	24.42	472.2	148.38	836.63	290.12	6.85	6.75
	差值(与推荐比)		-0.23		-0.17		-0.19		-0.01	-0.02	-2.91		2.9		8.71		0.15	0.25
2011	配方推荐	100	14.12	3.06	5.28	1.88	4.04	1.56	1:0.37	1:0.29	103.72	23.40	441.8	66.67	779.88	131.86	7.0	6.8
	实际执行	100	13.88	2.96	5.22	1.92	4.07	1.53	1:0.38	1:0.29	102.57	23.37	445.4	78.51	788.23	155.09	7.8	7.5
	差值(与推荐比)		-0.24		-0.06		0.03		0.01		-1.15		3.6		8.35		0.8	0.7

注:配方施肥量指肥料折纯量。

六、配方肥加工与推广

在配方肥加工与推广中，繁峙县按照山西省土壤肥料工作站确定方略"一区一方、一县一厂、一户一卡、一村一点、一乡一人"的运作模式进行。"一区一方"即每个项目县按照作物布局和土壤养分状况，确立测土配方施肥分区，每个区域每种作物由县农业局组织专家确定一个主导配方。"一县一厂"即每个县通过严格认定，确定一个大中型肥料生产企业作为项目区配方肥主要供应企业，按照农业局提供的肥料配方生产质优价廉的配方肥。"一户一卡"即农业局为项目区每户提供一张作物施肥建议卡，用大配方（农业局提供给生产的配方）、小调整（用单质肥料调整总体养分用量）的办法来实现配方到户。"一村一点"即项目区每个村在县农业局的组织下，设立一个配方肥销售点，为每户农民按配方卡提供配方肥和单质肥料。

"一乡一人"即每个乡（镇）由县农业局指派一名具有中级以上职称的农业技术人员作为技术骨干，和乡镇农业技术员共同完成施肥指导工作。

1. 配方肥加工 根据繁峙县实际情况，配方肥的配制施用主要采取两种方式：一是配方肥由定点配肥企业生产供给。即县农技中心土肥站根据土壤不同肥力状况，并参照肥料试验技术参数，制定出不同作物在不同产量水平下的养分配合比例，肥料生产企业按配方生产配方肥，通过服务体系供给农民施用；二是农户自行购买单质肥料，按照配方卡各肥料的配合比例，在基层技术员指导下进行现配现用。繁峙县配方肥加工企业选择山西省农业厅认定的供肥企业——山西晨雨、原平磷化集团和太原良友肥料有限公司（2009年）。繁峙县为配方肥生产企业提供的配方见表7-2。

表7-2　繁峙县玉米施肥配方比例

单位：千克

玉米配方			
N	P_2O_5	K_2O	总养分
20	15	10	45
18	15	12	45
18	12	10	40
23	12	5	40
22	10	6	38
26	12	0	38

2. 配方肥推广 通过考察、洽谈，繁峙县的配方肥由山西晨雨、原平磷化集团和太原良友肥料有限公司生产供给。在推广过程中通过宣传、培训、县乡村三级科技推广网络服务等形式，3年共完成玉米测土配方肥施用面积65万亩次，其中配方肥施用面积20万亩，配方肥总量10 200吨，取得了显著效果。

（1）制作发放配方卡：组织科技人员以测土配方施肥分区为单元，制订了玉米不同产量水平下的施肥推荐，发放到农业部门确定的配方肥销售点和以村为单位进村入户发放到农户家中。施肥卡制作办法是以采样地块农户的土壤养分测定结果来计算不同养分含量的施肥推荐,周边同类地块的其他农户参照本采样单元的土壤化验结果填写发放。配方卡发放实行二联单、农户留存 1 份,农业局在农户签字后存档 1 份。采取了县、乡、村分级负责的办法发放配方卡,即抽调县技术人员每人包 1 个乡,每个乡选了 3 名责任心强的农技人员经、乡土人才负责管理到村,每村责成一名科技副村长或科技示范户发放到户,有的采取进户填写,有的采取集中填写,分户发放,有的直接到地头发放。通过严格奖惩的办法,调动了各级人员的积极性,3 年共发放配方卡 150 000 张,使项目区测土配方施肥建议卡入户率达到了 100%。

(2) 联姻企业生产配方肥:经过认真选择,确定了两家信誉好、影响面广、产品质量有保障的肥料生产企业作为繁峙县的定点配方肥生产企业——天脊煤化工集团股份有限公司、山西晨雨、山西原平平康磷化有限公司,太原良友肥料有限公司,选定了 6 个配方作为本县不同肥力水平地块的配方肥,有原平平康磷化有限公司生产的总养分含量 45% 和40% 两种配方肥,山西晨雨 45%、40%、40% 3 个配方,天脊 38% 的配方。在大配方的情况下进行小调整,组织供应数量达到 10 200 吨。其中平康磷化有限公司 45% 含量的1 090 吨,40% 含量的 2 030 吨 (2009—2010 年);山西晨雨 45% 含量的 1 100 吨,40% 含量的两个不同氮、磷、钾配方 3 700 吨;天脊 38% 含量的 2 280 吨。

(3) 组织观摩:繁峙县共布设配方肥示范点 100 个,分布在 10 个乡 (镇) 的 100 个村,基本达到了每村一个,承担示范的农户为该村的种地大户、科技示范户或科技负责人,通过示范农民自身的影响,带动周边农户使用配方肥,采用科学施肥技术。2009—2011 年,县农技中心选择交通便利、配方肥推广比例高、管理规范、长势好的田块,组织乡 (镇) 分管农业的领导和农技员,各自然村农民代表进行了 12 次现场观摩,并开展了配方肥有关知识的讲座。通过观摩和技术讲授,让农民了解了使用配方肥的好处,掌握了玉米施肥的主要技术,达到了预期的效果。

第三节 田间肥效试验及施肥指标体系建立

根据农业部及山西省农业厅测土配方施肥项目实施方案的安排和山西省土壤肥料工作站制定的《山西省主要作物"3414"肥料效应田间试验方案》、《山西省主要作物测土配方施肥示范方案》所规定的标准,为摸清繁峙县土壤养分校正系数,土壤供肥能力,以及主栽作物玉米养分吸收量和肥料利用率等基本参数;掌握农作物在不同施肥单元的优化施肥量,施肥时期和施肥方法;构建农作物科学施肥模型,为完善测土配方施肥技术指标体系提供科学依据,从 2009 年春播起,在大面积实施测土配方施肥的同时,安排实施了各类试验示范 100 点次,取得了大量的科学试验数据,为下一步的测土配方施肥工作奠定了良好的基础。

一、测土配方施肥田间试验的目的

田间试验是获得各种作物最佳施肥品种、施肥比例、施肥时期、施肥方法的唯一途径，也是筛选、验证土壤养分测试方法、建立施肥指标体系的基本环节。通过田间试验，掌握各个施肥单元不同作物优化施肥数量，基、追肥分配比例，施肥时期和施肥方法；摸清土壤养分校正系数、土壤供肥能力、不同作物养分吸收量和肥料利用率等基本参数；构建作物施肥模型，为施肥分区和肥料配方设计提供依据。

二、测土配方施肥田间试验方案的设计

田间试验方案设计

1. 方案设计 按照农业部《规范》的要求，以及山西省农业厅土壤肥料工作站《测土配方施肥实施方案》的规定，根据繁峙县主栽作物为春玉米的实际，采用"3414"方案设计（设计方案见表7-1）。"3414"设计方案是指氮、磷、钾3个因素、4小水平、14个处理。4个水平的含义：0水平指不施肥；2水平指当地推荐施肥量；1水平＝2水平×0.5；3水平＝2水平×1.5（该水平为过量施肥水平）。玉米2水平处理的施肥量，N14千克/亩、P_2O_5 8千克/亩、K_2O 8千克/亩，"3414"完全试验，N、P、K四水平分别为：N_0-N_1-N_2-N_3为亩施纯氮0-7-14-21千克；P_0-P_1-P_2-P_3为亩施 P_2O_5 0-4-8-12千克；K_0-K_1-K_2-K_3为亩施 K_2O 0-4-8-12千克纯养分量。各处理随机排列，不设重复，小区面积40米^2。各处理小区（40米^2）试验用肥实物量见表7-3；校正试验设配方施肥示范区、常规施肥区、空白对照区3个处理。按照山西省土壤肥料工作站示范方案进行。

表7-3 玉米"3414"试验处理小区施肥量表面

单位：千克

试验编号	处 理	尿素 N：46%		太原磷肥 P_2O_5：12%（底 施）	硫酸钾 K_2O：33%（底 施）
		底 施	追 施		
1	$N_0P_0K_0$	0	0	0	0
2	$N_0P_2K_2$	0	0	4	1.5
3	$N_1P_2K_2$	0.6	0.3	4	1.5
4	$N_2P_0K_2$	1.2	0.6	0	1.5
5	$N_2P_1K_2$	1.2	0.6	2	1.5
6	$N_2P_2K_2$	1.2	0.6	4	1.5
7	$N_2P_3K_2$	1.2	0.6	6	1.5
8	$N_2P_2K_0$	1.2	0.6	4	0
9	$N_2P_2K_1$	1.2	0.6	4	1.5
10	$N_2P_2K_3$	1.2	0.6	4	2.3
11	$N_3P_2K_2$	1.8	0.9	4	2.3
12	$N_1P_1K_2$	0.6	0.3	2	1.5
13	$N_1P_2K_1$	0.6	0.3	4	0.8
14	$N_2P_1K_1$	1.2	0.6	2	0.8

2. 试验材料 供试肥料种类及品种和施肥方式为：氮肥使用含量为了 46％的尿素、磷肥使用含量为 12％的太原磷肥、钾肥使用含量为 33％的硫酸钾。磷、钾肥全部作底肥，尿素 2/3 作底肥，1/3 在玉米拔节至大喇叭口期追肥。除试验用肥外不施任何肥料，供试品种为、种植密度及田间管理一致。

三、测土配方施肥田间试验方案的实施

（一）地点与布局

在多年耕地土壤肥力动态监测和耕地分等定级的基础上，将繁峙县耕地进行高、中、低肥力区划，确定不同肥力的测土配方施肥试验所在地点，同时在对承担试验的农户科技水平与责任心、地块大小、地块代表性等条件综合考察的基础上，确定试验地块。试验田的田间规划、施肥、播种以及生育期观察、田间调查、室内考种、收获计产等工作都由专业技术人员严格按照田间试验技术规程进行操作。

繁峙县测土配方施肥"3414"试验主要在主栽作物玉米上进行，不设重复。2009—2011 年已进行玉米"3414"试验 30 点次，校正试验 70 点次。

（二）试验地块选择

试验地选择平坦、整齐、肥力均匀，具有代表性的不同肥力水平的地块；坡地选择坡度平缓、肥力差异较小的田块；试验地避开了道路、堆肥场所等特殊地块。

（三）试验作物品种选择

供试作物为繁峙县主栽作物玉米，供试品种为当地主栽作物品种或拟推广品种。

（四）试验准备

整地：小区整理堰要高，实设置保护行，试验地区划。

小区排列：为保证试验精度，减少人为因素、土壤肥力和气候因素的影响，"3141"完全试验不设重复，采用随机区组排列，区组内土壤、地形等条件应相对一致，区组间允许有误差；试验前采集基础土壤样。

（五）测土配方施肥田间试验的记载

田间试验记载的具体内容和要求：

1. 试验地基本情况 包括：

（1）地点：省、市、县、村、邮编、地块名、农户姓名。

（2）定位：经度、纬度、海拔。

（3）土壤类型：土类、亚类、土属、土种。

（4）土壤属性：土体构型、耕层厚度、地形部位及农田建设、侵蚀程度、障碍因素、地下水位等。

2. 试验地土壤、植株养分测试 土壤测试包括有机质、全氮、碱解氮、有效磷、速效钾、pH 等土壤理化性状，必要时进行植株营养诊断和中微量元素测定等。

3. 气象因素 多年平均及当年月气温、降水、日照和湿度等气候数据。

4. 前茬情况 作物名称、品种、品种特征、亩产量，以及 N、P、K 肥和有机肥的用量、价格等。

5. 生产管理信息 灌水、中耕、病虫防治、追肥等。

6. 基本情况记录 品种、品种特性、耕作方式及时间、耕作机具、施肥方式及时间、播种方式及工具等。

7. 生育期记录 播种期、播种量、平均行距、平均株距、出苗期、拔节期、大喇叭口期、抽雄期、吐丝期、灌浆期、成熟期等。

8. 经济指标及室内考种记载 亩株数、株高、单株次生根、穗位高及节位、亩收获穗数、穗长、穗行数、穗粒数、百粒重、小区产量等。

四、田间试验实施情况

(一)试验情况

1. "3414"完全试验 2009—2011 年共安排玉米 30 点次。分别设在 11 个乡(镇)20 个村庄。

2. 校正试验 3 年共安排 70 点次,分布在 11 个乡(镇)20 个村庄。

(二)试验示范效果

"3414"完全试验:玉米"3414"试验,共有 30 点次,共获得三元二次回归方程 30 个,相关系数全部达到极显著水平。

(三)校正试验

2009—2011 年共进行玉米校正试验 70 点次,通过连续 3 年的校正试验、配方施肥区比常规施肥区平均亩增产 7.25%,比空白区平均亩增产 62.06%。

五、建立玉米测土配方施肥丰缺指标体系

(一)初步建立了作物需肥量、肥料利用率、土壤养分校正系数等施肥参数

1. 作物需肥量 作物需肥量的确定,首先应掌握作物 100 千克经济产量所需的养分量。通过对正常成熟的农作物全株养分的分析,可以得出各种作物的 100 千克经济产量所需养分量。根据测试结果,繁峙县玉米 100 千克产量所需纯养分量为 N 2.57 千克、P_2O_5 0.86 千克、K_2O 2.14 千克;计算公式为:

作物需肥量=[目标产量(千克)/100]×100 千克所需养分量(千克)

2. 土壤供肥量 土壤供肥量可以通过测定基础产量,土壤有效养分校正系数两种方法计算:

(1)通过基础产量计算:不施肥区作物所吸收的养分量作为土壤供肥量,计算公式:

土壤供肥量=[不施肥养分区作物产量(千克)÷100]×$\dfrac{100\ 千克产量}{所需养分量(千克)}$

(2)通过土壤养分校正系数计算:将土壤有效养分测定值乘一个校正系数,以表达土壤"真实"的供肥量。

确定土壤养分校正系数的方法是:校正系数=缺素区作物地上吸收该元素量/该元素土壤测定值×0.15。根据这个方法,初步建立了繁峙县玉米田不同土壤养分含量下的碱解

氮、有效磷、速效钾的校正系数，见表 7 - 4。

表 7 - 4　繁峙县土壤养分含量及校正系数

单位：毫克/千克

碱解氮	含量	≤35	35～60	60～80	80～100	>100
	校正系数	1.2	0.9	0.7	0.5	0.4
有效磷	含量	≤4	4～11	11～15	15～22	>22
	校正系数	2.5	2.1	1.7	1.3	0.9
速效钾	含量	≤50	50～110	110～140	140～170	>170
	校正系数	1.0	0.8	0.6	0.4	0.3

3. 肥料利用率　肥料利用率通过差减法来求出。方法是：利用施肥区作物吸收的养分量减去不施肥区作物吸收的养分量，其差值为肥料供应的养分量，再除以所用肥料养分量就是肥料利用率。根据这个方法，初步得出繁峙县玉米田化肥利用率分别为：尿素为31.54%～36.73%、过磷酸钙为12.84%～17.56%、硫酸钾为20.32%～26.79%。

4. 目标产量的确定方法　利用施肥区前 3 年平均单产和年递增率为基础确定目标产量，其计算公式是：

目标产量（千克/亩）＝（1＋年递增率）×前 3 年平均单产（千克/亩）

递增率以 5%～15% 为宜，中低产田递增率一般为 10%～15%，高产田一般为5%～10%。

5. 施肥方法　最常用的施肥方法有条施、沟施、穴施，施肥深度 8～10 厘米。玉米施肥旱地区应以基肥一次深施为主；有浇灌条件河谷坪地、沟坝地和肥力水平较高的水平梯田，可采用磷、钾肥一次基深施，氮肥分基肥、追肥施入，追肥量要根据不同地力水平和灌溉条件确定，一般追肥量要占到氮肥总用量的 30%～50%，高产田要在拔节期、孕穗期追肥，两次追肥量要分别占到氮肥总用量的 30%～40%、10%～20%，中低产田采取施足基肥、拔节期一次追肥，追肥量要占到氮肥总用量的 30% 左右。

（二）建立了玉米施肥丰缺指标体系

通过对各试验点相对产量与土壤测试值的相关分析，按照相对产量达到≥95%、95%～90%、90%～75%、75%～50%、<50% 将土壤养分划分为"极高"、"高"、"中"、"低"、"极低" 5 个等级，初步建立了繁峙县玉米测土配方施肥丰缺指标体系。同时，根据"3414"试验结果，采用一元模型对施肥量进行模拟，根据散点图趋势，结合专业背景知识，根据不同情况选用一元二次模型和线性加平台模型推算作物最佳产量施肥量。

繁峙县玉米丰缺指标

（1）繁峙县玉米丰缺指标：繁峙县玉米平均产量 650 千克左右土壤碱氮丰缺指标及施肥量，土壤有效磷丰缺指标及施肥量，土壤速效钾丰缺指标及施肥量分别见图 7 - 1、表7 - 5、图 7 - 2、表 7 - 6、图 7 - 3、表 7 - 7。

①繁峙县玉米碱解氮丰缺指标。

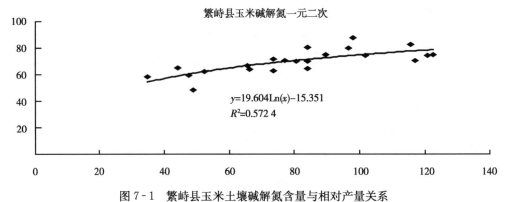

图 7-1 繁峙县玉米土壤碱解氮含量与相对产量关系

表 7-5 繁峙县玉米碱解氮丰缺指标及施肥量

等 级	相对产量 （%）	土壤碱解氮含量 （毫克/千克）	施肥量 （千克/亩）	
			N	46%尿素
极 高	＞82	＞143	8	17.5
高	82～75	100～143	8～12	17.5～26
中	75～68	70～100	12～16	26～35
低	68～55	36～70	16～18	35～39.5
极 低	＜55	＜36	19	39.5～41

②繁峙县玉米有效磷丰缺指标。

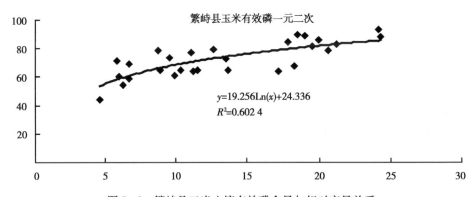

图 7-2 繁峙县玉米土壤有效磷含量与相对产量关系

表 7-6 繁峙县玉米有效磷丰缺指标及施肥量

等 级	相对产量 （%）	土壤碱解氮含量 （毫克/千克）	施肥量 （千克/亩）	
			五氧化二磷	12%过磷酸钙
极 高	＞93	＞35	3	25
高	93～85	23～35	3—5	25～41.5
中	75～85	14～23	5～7	41.5～58
低	55～75	5.0～14	7～10	58～83
极 低	＜55	＜5.0	10～13	83～108

③繁峙县玉米速效钾丰缺指标

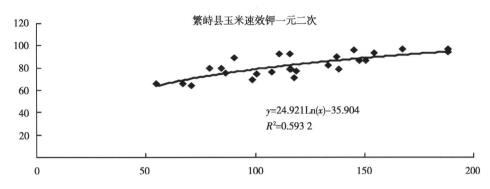

图7-3　繁峙县玉米土壤速效钾含量与相对产量关系

表7-7　繁峙县玉米速效钾丰缺指标及施肥量

等　级	相对产量（％）	土壤碱解氮含量（毫克/千克）	施肥量（千克/亩）	
			K_2O	33％硫酸钾
极　高	＞95	＞190	0	0
高	90～95	156～190	0～3	9
中	78～90	96～156	3～5	9～15
低	65～78	46～96	5～7.5	15～22.5
极　低	＜60	＜46	7.5～10	22.5～30

（2）繁峙县玉米区域丰缺指标：

①繁峙县玉米亩产≥700千克、600～700千克的一级、二级阶地、交接洼地、洪积扇中下部高产区域土壤碱解氮、有效磷、速效钾丰缺指标及施肥量分别见图7-4、表7-8、图7-5、表7-9、图7-6、表7-10。

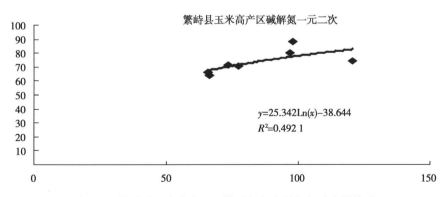

图7-4　繁峙县玉米高产区土壤碱解氮含量与相对产量关系

表7-8　繁峙县玉米高产区碱解氮丰缺指标及施肥量

等　　级	相对产量（％）	土壤碱解氮含量（毫克/千克）	施肥量（千克/亩）	
			N	46％尿素
极　高	＞88	＞148	10	22

（续）

等　级	相对产量 （%）	土壤碱解氮含量 （毫克/千克）	施肥量（千克/亩）	
			N	46%尿素
高	88～80	108～148	10～12	22～26
中	80～70	73～108	12～15	26～32.5
低	70～60	49～73	15～18	32.5～39
极　低	＜60	＜49	18～21	39～45

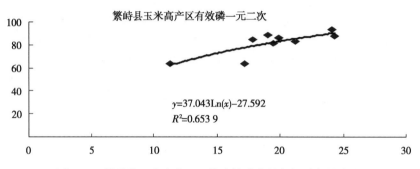

图 7-5　繁峙县玉米高产区土壤有效磷含量与相对产量关系

表 7-9　繁峙县玉米高产区有效磷丰缺指标及施肥量

等　级	相对产量 （%）	土壤有效磷含量 （毫克/千克）	施肥量（千克/亩）	
			P₂O₅	12%过磷酸钙
极　高	＞90	＞24	5	41.5
高	83～90	20～24	5～7	41.5～58
中	75～83	16～20	7～9	58～75
低	63～75	11.5～16	9～11	75～91.5
极　低	＜63	＜11.5	11～14	91.5～115

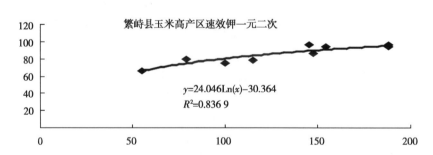

图 7-6　繁峙县玉米高产区土壤速效钾含量与相对产量关系

表 7-10　繁峙县玉米高产区速效钾丰缺指标及施肥量

等　级	相对产量 （%）	土壤速效钾含量 （毫克/千克）	施肥量（千克/亩）	
			K₂O	33%硫酸钾
极　高	＞95	＞184	2	6

（续）

等 级	相对产量 （%）	土壤速效钾含量 （毫克/千克）	施肥量（千克/亩）	
			K₂O	33%硫酸钾
高	90～95	150～184	2～4	6～12
中	78～90	91～150	4～6.5	12～20
低	65～78	53～91	6.5～9	20～27
极 低	＜65	＜53	9～12	27～36

②繁峙县玉米亩产 400～600 千克的山前交接洼地、沟谷阶地及洪积扇中部、垣地、梁峁地和高水平梯田中产区域土壤碱解氮、有效磷、速效钾丰缺指标及施肥量分别见图 7 - 7、表 7 - 11、图 7 - 8、表 7 - 12、图 7 - 9、表 7 - 13。

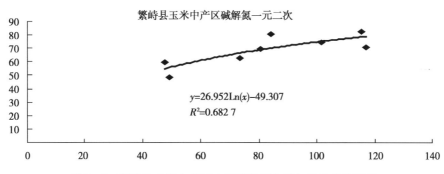

图 7 - 7 繁峙县玉米中产区土壤碱解氮含量与相对产量关系

表 7 - 11 繁峙县玉米中产区碱解氮丰缺指标及施肥量

等 级	相对产量 （%）	土壤碱解氮含量 （毫克/千克）	施肥量（千克/亩）	
			纯氮	46%尿素
极 高	＞83	＞136	8	17
高	83～75	101～136	8～10	17～22
中	75～63	65～101	10～12	22～26
低	63～50	40～65	12～14	26～30
极低	＜50	＜40	14～16	30～35

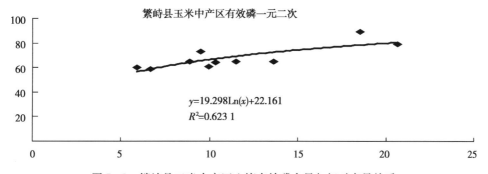

图 7 - 8 繁峙县玉米中产区土壤有效磷含量与相对产量关系

表 7-12　繁峙县玉米中产区有效磷丰缺指标及施肥量

等　级	相对产量（％）	土壤有效磷含量（毫克/千克）	施肥量（千克/亩）	
			P_2O_5	12％过磷酸钙
极　高	＞83	＞23	2	6
高	83～75	15～23	2～4	6～12
中	68～75	10.0～15	4～6.5	12～20
低	58～68	6.0～10	6.5～9	20～27
极　低	＜58	＜6.0	9～12	27～36

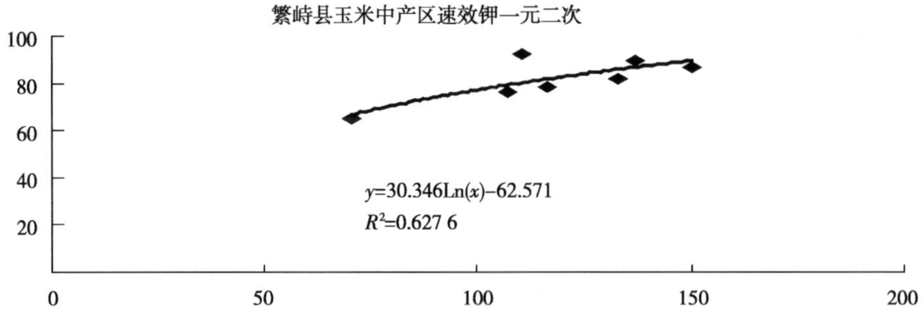

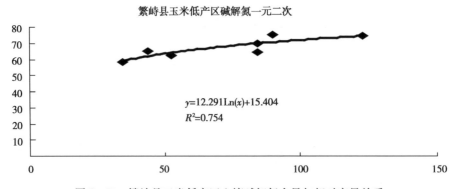

繁峙县玉米中产区速效钾一元二次

$y=30.346\mathrm{Ln}(x)-62.571$
$R^2=0.627\,6$

图 7-9　繁峙县玉米中产区土壤速效钾含量与相对产量关系

表 7-13　繁峙县玉米中产区速效钾丰缺指标及施肥量

等　级	相对产量（％）	土壤速效钾含量（毫克/千克）	施肥量（千克/亩）	
			K_2O	33％硫酸钾
极　高	＞90	＞152	0	0
高	90～83	121～152	2	6
中	83～75	93～121	2～4	6～12
低	75～60	56～91	4～6.5	12～20
极　低	＜60	＜56	6.6～9	20～27

③繁峙县玉米亩产 300～400 千克和＜300 千克的缓坡梁、峁地、沟谷阶地及封闭洼地，下湿盐碱地等低产区域土壤碱解氮、有效磷、速效钾丰缺指标及施肥量分别见图 7-10、表

繁峙县玉米低产区碱解氮一元二次

$y=12.291\mathrm{Ln}(x)+15.404$
$R^2=0.754$

图 7-10　繁峙县玉米低产区土壤碱解氮含量与相对产量关系

7-14、图7-11、表7-15、图7-12、表7-16。

表7-14　繁峙县玉米低产区碱解氮丰缺指标及施肥量

等　级	相对产量（%）	土壤碱解氮含量（毫克/千克）	施肥量（千克/亩）	
			N	46%尿素
极　高	>75	>125	5	11
高	75～70	85～125	5～7	11～15
中	70～65	56～85	7～9	15～20
低	65～55	32～56	9～11	20～24
极　低	<58	<32	11～13	24～28

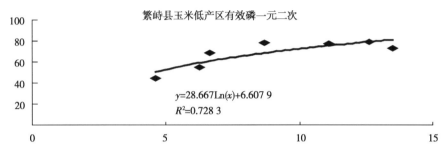

繁峙县玉米低产区有效磷一元二次

$y=28.667\mathrm{Ln}(x)+6.607\,9$
$R^2=0.728\,3$

图7-11　繁峙县玉米低产区域土壤有效磷含量与相对产量关系

表7-15　繁峙县玉米低产区域有效磷丰缺指标及施肥量

等　级	相对产量（%）	土壤有效磷含量（毫克/千克）	施肥量（千克/亩）	
			P_2O_5	12%过磷酸钙
极　高	>80	>13	2	16.5
高	80～75	10.0～13	2～4	16.5～33
中	75～65	7.0～10	4～6	33～50
低	65～50	4.5～7	6～7	50～58
极　低	<50	<4.5	7～8	58～67

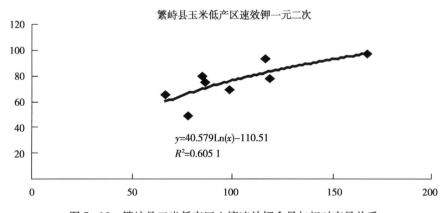

繁峙县玉米低产区速效钾一元二次

$y=40.579\mathrm{Ln}(x)-110.51$
$R^2=0.605\,1$

图7-12　繁峙县玉米低产区土壤速效钾含量与相对产量关系

表 7-16　繁峙县玉米低产区速效钾丰缺指标及施肥量

等　级	相对产量（％）	土壤速效钾含量（毫克/千克）	施肥量（千克/亩）	
			K$_2$O	33％硫酸钾
极　高	＞90	＞140	0	0
高	90～83	118～140	0	0
中	83～68	81～118	2	6
低	68～50	52～81	2～4	6～12
极　低	＜50	＜52	4～6	12～18

第四节　玉米测土配方施肥技术

一、玉米的需肥特征

1. 玉米对肥料三要素的需要量　玉米是需肥水较多的高产作物，一般随着产量提高，所需营养元素也在增加。玉米全生育期吸收的主要养分中。以氮为多、钾次之、磷较少。玉米对微量元素尽管需要量少，但不可忽视，特别是随着施肥水平提高，施用微肥的增产效果更加显著。

玉米单位子粒产量吸氮量和吸磷量随产量的提高而下降，而吸钾量则随产量的提高而增加。产量越高，单位子粒产品产量所需氮、磷越少，吸氮、磷的变幅也变小，也愈有规律性，单位氮素效益不断提高。

综合国内外研究资料，一般每生产 100 千克玉米籽粒，需吸收纯 N 2.57 千克、P$_2$O$_5$ 0.86 千克、K$_2$O 2.14 千克，肥料三要素的比例约为 3：1：2。吸收量常受播种季节、土壤、肥力、肥料种类和品种特性的影响。据全国多点试验，玉米植株对氮、磷、钾的吸收量常随产量的提高而增多。

2. 玉米对养分需求的特点　玉米吸收的矿质元素多达 20 余种，主要有氮、磷、钾 3 种大量元素，硫、钙、镁等中量元素，铁、锰、硼、铜、锌、钼等微量元素。

（1）氮：氮在玉米营养中占有突出地位。氮是植物构成细胞原生质、叶绿素以及各种酶的必要因素。因而氮对玉米根、茎、叶、花等器官的生长发育和体内的新陈代谢作用都会产生明显的影响。

玉米缺氮，株形细瘦，叶色黄绿。首先是下部老叶从叶尖开始变黄，然后沿中脉伸展呈楔形（V），叶边缘仍呈绿色，最后整个叶片变黄干枯。缺氮还会引起雌穗形成延迟，甚至不能发育，或穗小、粒少、产量降低。

（2）磷：磷在玉米营养中也占重要地位。磷是核酸、核蛋白的必要成分，而核蛋白又是植物细肥原生质、细胞核和染色体的重要组成部分。此外，磷对玉米体内碳水化合物代谢有很大作用。由于磷直接参与光合作用过程，有助于合成双糖、多糖和单糖；磷促进蔗糖的植株体内运输；磷又是三磷酸腺苷和二磷酸腺苷的组成成分。这说明磷对能量传递和贮藏都起着重要作用。良好的磷素营养，对培育壮苗、促进根系生长，提高抗寒、抗旱能力都具有实际意义。在生长后期，磷对植株体内营养物质运输、转化及再分配、再利用有促进作用。磷由茎、叶转移到果穗中，参与籽粒中的淀粉合成，使籽粒积累养分顺利进行。

玉米缺磷，幼苗根系发育减弱，生长缓慢，叶色紫红；开花期缺磷，抽丝延迟，雌穗受精不完全，发育不良，粒行不整齐；后期缺磷，果穗成熟推迟。

（3）钾：钾对维持玉米植株的新陈代谢和其他功能的顺利进行起着重要作用。因为钾能促进胶体膨胀，使细胞质和细胞壁维持正常状态，由此保证玉米植株多种生命活动的进行。此处，钾还是某些酶系统的活化剂，在碳水化合物代谢中起着重要作用。总之，钾对玉米生长发育以及代谢活动的影响是多方面的。如对根系的发育，特别是须根形成、体内淀粉合成、糖分运输、抗倒伏、抗病虫害都起着重要作用。

玉米缺钾，生长缓慢，叶片黄绿色或黄色。首先是老叶边缘及叶尖干枯呈灼烧状是其突出的标志。缺钾严重时，生长停滞、节间缩短、植株矮小；果穗发育不正常，常出现秃顶；籽粒淀粉含量减低，粒重减轻；容易倒伏。

（4）硼：硼能促进花粉健全发育，有利于授粉、受精，结实饱满。硼还能调节与多酚氧化酶有关的氧化作用。

玉米缺硼，在玉米早期生长和后期开花阶段植株呈现矮小，生殖器官发育不良，易成空秆或败育，造成减产。缺硼植株新叶狭长，叶脉间出现透明条纹，稍后变白变干；缺硼严重时，生长点死亡。

（5）锌：锌是对玉米影响比较大的微量元素，锌的作用在于影响生长素的合成，并在光合作用和蛋白质合成过程中起促进作用。

玉米缺锌，因生长素不足而细胞壁不能伸长，玉米植株发育甚慢，节间变短。幼苗期和生长中期缺锌，新生叶片下半部呈现淡黄色、甚至白色，故也叫"白苗病"；叶片成长后，叶脉之间出现淡黄色斑点或缺绿条纹，有时中脉与边缘之间出现白色或黄色组织条带或是坏死斑点，此时叶面都呈现透明白色，风吹易折；严重缺锌时，开始叶尖呈淡白色泽病斑，之后叶片突然变黑，几天后植株完全死亡。玉米中后期缺锌，使抽雄期与雌穗吐丝期相隔日期加大，不利于授粉。

（6）锰：玉米对锰较为敏感。锰对植物的光合作用关系密切，能提高叶绿素的氧化还原电位，促进碳水化合物的同化，并能促进叶绿素形成。锰对玉米的氮素营养也有影响。

玉米缺锰，其症状是顺着叶片长出黄色斑点和条纹，最后黄色斑点穿孔，表示这部分组织破坏而死亡。

（7）钼：钼是硝酸还原酶的组成成分。缺钼将减低硝酸还原酶的活性，妨碍氨基酸、蛋白质的合成，影响正常氮代谢。

玉米缺钼，植株幼嫩叶首先枯萎，随后沿其边缘枯死；有些老叶顶端枯死，继而叶边和叶脉之间发展枯斑甚至坏死。

（8）铜：铜是玉米植株内抗坏血酸氧化酶、多酚氧化酶等的成分，因而能促进代谢活动；铜与光合作用也有关系；铜又存在于叶绿体的质体蓝素中，它是光合作用电子供求关系体系的一员。

玉米缺铜，叶片缺绿，叶顶干枯，叶片弯曲、失去膨胀压，叶片向外翻卷。严重缺铜时，正在生长的新叶死亡。因铜能与有机质形成稳定性强的螯合物，所以高肥力地块易缺有效铜。

3. 玉米各生育期对三要素的需求规律　玉米苗期生长相对较慢，只要施足基肥，便可满足其需要；拔节以后至抽雄前，茎叶旺盛生长，内部的生殖器官同时也迅速分化发育，是玉米一生中养分需求最多的时期，必须供应足够的养分，才能达到穗大、粒多、高产的目的；生育后期，籽粒灌浆时间较长，仍需供应一定的肥、水，使之不早衰，确保灌浆充分。一般来讲，玉米有两个需肥关键时期，一是拔节至孕穗期；二是抽雄至开花期。玉米对肥料三要素的吸收规律为：

（1）氮素的吸收：玉米苗期至拔节期氮素吸收量占总氮量的 10.4％～12.3％，拔节期至抽丝初期氮吸收量占总氮量的 66.5％～73％，籽粒形成至成熟期氮的吸收量占总氮量的 13.7％～23.1％。随产量水平的提高，各生育阶段吸氮量相应增加，但各阶段吸氮量的增加量不同。如产量从每亩 432.7 千克提高到了 686 千克，出苗至拔节期吸氮量约增加了 1.22 千克，拔节至吐丝期约增加了 0.74 千克，吐丝至成熟期则增加了 3 千克。随产量水平的提高，玉米在各阶段吸氮量的比例在拔节至吐丝期减少，吐丝期至成熟期，这一阶段的吸氮比例明显增加。因此，提高玉米产量，在适量增加前、中期吸氮的基础上，重点增加吐丝后的吸氮量。

（2）磷素的吸收：玉米苗期吸磷少，约占总磷量的 1％，但相对含量高，是玉米需磷的敏感期；抽雄期吸磷达高峰，占总磷量的 38.8％～46.7％；籽粒形成期吸收速度加快，乳熟至蜡熟期达最大值，成熟期吸收速度下降。随产量水平的提高，各生育阶段吸磷量相应增加，但以吐丝至成熟阶段增加量为主，拔节至吐丝阶段其次。但随产量水平的提高，各生育阶段吸磷量占一生总吸磷量的比例前期略有增加，中期有所下降，后期变化不大。表明提高玉米产量，在增加前期吸磷的基础上，重点增加中后阶段特别是花后阶段的吸磷量。

（3）钾素的吸收：玉米钾素的吸收累计量在展三叶期仅占总量的 2％，拔节后增至 40％～50％，抽雄吐丝期达总量的 80％～90％，籽粒形成期钾的吸收处于停止状态。由于钾的外渗、淋失，成熟期钾的总量有降低的趋势。随产量水平的提高，各生育阶段吸钾量相应增加，但以拔节至吐丝阶段吸钾量增加最大，吐丝至成熟阶段其次，出苗至拔节阶段吸钾量增加量最少。因此，提高玉米产量，应重视各生育阶段，尤其是拔节至吐丝阶段群体的吸钾量。

二、玉米高产栽培配套技术

1. 品种选择和处理　选用繁峙县常年种植面积较大的晋单 32、三北 6 号、吉单 16、永玉 3 号、沈单 16、兴恳 3 号作为骨干品种。种子质量要达国家一级标准，播前须进行包衣处理，以控制地老虎、蛴螬、蝼蛄等地下害虫，丝黑穗病、瘤黑粉病等病害的危害。

2. 增施农肥、秸秆还田培肥地力　玉米收获后，及时将秸秆粉碎或整秆翻压还田，播种前亩增施有机肥 1 000～1 500 千克，逐步培肥地力。

3. 实行机械播种　亩播量为 2～2.5 千克，行距 50 厘米，株距 40 厘米，亩保苗 3 300

株，播期不能太晚，确保苗全、苗齐、苗匀。

4. 病虫草害综合防治　繁峙县玉米生产中常见和多发的有害生物有玉米蚜、红蜘蛛、玉米螟、地老虎、蛴螬、蝼蛄、丝黑穗病、瘤黑粉病、粗缩病、杂草等。其防治的基本策略是：播种前清洁田园，压低病虫草基数；播种时选用抗、耐病（虫）品种并且选用包衣种子，杜绝种子带菌，消灭苗期病虫害。一旦发生病虫危害及时对症选用农药防治。大喇叭口期每亩用 1.5% 辛硫磷颗粒剂 0.25 千克掺细沙 7.5 千克，混匀后撒入心叶防治玉米螟，每株用量约 1.5 克；7 月下旬后如有红蜘蛛发生，可用阿维菌素进行防治。在玉米 7～8 叶期，用 20% 百草枯水剂 100～150 毫升/亩对水 60～80 千克进行定向喷雾防除杂草。

5. 水分及其他管理　水浇地玉米水分管理应重点浇好拔节水、抽雄开花水和灌浆水，出苗水和大喇叭口水应视天气和田间土壤水分情况灵活掌握。大喇叭口期应喷施玉米健壮素一次，以控高促壮，提高光合效率，增加经济产量。玉米生长后期严禁打老叶和削顶促熟，可采用站秆扒皮促熟技术。

6. 适时收获、增粒重、促高产　玉米在适时播种前提下，还须实行适当晚收，以争取较高的粒重和产量，一般情况下应蜡熟后期收获。

三、玉米施肥技术

1. 氮素的管理

目标产量：根据繁峙县近年来的实际，按低、中、高 3 个肥力等级，目标产量设置为 300 千克/亩、400 千克/亩、500 千克/亩、600 千克/亩、700 千克/亩。

单位产量吸氮量：按有关资料 100 千克籽粒需氮 2.57 千克计算。

施肥时期及用量：要求分两次施入，第一次在播种时作基肥施入总量的 60%，第二次在大喇叭口期施入总量的 40%。

2. 磷、钾的管理　按每生产 100 千克玉米籽粒需 P_2O_5 0.86 千克，需 K_2O 2.14 千克。目标产量为 600 千克/亩时，亩玉米吸磷量为 $600×0.86/100＝5.16$（千克），其中约 75% 的籽粒带走。当耕地土壤有效磷低于 15 毫克/千克时，磷肥的管理目标是通过增施磷肥提高作物产量和土壤有效磷含量，磷肥施用量为作物带走量的 1.5 倍，施磷量（千克/亩）＝5.16 千克/亩×75%×1.5；当耕地土壤有效磷为 15～25 毫克/千克时，磷肥的管理目标是维持现有土壤有效磷水平，磷肥用量等于作物带走量，磷肥量＝5.16 千克/亩×75%；当耕地土壤有效磷高于 25 毫克/千克时，施磷的增产潜力不大，每亩只适当补充 1～2 千克 P_2O_5 即可。

目标产量为 600 千克/亩时，亩玉米吸钾量为 $600×2.14/100＝12.84$（千克），其中约 27% 被籽粒带走。当耕地土壤速效钾低于 100 毫克/千克时，钾肥的管理目标是通过增施钾肥提高作物产量和土壤速效钾含量，钾肥施用量为作物带走量的 1.5 倍，亩施钾量为 12.84×27%×1.5 千克；当耕地土壤速效钾在 100～150 毫克/千克时，钾肥的管理目标是维持现有土壤速效钾水平，钾肥施用量等于作物的带走量，亩施钾量为：12.84×27% 千克；当耕地土壤速效钾在 150 毫克/千克以上时，施钾肥的增产潜力不大，一般地块可不施钾肥。

3. 不同地力等级氮、磷、钾肥施用量（表7-17）

表7-17 繁峙县玉米测土施肥施肥量表

单位：千克/亩

目标产量（千克）	耕地地力等级	氮（N）			磷（P₂O₅）			钾（K₂O）		
		低	中	高	低	中	高	低	中	高
300	6～7	9	7	5	3.5	2	0	2	0	0
350	5～6	10	8	6.5	5	3.5	2	4.5	3	2
400	4～5	13	10.5	8	6.5	5.0	3	6	4.5	3
450	3～4	14	11.5	9	7	5.0	3.5	6.5	5	3
500	3～4	15	12.5	10	9	6.5	4	7	5	3
550	2～3	16.5	14	12	11	8	6.5	9	7	4
600	2～3	17	15	13.5	12	8.5	6.5	9	7.5	5
650	1～2	17.5	17	15	12	8.5	7	10	8	6
700	1～2	20	18	16.5	13	11	8.5	11	9	8
＞700	1	21	20	18	14	12	10	12	11	10

4. 微肥用量的确定 繁峙县土壤多数缺锌，另外又由于土壤有效锌与有效磷呈反比关系，故锌肥的施用量为土壤有效磷较高时，亩施硫酸锌1.5～2千克；土壤有效磷为中等时，亩施硫酸锌1～1.5千克；土壤有效磷为低时，亩用0.2％的硫酸锌溶液在苗期连喷2～3次。

第八章　耕地地力调查与质量评价的应用研究

第一节　耕地资源合理配置研究

一、耕地数量平衡与人口发展配置研究

繁峙县国土总面积 2 368 平方千米，其中山地 1 185 平方千米，占总土地面积的50％；丘陵 515.9 平方千米，占总土地面积的 21.8％；平川 667.1 平方千米，占总土地面积的 28.2％。全县总耕地面积的 79.84 万亩，其中农作物种植面积 64 万亩。全县总人口 26.86 万，其中农业人口 24.3 万人。人多地少，耕地后备资源严重不足。从繁峙县人民的生存和全县经济可持续发展的高度出发，采取措施，实现全县耕地总量动态平衡刻不容缓。

实际上，繁峙县扩大耕地总量仍有很大潜力，只要合理安排，科学规划，集约利用，就完全可以兼顾耕地与建设用地的要求，实现社会经济的全面、持续发展；从控制人口增长，村级内部改造和居民点调整，退宅还田，开发复垦土地后备资源和废弃地等方面着手增大耕地面积。

二、耕地地力与粮食生产能力分析

（一）耕地粮食生产能力

耕地生产能力是决定粮食产量的决定因素之一。近年来，由于种植结构调整和建设用地，退耕还林还草等因素的影响，粮食播种面积在不断减少，而人口在不断增加，对粮食的需求量也在增加。保证全县粮食需求，挖掘耕地生产潜力已成为农业生产中的大事。

耕地的生产能力是由土壤本身肥力作用所决定的，其生产能力分为现实生产能力和潜在生产能力。

1. 现实生产能力　繁峙县现有耕地面积为 79.84 万亩（包括已退耕还林及园林面积），而中低产田就有 71.04 万亩之多，占总耕地面积的 88.98％，而且大部分为旱地。这必然造成全县现实生产能力偏低的现状。再加之农民对施肥，特别是有机肥的忽视，以及耕作管理措施的粗放，这都是造成耕地现实生产能力不高的原因。2011 年，全县粮食播种面积为 547 417 亩，粮食总产量为 6 996.94 万千克，亩产约 100 千克；油料作物播种面积 2.6 万亩，总产量为 120 万千克，平均亩产约 46.4 千克；蔬菜面积为 1.2 万亩，总产量为 687.6 万千克，亩产为 573 千克。见表 8-1。

表 8 - 1 繁峙县 2011 年粮食产量统计

作物名称	面积（万亩）	总产量（万吨）	平均单产（千克）
玉　米	33.5	5.376 3	160.49
谷　子	4.5	0.322	71.56
糜　黍	8.468 5	0.537 85	63.5
薯　类	2.8	0.190 92	68.2
豆　类	5.473 2	0.569 87	104.12
蔬　菜	1.2	0.687 6	573
油　料	2.6	0.120	46.4
粮食总产量	54.741 7	6.996 94	100

目前，繁峙县土壤有机质含量平均为 12.95 克/千克，全氮平均含量为 0.67 克/千克，碱解氮含量平均为 70.29 毫克/千克，有效磷含量平均为 11.78 毫克/千克，速效钾平均含量为 121.1 毫克/千克，缓效钾平均含量为 774.66 毫克/千克。

繁峙县总耕地面积的 79.84 万亩（包括退耕还林及园林面积），其中水浇地 16.5 万亩，占总耕地面积的 20.67%；旱地 63.34 万亩，占总耕地面积的 79.33%，旱地中坡耕地总面积 26.99 万亩，占总旱地面积的 42.61%。

2. 潜在生产能力　生产潜力是指在正常的社会秩序和经济秩序下所能达到的最大产量。从历史的角度和长期的利益来看，耕地的生产潜力是比粮食产量更为重要的粮食安全因素。

繁峙县土地资源较为丰富，土质较好，光热资源充足。全县现有耕地中，一级、二级、三级地占总耕地面积的 26.66%，其亩产大于 560 千克；低于六级，即亩产量小于 310 千克的耕地占总耕地面积的 23.71%。经过对全县地力等级的评价得出，79.84 万亩耕地以全部种植粮食作物计，其粮食最大生产能力为 25 948 万千克，平均单产可达 325 千克/亩，全县耕地仍有很大的生产潜力可挖。

纵观繁峙县近年来的粮食、油料、蔬菜作物的平均亩产量和全县农民对耕地的经营状况，全县耕地还有巨大的生产潜力可挖。如果在农业生产中加大有机肥的投入，采取平衡施肥措施和科学合理的耕作技术，全县耕地的生产能力还可以提高。从近几年全县对玉米配方施肥观察点经济效益的对比来看，配方施肥区较习惯施肥区的增产率都在 12% 左右，甚至更高。如果能进一步提高农业投入比重，提高劳动者素质，下大力气加强农业基础建设，特别是农田水利建设，稳步提高耕地综合生产能力和产出能力，实现农林牧的结合就能增加农民经济收入。

（二）不同时期人口、食品构成粮食需求分析预测

农业是国民经济的基础，粮食是关系国计民生和国家自立与安全的特殊产品。从新中国成立初期到现在，繁峙县人口数量、食品构成和粮食需求都在发生着巨大变化。新中国成立初期居民食品构成主要以粮食为主，也有少量的肉类食品，水果、蔬菜的比重很小。随着社会进步，生产的发展，人民生活水平逐步提高。到 20 世纪

80 年代初，居民食品构成依然以粮食为主，但肉类、禽类、油料、水果、蔬菜等的比重均有了较大提高。到 2011 年，繁峙县人口增至 26.85 万，居民食品构成中，粮食所占比重有明显下降，然而肉类、禽蛋、水产品、豆制品、油料、水果、蔬菜、食糖占有比重提高。

繁峙县粮食人均需求按国际通用粮食安全 400 千克计，全县人口自然增长率以 6.2‰ 计，到 2015 年，共有人口 27.2 万人，全县粮食需求总量预计将达 10.88 万吨。因此，人口的增加对粮食的需求产生了极大的影响，也造成了一定的危险。

繁峙县粮食生产还存在着巨大的增长潜力。随着资本、技术、劳动投入、政策、制度等条件的逐步完善，全县粮食的产出与需求平衡，终将成为现实。

（三）粮食安全警戒线

粮食是人类生存和社会发展最重要的产品，是具有战略意义的特殊商品，粮食安全不仅是国民经济持续健康发展的基础，也是社会安定、国家安全的重要组成部分。近年来，随着农资价格上涨，种粮效益低等因素影响，农民种粮积极性不高，全县粮食单产徘徊不前，所以必须对全县的粮食安全问题给予高度重视。

2011 年繁峙县的人均粮食占有量为 237.5 千克，而当前国际公认的粮食安全警戒线标准为年人均 400 千克。相比之下，繁峙县人均粮食占有量仍处于粮食安全警戒线标准之下。

三、耕地资源合理配置意见

在确保粮食生产安全的前提下，优化耕地资源利用结构，合理配置其他作物占地比例。为确保粮食安全需要，对全县耕地资源进行如下配置：全县现有 79.84 万亩耕地中，其中 62 万亩用于种植玉米、谷子、糜黍、薯类等粮食作物，以满足全县人口粮食需求；其余 17.84 万亩耕地用于蔬菜、水果、油料、豆类等杂粮作物生产，其中瓜菜地 2.1 万亩，占用地面积 2.6%；水果占地 11 万亩，占用地总面积 13.78%；其他油料等作物占地 4.74 万亩，占用耕地面积 5.96%。

根据《土地管理法》和《基本农田保护条例》划定全县基本农田保护区，将水利条件、土壤肥力条件好，自然生态条件适宜的耕地划为口粮和粮食生产基地，长期不许占用。在耕地资源利用上，必须坚持基本农田总量平衡的原则。一是建立完善的基本农田保护制度，用法律保护耕地；二是明确各级政府在基本农田保护中的责任，严控占用保护区内耕地，严格控制城乡建设用地；三是实行基本农田损失补偿制度，实行谁占用、谁补偿的原则；四是建立监督检查制度，严厉打击无证经营和乱占耕地的单位和个人；五是建立基本农田保护基金，县政府每年投入一定资金用于基本农田建设，大力挖潜存量土地；六是合理调整用地结构，用市场经营利益导向调控耕地。

同时，在耕地资源配置上，要以粮食生产安全为前提，以农业增效、农民增收的目标，逐步提高耕地质量，调整种植业结构推广优质农产品，应用优质高效，生态安全栽培技术，提高耕地利用率。

第二节 耕地地力建设与土壤改良利用对策

一、耕地地力现状及特点

耕地质量包括耕地地力和土壤环境质量两个方面，此次调查与评价共涉及耕地土壤点位 3 750 个，点源污染点位 42 个。经过历时 3 年的调查分析，基本查清了全县耕地地力现状与特点。

通过对繁峙县土壤养分含量的分析得知：全县土壤以轻壤质土为主，有机质平均含量为 12.95 克/千克，属省四级水平；全氮平均含量为 0.67 克/千克，属省五级水平；碱解氮平均含量 70.29 毫克/千克，属省五级水平；有效磷含量平均为 11.78 毫克/千克，属省四级水平；速效钾含量为 121.1 毫克/千克，属省四级水平。中微量元素养分含量有效硫平均含量为 21.76 毫克/千克，有效铁平均含量为 8.05 毫克/千克，有效锰平均值为 8.27 毫克/千克，有效铜平均含量为 1.47 毫克/千克，有效锌平均含量为 1.08 毫克/千克，有效硼平均含量为 0.57 毫克/千克。有效铜、有效锌平均含量较高，属省三级水平；有效硼、有效铁、有效锰属省四级水平；中量元素有效硫含量相对较低，属省五级水平。全县近一半以上土壤有效硫偏低，施肥过程应注重硫基复合肥的推广应用；总体看有效锌含量较高，但近 2/5 的土壤、特别是质地偏沙土壤锌含量偏低，玉米对微量元素锌比较敏感，锌的缺乏将会成为提高玉米产量的限制因素，应在玉米生产中重视锌肥的推广应用。

（一）耕地土壤养分含量不断提高

耕地土壤：从这次调查结果看，繁峙县耕地土壤有机质含量为 12.95 克/千克，属省四级水平，与第二次土壤普查的 8.7 克/千克，相比提高了 4.25 克/千克；全氮平均含量为，0.67 克/千克，属省五级水平，与第二次土壤普查的 0.66 克/千克相比提高了 0.01 克/千克；有效磷平均含量 11.78 毫克/千克，属省四级水平，与第二次土壤普查的 6.46 毫克/千克相比提高了 5.32 毫克/千克；速效钾平均含量为 121.1 毫克/千克，属省四级水平，与第二次土壤普查的平均含量 74 毫克/千克相比减少了 47.1 毫克/千克。

（二）平川面积大，土壤质地好

繁峙县 44.45% 的耕地在平原，主要分布在山前倾斜平原，一级、二级阶地的高阶地，其地势平坦，土层深厚，其中中部大部分耕地坡度小于 60°，十分有利于现代农业的发展。

（三）耕作历史悠久，土壤熟化度高

繁峙农业历史悠久，土质良好，绝大部分耕地质地为壤质，加以多年的耕作培肥，土壤熟化程度高。据调查，有效土层厚度平均达 150 厘米以上，耕层厚度为 19～25 厘米，适种作物广，生产水平高。

二、存在主要问题及原因分析

（一）中低产田面积较大

据调查，繁峙县共有中低产田面积 71.04 万亩，占总耕地面积的 88.98%。按主导障

碍因素，繁峙县中低产田共分为干旱灌溉型、瘠薄培肥型、坡地梯改型、盐碱耕地型、障碍层次型大类型，其中干旱灌溉型 17.57 万亩，占总耕地面积的 22.01%；瘠薄培肥型 30.84 万亩，占总耕地面积的 38.63%；坡地梯改型 18.19 万亩，占总耕地面积的 22.78%；盐碱耕地型 1.82 万亩，占总耕地面积的 2.28%；障碍层次型 2.62 万亩，占总耕地面积的 3.28%。

中低产田面积大，类型多。主要原因：一是自然条件恶劣。全县地形复杂，山、川、沟、垣、墚俱全，水土流失严重；二是农田基本建设投入不足，中低产田改造措施不力。三是农民耕地施肥投入不足，尤其是有机肥施用量仍处于较低水平。

（二）耕地地力不足，耕地生产率低

繁峙县耕地虽然经过排、灌、路、林综合治理，农田生态环境不断改善，耕地单产、总产呈现上升趋势，但近年来，农业生产资料价格一再上涨，农业成本较高，甚至出现种粮赔本现象，大大挫伤了农民种粮的积极性。一些农民通过增施氮肥取得产量，耕作粗放，结果致使土壤结构变差，造成土壤养分恶性循环。

（三）施肥结构不合理

作物每年从土壤中带走大量养分，主要是通过施肥来补充。因此，施肥直接影响到土壤中各种养分的含量。近几年在施肥上存在的问题，突出表现在"五重五轻"：第一，重经济作物，轻粮食作物；第二，重复混肥料，轻专用肥料，随着我国化肥市场的快速发展，复混（合）肥异军突起，其应用对土壤养分的变化也有影响，许多复混（合）肥杂而不专，农民对其依赖性较大，而对于自己所种作物需什么肥料，土壤缺什么元素，底子不清，导致盲目施肥；第三，重化肥使用，轻有机肥使用。近些年来，农民将大部分有机肥施于菜田，特别是优质有机肥，而占很大比重的耕地有机肥却施用不足；第四，重氮磷肥轻钾肥；第五，重大量元素肥轻中、微量元素肥。

三、耕地培肥与改良利用对策

（一）多种渠道提高土壤肥力

1. 增施有机肥，提高土壤有机质 近年来，由于农家肥来源不足和化肥的发展，全县耕地有机肥施用量不够。可以通过以下措施加以解决：①广种饲草，增加畜禽，以牧养农；②大力种植绿肥，种植绿肥是培肥地力的有效措施，可以采用粮肥间作或轮作制度；③大力推广秸秆直接粉碎翻压还田，这是目前增加土壤有机质最有效的方法。

2. 合理轮作，挖掘土壤潜力 不同作物需求养分的种类和数量不同，根系深浅不同，吸收各层土壤养分的能力不同，各种作物遗留残体成分也有较大差异。因此，通过不同作物合理轮作倒茬，保障土壤养分平衡。要大力推广粮、油轮作，玉米、大豆立体间套作等技术模式，实现土壤养分协调利用。

（二）巧施氮肥

速效性氮肥极易分解，通常施入土壤中的氮素化肥的利用率只有 25%～50%，或者更低。这说明施入土壤中的氮素，挥发渗漏损失严重。所以，在施用氮肥时，一定注意施肥量施肥方法和施肥时期，提高氮肥利用率，减少损失。

（三）重施磷肥

繁峙县地处黄土高原，属石灰性土壤，土壤中的磷常被固定，而不能发挥肥效。加上长期以来群众重氮轻磷，作物吸收的磷得不到及时补充。试验证明，在缺磷土壤上增施磷肥增产效果明显，可以增施人粪尿、畜禽肥等有机肥，其中的有机酸和腐殖酸促进非水溶性磷的溶解，提高磷素的活力。

（四）因地施用钾肥

繁峙县土壤中钾的含量虽然在短期内不会成为限制农业生产的主要因素，但随着农业生产进一步发展和作物产量的不断提高，土壤中有效钾的含量也会处于不足状态。所以，在生产中，定期监测土壤中钾的动态变化，及时补充钾素。

（五）重视施用微肥

微量元素肥料，作物的需要量虽然很少，但对提高产品产量和品质、却有大量元素不可替代的作用。据调查，全县土壤硼、锌、铁等含量均不高，玉米施锌和小麦施锌试验，增产效果很明显。

（六）因地制宜，改良中低产田

繁峙县中低产田面积比较大，影响了耕地地力水平。因此，要从实际出发，分类配套改良技术措施，进一步提高全县耕地地力质量。

四、成果应用与典型事例

典型1——繁峙县海丰农牧场中低产田改造综合技术应用

海丰农牧场位于县城东部金山铺乡境内。全场人口100人，总耕地5 600亩，其中旱薄地就占到3 000余亩。土壤多为洪积石灰性褐土或石灰性褐土。主要以种植玉米、糜谷、马铃薯、大豆为主。多年来，坚持不懈地进行中低产田改造，综合推广农业实用新技术，农业基础设施大大改善，耕地地力和农业综合生产能力明显提高，产量逐年增大。首先，打机井3眼，修建U形渠4 000米，铺设管灌设施5 000米，平整田面2 000亩，加厚土层和客土改良1 000余亩；其次，实行机械深耕30厘米深，增加耕作层厚度；第三，对新整修的田地增施土壤改良剂（硫酸亚铁）每亩50千克；第四，每亩增施农家肥2吨；第五，实行玉米秸秆粉碎翻压还田；第六，实施测土配方施肥技术；第七，实施化肥深施技术，提高化肥利用率。通过以上措施使原来的旱薄田变成了旱涝保收的高产田。2011年化验结果，全场耕地土壤有机质含量平均为12.83克/千克；全氮含量平均为0.65克/千克；有效磷含量平均为13.4毫克/千克；速效钾含量平均为115.5毫克/千克。土壤有机质比2000年项目实施前提高2.33克/千克，全氮提高0.15克/千克，有效磷提高5.6毫克/千克，速效钾提高23.4毫克/千克。同时通过种植业结构调整扩大高产高效田种植面积，使全场经济效益明显提高。

2011年以订单形式种植胡萝卜500亩，品种选用优质高产品种。其中利嘉红福200亩，"红笋818"200亩，新黑田五寸参100亩。播种期每亩底肥农家肥2米³（腐熟牛粪），多肽尿素20千克，重过磷酸钙15千克，硫酸钾30千克；追肥2次，块根膨大初期、膨大期各追尿素10千克/亩，化肥（N、P_2O_5、K_2O）折合每亩纯用量18.5—6.9—

11.4 千克，亩产 4 500 千克，根据订单萝卜不分大小，每千克 0.94 元。亩产值 4 230 元，总产值 200 多万元，纯收入 150 万元。马铃薯原原种扩繁 90 亩，其中黑美人 16 亩，晋薯 18 号 16 亩，同薯 23 号 16 亩，大西洋 16 亩，晋薯 16 号 16 亩。马铃薯原种展示 20 亩，其中黑美人 5 亩，9121 薯 5 亩，大白花 5 亩，紫白花（CK）5 亩。马铃薯大田高产示范 100 亩，品种为克新 1 号。机械铺膜、播种一次性作业。亩施肥底肥为农家肥 2 米³（腐熟牛粪），多肽尿素 20 千克，重过磷酸钙 15 千克，硫酸钾 30 千克，化肥（N、P_2O_5、K_2O）折合纯量 9.2—6.9—11.4 千克；追肥于花前、盛花期各一次，每次追尿素 10 千克，纯量折合 4.6—0—0 千克。甜糯玉米展示 55 亩，其中京科 2 号 20 亩，"美糯2000" 23 亩，水果玉米 12 亩。谷子 3 亩，其中张杂 3 号 1 亩，张杂 5 号 1 亩，晋谷 21 号 1 亩。

海丰农牧场经过 10 余年的中低产田改造与土壤培肥，坚持走农业科技之路、农机作业之路。综合农业技术为秋深耕、秸秆还田、选用良种，以产定肥，测土配方施肥、地膜覆盖、化学除草、适期适量追肥，机耕、机施、机播、机收，机械化综合作业能力 98% 以上。2011 年全场以生产玉米、胡萝卜为主，经济纯收入可达 600 多万元，较 2010 年增长 1.5 倍以上。

典型 2——繁峙县集义庄乡万亩玉米测土配方施肥技术应用

繁峙县集义庄乡果园、集义庄、大圣地、兴旺庄、下永兴 5 个村地处滹沱河沿岸的一级、二级阶地，地势平坦，水利条件优越。耕地面积 20 000 亩，其中水浇地 18 000 亩，常年大面积种植玉米。近年来由于推广玉米秸秆粉碎还田技术，土壤肥力逐年提高。在全县测土配方施肥推广中，5 个村共取耕层土样 153 个，依据土壤化验结果、历年来的肥料试验数据、群众的施肥经验及产量水平，由县土肥站提出适宜的农作物配方施肥方案，在县乡土肥技术人员的指导下，经过 3 年的测土配方施肥技术应用，5 个村玉米逐年提高，肥料用量下降，种粮效益增加，深受群众欢迎。从 2009 年开始，每年在玉米播种前，县乡技术人员进村入户到田进行 3～4 次宣讲，听讲人数达 1 530 人次，发放玉米施肥技术资料 1 620 余份，填发配方卡 2 100 份。根据目标产量制定了比较切实可行的配方：目标产量≥700 千克/亩，亩施优质农肥 1500 千克或秸秆还田，纯 N 21 千克，P_2O_5 15 千克，K_2O 10 千克，即每亩施用配方比例 N—P_2O_5—K_2O 分别为 20—15—10 的配方肥 100 千克；亩产为 600～700 千克区域，亩施优质农肥 1 500 千克或秸秆还田，纯 N 18 千克，P_2O_5 12 千克，K_2O 10 千克。即每亩施用配方比例 N—P_2O_5—K_2O 分别为 18—12—10 的配方肥 100 千克。

集义庄村 2011 年玉米测土配方施肥技术推广面积 2 300 亩，平均亩产达到 785 千克，比习惯施肥对照平均亩增产玉米 68.5 千克，增产率 9.5%，亩节省纯氮用量 1.02 千克，亩节本增效 145 元；果园村 2011 年推广面积 3 380 亩，平均亩产达到 792 千克，比习惯施肥对照平均亩增产玉米 71.5 千克，增产率 10%，亩节省纯氮用量 1.31 千克，亩节本增效 150 元；大圣地村 2011 年推广面积 2 200 亩，平均亩产达到 765 千克，比习惯施肥对照平均亩增产玉米 75 千克，增产率 10.86%，亩节省纯氮用量 1.13 千克，亩节本增效 157 元；兴旺庄村 2011 年推广面积 2 150 亩，平均亩产达到 802 千克，比习惯施肥对照平均亩增产玉米 91 千克，增产率 12.8%，亩节省纯氮用量 1.01 千克，亩节本增效 182.6 元；下永兴村 2011 年推广面积 3 180 亩，平均亩产达到 772 千克，比习惯施肥对照平均亩增产玉米 68 千克，增产率 9.65％，亩节省纯氮用量 1 千克，亩节本增效 143 元；5 个村总面积 13 210 亩，平均亩产达到 784.9 千克，比习惯施肥对照平均亩增产玉米 75.74 千克，增产率 10.68％，亩节省纯氮用量 1.08 千克，亩节本增效 157.48 元；总增产玉米 100.05 万千克，总节本增效 108 万元，总节肥 1.43 万千克。

第三节　耕地污染防治对策与建议

一、耕地环境质量现状

　　山西农业大学资源环境学院农业资源环境监测中心对繁城镇、杏园乡、神堂堡乡的 30 个土壤、4 个水样品的数据进行分析，全部属于安全点位，属于非污染土壤。但并非说绝对没有污染，特别是近年来工业的快速发展，土壤污染不可被免，应引起足够重视，特别是镍、汞的污染。

　　汞对于植物为低毒，在土壤的一般浓度下对植物生长无影响。但是汞对于动物和人的危害严重，汞及其化合物可通过呼吸道、消化道、皮肤进入人体，通过呼吸道摄入的气态汞具有高毒，有机汞化合物是高毒性的，可引起神经性疾病，还具有致畸和致突变性。汞残留在植物的籽实中，通过食物链而危害人体健康。土壤总汞达到超过 0.5 毫克/千克，即认为已受到汞污染（或为高背景区），对生态会产生不良影响；土壤总汞超过 1.0 毫克/千克，则会对生态造成较严重的危害，生长在这种土壤中的粮食、蔬菜，残留汞可能超过食用标准。

　　土壤中的汞污染主要来源于灌溉、燃煤、汞冶炼厂和汞制剂厂（仪表、电气、氯碱工业等）的排放，含汞农药和含汞底泥肥料的使用也是重要的汞污染源。

　　土壤中少量镍对植物生长有益，对缺镍的土壤施用镍盐溶液有明显增产效果，但过量镍会使植物中毒，表现为与缺铁失绿相似。镍也是人体必需的微量营养元素之一，但某些镍的化合物，如羰基镍毒性很大，是一种强的致癌物。摄入过量的镍会导致中毒，土壤中镍主要来自成土母质。

二、控制、防治、修复污染的方法与措施

（一）提高保护土壤资源的认识

　　在环境三要素中，土壤污染远远没有像空气、水体污染那样受到人们的关注和重视。很少有人思考土壤污染及其对陆地生态系统、人类生存带来的威胁。土壤污染具有渐进性、长期性、隐蔽性和复杂性的特点。它对动物和人体的危害可通过食物链逐级积累，人们往往身处其害而不知其害，不像大气、水体污染易被人直觉观察。土壤污染除极少数突发性自然灾害（如火山活动）外，主要是人类活动造成的。因此，在高强度开发、利用土壤资源，寻求经济发展，满足特质需求的同时，一定要防止土壤污染、生态环境被破坏，力求土壤资源、生态环境、社会影响、社会经济协调、和谐发展。土壤与大气、水体的污染是相互影响，相互制约的。据报道，大气和水体中的污染物的 90％ 以上最终会沉积在

土壤中，土壤会作为各种污染物的最终聚集地。反过来，污染土壤也将导致空气和水体的污染，如过量施用氮素肥料，可能因硝态氮随渗漏进入地下水，引起地下水硝态氮超标。

（二）土壤污染的预防措施

1. 执行国家有关污染物的排放标准　要严格执行国家部门颁发的有关污染物管理标准，如《农药登记规定》（1982）、《农药安全使用规定》（1982）、《工业"三废"排放试行标准》（1973）、《农用灌溉水质标准》（2005）、《征收排污费暂行办法》（1982）以及国家部门关于"污泥施用质量标准"，并加强对污水灌溉与土地处理系统，固体废弃物的土地处于管理。

2. 建立土壤污染监测、预测与评价系统　以土壤环境标准为基准和土壤环境容量为依据，定期对辖区土壤环境质量进行监测，建立系统的档案材料，参照国家组织建议和我国土壤环境污染物目录，确定优先检测的土壤污染物和测定标准方法，按照优先污染次序进行调查、研究。加强土壤污染物总浓度的控制与管理。必须分析影响土壤中污染物的累积因素和污染趋势，建立土壤污染物累积模型和土壤容量模型，预测控制土壤污染或减缓土壤污染对策和措施。

3. 发展清洁生产　发展清洁生产工艺，加强"三废"治理，有效消除、削减、控制重金属污染源，以减轻对环境的影响。

（三）污染土壤的治理措施

不同污染型的土壤污染，其具体治理措施不完全相同，对已经污染的土壤要根据污染的实际情况进行改良。

1. 金属污染土壤的治理措施　土壤中重金属有不移动性、累积性和不可逆性的特点。因此，要从降低重金属的活性，减小它的生物有效性入手，加强土、水管理。其防治措施：①通过农田的水分调控，调节土壤 pH 来控制土壤重金属的毒性。如铜、锌、铅等在一定程度上均可通过 pH 的调节来控制它的生物有效性；②客土、换土法。对于严重污染土壤采取用客土或换土是一种切实有效的方法；③生物修复。在严重污染的土壤上，采取超积累植物的生物修复技术是一个可行的方法；④施用有机物质等改良剂。利用有机物质腐熟过程中产生的有机酸铬合重金属，减少其污染。

2. 有机物（农药）污染土壤的防治措施　对于有机物、农药污染的土壤，应从加速土壤中农药的降解入手。可采用如下措施：①增施有机肥料，提高土壤对农药的吸附量，减轻农药对土壤的污染；②调控土壤 pH 和 Eh 值，加速农药的降解。不同有机农药降解对 pH、Eh 值要求不同，若降解反应属氧化反应或在好氧微生物作用下发生的降解反应，则应适当提高土壤 Eh 值。若降解反应是一个还原反应，则应降低 Eh 值。对于 pH 的影响，对绝大多数有机农药如滴滴涕、六六六等都在较高 pH 条件下加速降解。

第四节　农业结构调整与适宜性种植

近些年来，繁峙县农业的发展和产业结构调整工作取得了突出的成绩，但干旱胁迫严重，土壤肥力有所减退，抗灾能力薄弱，生产结构不良等问题，仍然十分严重。因此，为适应 21 世纪我国农业发展的需要，增强繁峙县优势农产品参与国际市场竞争的能力，有必要进一步对全县的农业结构现状进行战略性调整，从而促进全县高效农业的发展，实现农民增收。

一、农业结构调整的原则

为适应我国社会主义农业现代化的需要，在调整种植业结构中，遵循下列原则：

一是以国际农产品市场接轨，以增强全县农产品在国际、国内经济贸易的竞争力为原则。

二是以充分利用不同区域的生产条件、技术装备水平及经济基地条件，达到趋利避害，发挥优势的调整原则。

三是以充分利用耕地评价成果，正确处理作物与土壤间、作物与作物间的合理调整为原则。

四是采用耕地资源管理信息系统，为区域结构调整的可行性提供宏观决策与技术服务的原则。

五是保持行政村界线的基本完整的原则。

根据以上原则，在今后一般时间内将紧紧围绕农业增效、农民增收这个目标，大力推进农业结构战略性调整，最终提升农产品的市场竞争力，促进农业生产向区域化、优质化、产业化发展。

二、农业结构调整的依据

通过本次对全区种植业布局现状的调查，综合验证，认识到目前的种植业布局还存在许多问题，需要在区域内部加大调整力度，进一步提高生产力和经济效益。

根据此次耕地质量的评价结果，安排全区的种植业内部结构调整，应依据不同地貌类型耕地综合生产能力和土壤环境质量两方面的综合考虑，具体为：

一是按照七大不同地貌类型，因地制宜规划，在布局上做到宜农则农，宜林则林，宜牧则牧。

二是按照耕地地力评价出1～7个等级标准，在各个地貌单元中所代表面积的数值衡量，以适宜作物发挥最大生产潜力来分布，做到高产高效作物分布在1～3级耕地为宜，中低产田应在改良中调整。

三是按照土壤环境的污染状况，在面源污染、点源污染等影响土壤健康的障碍因素中，以污染物质及污染程度确定，做到该退则退，该治理的采取消除污染源及土壤降解措施，达到无公害绿色产品的种植要求，来考虑作物种类的布局。

三、土壤适宜性及主要限制因素分析

繁峙县土壤因成土母质不同，土壤质地也不一致，发育在黄土及黄土状母质上的土壤质地多是较轻而均匀的壤质土，心土及底土层为黏土。总的来说，繁峙县的土壤大多为壤质，沙黏含量比较适合，在农业上是一种质地理想的土壤，其性质兼有沙土和黏土之优点，而克服了沙土和黏土之缺点，它既有一定数量的大孔隙，还有较多的毛管孔隙，故通透性好，保水保肥性强，耕性好，宜耕期长，好抓苗，发小又养老。因此，综合以上土壤特性，繁峙县土壤适宜性强，玉米、马铃薯、糜黍、谷子等粮食作物及经济作物，如蔬菜、西瓜、药材，都适宜在繁峙县种植。

但种植业的布局除了受土壤质地作用外，还要受到地理位置、水分条件等自然因素和经济条件的限制，在山地、丘陵等地区，由于此地区沟壑纵横，土壤肥力较低，土壤较干旱，气候凉爽，农业经济条件也较为落后。因此，要在管理好现有耕地的基础上，将智力、资金和技术逐步转移到非耕地的开发上，大力发展林、牧业，建立农、林、牧结合的生态体系，使其成林、牧产品生产基地。在平原地区由于土地平坦，水源较丰富，是繁峙县土壤肥力较高的区域，同时其经济条件及农业现代化水平也较高，故应充分利用地理、经济、技术优势，在决不放松粮食生产的前提下，积极开展多种经营，实行粮、菜、水果全面发展。

在种植业的布局中，必须充分考虑到各地的自然条件、经济条件，合理利用自然资源，对布局中遇到的各种限制因素，应考虑到它影响的范围和改造的可行性，合理布局生产，最大限度地、持久地发掘自然的生产潜力，做到地尽其力。

四、种植业布局分区建议

根据繁峙县种植业结构调整的原则和依据，结合本次耕地地力调查与质量评价结果，繁峙县主要为杂粮种植生产区，将繁峙县划分为三大优势产业区，分区概述：

（一）河谷级地、交接洼地及洪积扇前缘下部粮、菜、瓜高产区

本区分布在滹沱河两岸的河漫滩、一级、二级阶地和部分高阶地残塬区交接洼地及洪积扇前缘下部，海拔为910～1 100米，平均为1 005米。包括杏园、繁城、下茹越、集义庄、砂河、金山铺、大营等乡（镇）。本次耕地地力评价为1～4级地（含4级地），区域耕地面积35.48万亩，占总耕地面积的44.45%。

1. 区域特点　本区域海拔低，地势平坦，土壤肥沃，两气温较高，光照充足，水土流失轻微，地下水位高，水源比较充足，属井河两灌区，水利条件较好，园田化水平高，交通便利，农业生产条件优越。年平均气温5～8℃，年降水量350～400毫米，无霜期140天，气候温和，热量充足，农业生产水平较高，一年一作。本区土壤耕性良好，成土母质多为河流洪积—冲积性黄土状物质，土壤肥力高，适种性广，是本县主要产粮区。种植作物主要有玉米、水稻、谷子等农作物。

本区域有机质平均含量为12.27克/千克，属省四级水平；全氮平均含量为0.65克/千克，属省五级水平；有效磷平均含量为10.97毫克/千克，属省四级水平；速效钾平均含量为116.53毫克/千克，属省四级水平；缓效钾平均含量为772.14毫克/千克，属省三级水平。中微量元素养分含量有效硫均值为22.19毫克/千克，有效铜平均值为1.72毫克/千克，有效锰平均值为9.12毫克/千克，有效锌平均值为0.97毫克/千克，有效铁平均值为8.8毫克/千克，有效硼平均值为0.52毫克/千克。土壤硫、锌含量较低。

2. 种植业发展方向 本区城周以建设蔬菜、设施农业、甜糯玉米三大基地为主攻方向，城外围大力发展高产高效粮田，扩大粮—经、粮—菜、粮—瓜面积，在现有基础上，优化结构，建立无公害粮、瓜、菜生产基地。

3. 主要保证措施

（1）加大土壤培肥力度，全面推广多种形式秸秆还田，以增加土壤有机质，改良土壤理化性状。

（2）注重作物合理轮作，坚决杜绝连茬多年的习惯。

（3）全力以赴搞好基地建设，通过标准化建设、模式化管理、无害化生产技术应用，使基地取得明显的经济效益和社会效益。

（二）山前交接洼地、沟谷阶地及洪积扇中部、垣地、梁峁地和高水平梯田中产区

广泛分布在全县 13 个乡（镇）的河谷平川区上部的高级地及洪积扇中上部。本次耕地地力评价为 5～6 级地（含 6 级地），区域耕地面积 39.22 万亩，占总土地面积的 49.13%，海拔为 1 100～1 500 米的范围内。滹沱河北面黄土丘陵地貌比较多，南面洪积扇比较多。

1. 区域特点 本区区域光热资源丰富，土地较肥沃，园田化水平、农业机械化程度因所处地形部位不同而不同。年降水量 400～500 毫米，成土母质除少数为洪积冲积物外，多为黄土或红土，土质轻发育差。土壤类型多为盐化潮土、洪积褐土性土和褐土性土地。种植作物以玉米、谷子、糜黍、马铃薯、豆类等杂粮为主。

本区域有机质平均含量为 11.24 克/千克，属省四级水平；全氮平均含量为 0.59 克/千克，属省五级水平；有效磷平均含量为 10.79 毫克/千克，属省四级水平；速效钾平均含量为 127.1 毫克/千克，属省四级水平；缓效钾平均含量为 765.95 毫克/千克，属省三级水平。中微量元素养分含量有效硫平均值为 22.19 毫克/千克，有效铜平均值为 1.54 毫克/千克，有效锰平均值为 9.21 毫克/千克，有效锌平均值为 0.93 毫克/千克，有效铁平均值为 7.59 毫克/千克，有效硼平均值为 0.55 毫克/千克。土壤硫、锌含量较低。

2. 种植业发展方向 坚持"以市场为导向、以效益为目标"的原则，积极发展高效农业，建立无公害、绿色、有机杂粮生产基地。

3. 主要保证措施

（1）良种良法配套，提高品质，增加产出，增加效益。

（2）增施有机肥料，有效提高土壤有机质含量。

（3）加强技术培训，提高农民素质。

（4）加强水利设施建设，一方面充分利用引黄工程，千方百计扩大水浇地面积；另一方面增加深井，扩大水浇地面积。

（三）低山丘陵、沟谷阶地及封闭洼地，下湿盐碱地等低产区

该区以东部、南部、北部的岩头乡、光峪堡乡、神堂堡乡、柏家庄乡，以及其他乡（镇）的土石山地区为主。本次耕地地力评价为 6～7 级地（含 7 级地），区域面积 5.14 万亩，占总耕地面积的 6.43%。海拔为 1 250～3 058 米，平均为 2 154 米。

1. 区域特点 本区在本县主要为两大山系，即滹沱河南面的五台山山系，北面的恒山山系，境内起伏颇大，沟深坡陡，地势险要，裸露岩石到处可见。相对位置较低的土石山区，林木茂盛，裸露较少，山坡较平缓，山谷较开阔，石山土山交替，土山覆盖黄土，土层下是岩石。其特点是土地较肥沃，地面坡度大，地块支离破碎，无霜期限短，园田化水平、农业机械化程度相对较低。成土母质多为黄土、红黄土、残积—坡积物和沟淤物，土壤类型多为淋溶褐土、褐土性土、洪积褐土性土，种植作物以谷子、糜黍、马铃薯、豆类等杂粮为主。

本区域有机质平均含量为 14.18 克/千克，属省四级水平；全氮平均含量为 0.73 克/千克，属省四级水平；有效磷平均含量为 11.12 毫克/千克，属省四级水平；速效钾平均含量为 149.35 毫克/千克，属省四级水平；缓效钾平均含量为 800.62 毫克/千克，属省三级水平。中微量元素养分含量有效硫平均值为 15.73 毫克/千克，有效铜平均值为 1.54 毫克/千克，有效锰平均值为 11.42 毫克/千克，有效锌平均值为 1.07 毫克/千克，有效铁平均值为 9.88 毫克/千克，有效硼平均值为 0.57 毫克/千克。土壤硫含量较低。

2. 种植业发展方向　本区以高产粮田为发展方向，大力发展马铃薯、谷子、糜黍、豆类杂粮作物，按照市场需求和粮食加工业的要求，优化结构，合理布局，引进新优品种，建立无公害、绿色杂粮生产基地。

3. 主要保障

（1）加大土壤培肥力度，全面推广多种形式秸秆还田，以增加土壤有机质，改良土壤理化性状。

（2）注重作物合理轮作，坚决杜绝连茬多年的习惯。

（3）全力以赴搞好基地建设，通过标准化建设、模式化管理、无害化生产技术应用，使基地取得明显的经济效益和社会效益。

（4）搞好测土配方施肥，增加微肥的施用。

（5）进一步抓好平田整地，整修梯田，建设三保田。

（6）积极推广旱作技术和高产综合配套技术，提高科技含量。

第五节　耕地质量管理对策

耕地地力调查与质量评价成果为全县耕地质量管理提供了依据，耕地质量管理决策的制定，成为全县农业可持续发展的核心内容。

一、建立依法管理体制

（一）工作思路

以发展优质高效、生态、安全农业为目标，以耕地质量动态监测管理为核心，满足人民日益增长的农产品需求。

（二）建立完善行政管理机制

1. 制订总体规划　坚持"因地制宜、统筹兼顾，局部调整、挖掘潜力"的原则，制订全县耕地地力建设与土壤改良利用总体规划，实行耕地用养结合，划定中低产田改良利用范围和重点，分区制定改良措施，严格统一组织实施。

2. 建立以法保障体系 制定并颁布《繁峙县耕地质量管理办法》，设立专门监测管理机构，县、乡、村三级设定专人监督指导，分区布点，建立监控档案，依法检查污染区域项目治理工作，确保工作高效到位。

3. 加大资金投入 县政府要加大资金支持，县财政每年从农发资金中列支专项资金，用于全县中低产田改造和耕地污染区域综合治理，建立财政支持下的耕地质量信息网络，推进工作有效开展。

（三）强化耕地质量技术实施

1. 提高土壤肥力 组织县、乡农业技术人员实地指导，组织农户合理轮作，平衡施肥，安全施药、施肥，推广秸秆还田、种植绿肥、施用生物菌肥，多种途径提高土壤肥力，降低土壤污染，提高土壤质量。

2. 改良中低产田 实行分区改良，重点突破。灌溉改良区重点抓好灌溉配套设施的改造、节水浇灌、挖潜增灌、扩大浇水面积，丘陵、山区中低产区要广辟肥源，深耕保墒，轮作倒茬，粮草间作，扩大植被覆盖率，修整梯田，达到增产增效目标。

二、建立和完善耕地质量监测网络

随着繁峙县工业化进程的不断加快，工业污染日益严重，在重点工业生产区域建立耕地质量监测网络已迫在眉睫。

1. 设立组织机构 耕地质量监测网络建设，涉及环保、土地、水利、经贸、农业等多个部门，需要县政府协调支持，成立依法行政管理机构。

2. 配置监测机构 由县政府牵头，各职能部门参与，组建繁峙县耕地质量监测领导小组，在县环保局下设办公室，设定专职领导与工作人员，建立企业治污工程体系，制定工作细则和工作制度，强化监测手段，提高行政监测效能。

3. 加大宣传力度 采取多种途径和手段，加大《环保法》宣传力度，在重点污排企业及周围乡印刷宣传广告，大力宣传环境保护政策及科普知识。

4. 监测网络建立 在全县依据这次耕地质量调查评价结果，划定安全、非污染、轻污染、中度污染、重污染五大区域，每个区域确定 10～20 个点，定人、定时、定点取样监测检验，填写污染情况登记表，建立耕地质量监测档案。对污染区域的污染源，要查清原因，由县耕地质量监测机构依据检测结果，强制企业污染限期限时达标治理。对未能限期达标企业，一律实行关停整改，达标后方可生产。

5. 加强农业执法管理 由繁峙县农业、环保、质检行政部门组成联合执法队伍，宣传农业法律知识，对市场化肥、农药实行市场统一监控、统一发布，将假冒农用物资一律依法查封销毁。

6. 改进治污技术 对不同污染企业采取烟尘、污水、污碴分类科学处理转化。对工业污染河道及周围农田，采取有效物理、化学降解技术，降解铅、镉及其他重金属污染物，并在河道两岸 50 米栽植花草、林木、净化河水、美化环境；对化肥、农药污染农田，要划区治理，积极利用农业科研成果，组成科技攻关组，引试降解剂，逐步消解污染物。

7. 推广农业综合防治技术 在增施有机肥降解大田农药、化肥及垃圾废弃物污染的同时，积极宣传推广微生物菌肥，以改善土壤的理化性状，改变土壤溶液酸碱度，改善土壤团粒结构，减轻土壤板结，提高土壤保水、保肥性能。

三、农业税费政策与耕地质量管理

农业税费改革政策的出台必将极大调整农民粮食生产积极性，成为耕地质量恢复与提高的内在动力，对全县耕地质量的提高具有以下几个作用：

1. 加大耕地投入，提高土壤肥力　目前，全县丘陵面积大，中低产田分布区域广，粮食生产能力较低。税费改革政策的落实有利于提高单位面积耕地养分投入水平，逐步改善土壤养分含量，改善土壤理化性状，提高土壤肥力，保障粮食产量恢复性增长。

2. 改进农业耕作技术，提高土壤生产性能　农民积极性的调动，成为耕地质量提高的内在动力，将促进农民平田整地，耙糖保墒，加强耕地机械化管理，缩减中低产田面积，提高耕地地力等级水平。

3. 采用先进农业技术，增加农业比较效益　采取有机旱作农业技术，合理优化适栽技术，加强田间管理，节本增效，提高农业比较效益。

农民以田为本，以田谋生，农业税费政策出台以后，土地属性发生变化，农民由有偿支配变为无偿使用，成为农民家庭财富的一部分，对农民增收和国家经济发展将起到积极的推动作用。

四、扩大无公害农产品生产规模

在国际农产品质量标准市场一体化的形势下，扩大繁峙县无公害农产品生产成为满足社会消费需求和农民增收的关键。

（一）理论依据

综合评价结果，耕地无污染的占 90%，适合生产无公害农产品，适宜发展绿色农业生产。

（二）扩大生产规模

在繁峙县发展绿色无公害农产品，扩大生产规模，要根据耕地地力调查与质量评价结果为依据，充分发挥区域比较优势，合理布局，规模调整。一是在粮食生产上，在全县发展 62 万亩无公害、绿色、有机玉米、谷子、糜黍、豆类、马铃薯；二是在蔬菜生产上，发展无公害、绿色、有机蔬菜 2.1 万亩；三是在水果生产上，发展无公害、绿色、有机白水大杏，神堂堡富士苹果 11 万亩。

（三）配套管理措施

1. 建立组织保障体系　设立繁峙县无公害农产品生产领导小组，下设办公室，地点在县农业委员会。组织实施项目列入县政府工作计划，单列工作经费，由县财政负责执行。

2. 加强质量检测体系建设　成立县级无公害农产品质量检验技术领导小组，县、乡下设两级监测检验的网点，配备设备及人员，制定工作流程，强化监测检验手段，提高检测检验质量，及时指导生产基地技术推广工作。

3. 制定技术规程 组织技术人员建立全县无公害农产品生产技术操作规程，重点抓好平衡施肥，合理施用农药，细化技术环节，实现标准化生产。

4. 打造绿色品牌 重点打造好无公害、绿色、有机玉米、谷子、糜黍、马铃薯、白水大杏、神堂堡富士苹果、胡萝卜等蔬菜品牌农产品的生产经营。

五、加强农业综合技术培训

自 20 世纪 80 年代起，繁峙县就建立起县、乡、村的三级农业技术推广网络。由县农业技术推广中心牵头，搞好技术项目的组织与实施，负责划区技术指导。行政村配备 1 名科技副村长，在全县设立农业科技示范户。先后开展了玉米、谷子、糜黍、马铃薯、等作物和白水大杏、富士苹果水果优质高产高效生产技术培训，推广了旱作农业、秸秆覆盖、地膜覆盖、双千创优工程及设施蔬菜"四位一体"综合配套技术。

现阶段，繁峙县农业综合技术培训工作一直保持领先，有机旱作、测土配方施肥、生态沼气、无公害蔬菜生产技术推广已取得明显成效。充分利用这次耕地地力调查与质量评价，主抓以下几方面技术培训：①宣传加强农业结构调整与耕地资源有效利用的目的及意义；②全县中低产田改造和土壤改良相关技术推广；③耕地地力环境质量建设与配套技术推广；④绿色无公害农产品生产技术操作规程；⑤农药、化肥安全施用技术培训；⑥农业法律、法规、环境保护相关法律的宣传培训。

通过技术培训，使繁峙县农民掌握必要的知识与生产实行技术，推动耕地地力建设，提高农业生态环境、耕地质量环境的保护意识，发挥主观能动性，不断提高全县耕地地力水平，以满足日益增长的人口和物资生活需求，为全面建设小康社会打好农业发展基础平台。

第六节 耕地资源管理信息系统的应用

耕地资源信息系统以一个县行政区域内耕地资源为管理对象，应用 GIS 技术，对辖区内的地形、地貌、土壤、土地利用、农田水利、土壤污染、农业生产基本情况、基本农田保护区等资料进行统一管理，构建耕地资源基础信息系统，并将其数据平台与各类管理模型结合，对辖区内的耕地资源进行系统的动态管理，为农业决策、农民和农业技术人员提供耕地质量动态变化规律、土壤适宜性、施肥咨询、作物营养诊断等多方位的信息服务。

本系统行政单元为，农业单元为基本农田保护块，土壤单元为土种，系统基本管理单元为土壤、基本农田保护块、土地利用现状叠加所形成的评价单元。

一、领导决策依据

这次耕地地力调查与质量评价直接涉及耕地自然要素、环境要素、社会要素及经济要素 4 个方面，为耕地资源信息系统的建立与应用提供了依据。通过全县生产潜力评价、适宜性评价、土壤养分评价、科学施肥、经济性评价、地力评价及产量预测，及时指导农业生产的发展，为农业技术推广应用作好信息发布，为用户需求分析及信息反馈打好基础。主要依据：一是全县耕地地力水平和生产潜力评估为农业远期规划和全面建设小康社会提供了保障；二是耕地质量综合评价，为领导提供了耕地保护和污染修复的基本思路，为建立和完善耕地质量检测网络提供了方向；三是耕地土壤适宜性及主要限制因素分析为全县农业调整提供了依据。

二、动态资料更新

这次繁峙县耕地地力调查与质量评价中，耕地土壤生产性能主要包括地形部位、土体构型较稳定的物理性状、易变化的化学性状、农田基础建设 5 个方面。耕地地力评价标准体系与 1984 年土壤普查技术标准出现部分变化，耕地要素中基础数据有大量变化，为动态资料更新提供了新要求。

（一）耕地地力动态资源内容更新

1. 评价技术体系有较大变化　这次调查与评价主要运用了"3S"评价技术。在技术方法上，采用文字评述法、专家经验法、模糊综合评价法、层次分析法、指数和法；在技术流程上，应用了叠置法确定评价单元，空间数据与属性数据相连接，采用特尔菲法和模糊综合评价法，确定评价指标，应用层次分析法确定各评价因子的组合权重，用数据标准化计算各评价因子的隶属函数并将数值进行标准化，应用了累加法计算每个评价单元的耕地力综合评价指数，分析综合地力指数，分布划分地力等级，将评价的地方等级归入农业部地力等级体系，采取 GIS、GPS 系统编绘各种养分图和地力等级图等图件。

2. 评价内容有较大变化　除原有地形部位、土体构型等基础耕地地力要素相对稳定以外，土壤物理性状、易变化的化学性状、农田基础建设等要素变化较大，尤其是土壤容重、有机质、pH、有效磷、速效钾指数变化明显。

3. 增加了耕地质量综合评价体系　土样、水样化验检测结果为全县绿色、无公害农产品基地建立和发展提供了理论依据。图件资料的更新变化，为今后全县农业宏观调控提供了技术准备，空间数据库的建立为全县农业综合发展提供了数据支持，加速了全县农业信息化快速发展。

（二）动态资料更新措施

结合这次耕地地力调查与质量评价，繁峙县及时成立技术指导组，确定专门技术人员，从土样采集、化验分析、数据资料整理编辑，电脑网络连接畅通，保证了动态资料更新及时、准确，提高了工作效率和质量。

三、耕地资源合理配置

（一）目的意义

多年来，繁峙县耕地资源盲目利用，低效开发，重复建设情况十分严重，随着农业经济发展方向的不断延伸，农业结构调整缺乏借鉴技术和理论依据。这次耕地地力调查与质量评价成果对指导全县耕地资源合理配置，逐步优化耕地利用质量水平，对提高土地生产性能和产量水平具有现实意义。

繁峙县耕地资源合理配置思路是：以确保粮食安全为前提，以耕地地力质量评价成果为依据，以统筹协调发展为目标，用养结合，因地制宜，内部挖潜，发挥耕地最大生产效益。

（二）主要措施

1. 加强组织管理，建立健全工作机制　繁峙县组建耕地资源合理配置协调管理工作体系，由农业、土地、环保、水利、林业等职能部门分工负责，密切配合，协同作战。技术部门要抓好技术方案制定和技术宣传培训工作。

2. 加强农田环境质量检测，抓好布局规划　将企业列入耕地质量检测范围。企业要加大资金投入和技术改造，降低"三废"对周围耕地污染，因地制宜大力发展绿色、无公害农产品优势生产基地。

3. 加强耕地保养利用，提高耕地地力　依照耕地地力等级划分标准，划定全县耕地地力分布界限，推广平衡施肥技术，加强农田水利基础设施建设，平田整地，淤地打坝，中低产田改良，植树造林，扩大植被覆盖面，防止水土流失，提高梯（园）田化水平。采用机械耕作，加深耕层，熟化土壤，改善土壤理化性状，提高土壤保水保肥能力。划区制定技术改良方案，将全县耕地地力水平分级划分到户，建立耕地改良档案，定期定人检查验收。

4. 重视粮食生产安全，加强耕地利用和保护管理　根据繁峙县农业发展远景规划目标，要十分重视耕地利用保护与粮食生产之间的关系。人口不断增长，耕地逐年减少，要解决好建设与吃饭的关系，合理利用耕地资源，实现耕地总面积动态平衡，解决人口增长与耕地矛盾，实现农业经济和社会可持续发展。

总之，耕地资源配置，主要是各土地利用类型在空间上的整体布局；另一层含义是指同一土地利用类型在某一地域中是分散配置还是集中配置。耕地资源空间分布结构折射出其地域特征，而合理的空间分布结构可在一定程度上反映自然生态和社会经济系统间的协调程度。耕地的配置方式，对耕地产出效益的影响截然不同，经过合理配置，农耕地相对规模集中，既利于农业管理，又利于减少投工投资，耕地的利用率将有较大提高。

一是严格执行《基本农田保护条例》，增加土地投入，大力改造中低产田，使农田数量与质量稳步提高；二是果园地面积要适当调整，淘汰劣质果园，发展优质果品生产基地；三是林草地面积适量增长，加大四荒拍卖开发力度，种草植树，力争森林覆盖率达到30％，牧草面积占到耕地面积的2％以上。搞好河道、滩涂地有效开发，增加可利用耕地面积；加大小流域综合治理，在搞好耕地整治规划的同时，治山治坡、改土造田、基本农田建设与农业综合开发结合进行；要采取措施，严控企业占地，严控农宅基地占用一级、二级耕田；加大废旧砖窑和农废弃宅基地的返田改造，盘活耕地存量调整，"开源"与"节流"并举，加快耕地使用制度改革。实行耕地使用证发放制度，促进耕地资源的有效利用。

四、土、肥、水、热资源管理

（一）基本状况

繁峙县耕地自然资源包括土、肥、水、热资源。它是在一定的自然和农业经济条件下逐渐形成的，其利用及变化均受到自然、社会、经济、技术条件的影响和制约。自然条件是耕地利用的基本要素。热量与降水是气候条件最活跃的因素，对耕地资源影响较为深刻，不仅影响耕地资源类型形成，更重要的是直接影响耕地的开发程度、利用方式、作物种植、耕作制度等方面。土壤肥力则是耕地地力与质量水平基础的反映。

1. 光热资源　繁峙县属温带半湿润大陆性季风气候，四季分明，冬季寒冷干燥，夏季炎热多雨。年均气温为 6.8℃，7 月最热，平均气温达 21.5℃，极端最高气温达37.2℃。1 月最冷，平均气温−9.1℃，极端最低气温−28.5℃。县域热量资源丰富，大于 10℃以上的积温为 2 300～3 500℃。历年平均日照时数为 2 906 小时，无霜期为 90～140 天。

2. 降水与水文资源　繁峙县全年降水量为 400 毫米左右，不同地形间降水量分布规律：五台山区降水高于恒山区，恒山区高于丘陵区，丘陵区高于平川区，一般西部地区多于东部地区，但差别不大。年度间全县降水量差异较大，降水量季节性分布明显，主要集中在 7 月、8 月、9 月这 3 个月，占年总降水量的 77％左右。

繁峙县位于滹沱河上游，河谷阶地为极富水区，两边山沟沟谷出口处的洪积扇裙地带为富水区，山前丘陵区为中等富水区。水利资源可利用总量 7.3 亿立方米，其中地表水年总量 3.1 亿立方米，地下水可采量 4.2 亿立方米。

3. 土壤肥力水平　繁峙县耕地地力平均水平较低，依据《山西省中低产田类型划分与改良技术规程》，分析评价单元耕地土壤主要障碍因素，将全县耕地地力等级划分为1～7 级，归并为 5 个中低产田类型，总面积 71.04 万亩，占耕地面积的 88.98％，主要分布于广大丘陵地区和土石山区。全县耕地土壤类型为：褐土、潮土、水稻土三大类，其中褐土分布面积较广，约占 52.32％，潮土约占 31.36％。全县土壤质地较好，主要分为沙土、沙壤、轻壤、中壤、重壤、黏土 6 种类型，其中轻壤质土约占 75.98％。土壤 pH 为6.7～9.96，平均值为 8.11，耕地土壤容重范围为 1.0～1.33 克/立方厘米，平均值为 1.22 克/立方厘米。

（二）管理措施

在繁峙县建立土壤、肥力、水热资源数据库，依照不同区域土、肥、水热状况，分类分区划定区域，设立监控点位、定人、定期填写检测结果，编制档案资料，形成有连续性的综合数据资料，有利于指导全县耕地地力恢复性建设。

五、科学施肥体系和灌溉制度的建立

（一）科学施肥体系建立

繁峙县平衡施肥工作起步较早，最早始于 20 世纪 70 年代未定性的氮磷配合施肥；80

年代初为半定量的初级配方施肥；90 年代以来，有步骤定期开展土壤肥力测定，逐步建立了适合全县不同作物、不同土壤类型的施肥模式。在施肥技术上，提倡"增施有机肥，稳施氮肥，增施磷，补施钾肥，配施微肥和生物菌肥"。

根据繁峙县耕地地力调查结果看，土壤有机质含量有所上升，平均含量为 12.95 克/千克，属省四级水平，比第二次土壤普查 8.7 克/千克，提高了 4.25 克/千克；全氮平均含量 0.67 克/千克，属省五级水平，比第二次土壤普查 0.66 克/千克，提高了 0.01 克/千克；有效磷平均含量 11.78 毫克/千克，属省四级水平，比第二次土壤普查 6.46 毫克/千克，提高了 5.32 毫克/千克；速效钾平均含量为 121.1 毫克/千克，属省四级水平，比第二次土壤普查 74.00 毫克/千克，提高了 46.9 毫克/千克。

1. 调整施肥思路　以节本增效为目标，立足抗旱栽培，着力提高肥料利用率，采取"稳氮、增磷、补钾、配微"原则，坚持有机肥与无机肥相结合，合理调整养分比例，按耕地地力与作物类型分期供肥，科学施用。

2. 施肥方法

（1）因土施肥：不同土壤类型保肥、供肥性能不同。对全县丘陵区旱地，土壤的土体构型为通体壤或"蒙金型"，一般将肥料作基肥一次施用效果最好；对沙土、夹沙土等构型土壤，肥料特别是钾肥应少量多次施用。

（2）因品种施肥：肥料品种不同，施肥方法也不同。对碳酸氢铵等易挥发性化肥，必须集中深施覆盖土，一般为 10～20 厘米，硝态氮肥易流失，宜作追肥，不宜大水漫灌；尿素为高浓度中性肥料，作底肥和叶面喷肥效果最好，在旱地做基肥集中条施。磷肥易被土壤固定，常作基肥和种肥，要集中沟施，且忌撒施土壤表面。

（3）因苗施肥：对基肥充足，生长旺盛的田块，要少量控制氮肥，少追或推迟追肥时期；对基肥不足，生长缓慢田块，要施足基肥，多追或早追氮肥；对后期生长旺盛的田块，要控氮补磷施钾。

3. 选定施用时期　因作物选定施肥时期。玉米追肥宜选在拔节期和大喇叭口期施肥，同时可采用叶面喷施锌肥。

在作物喷肥时间上，要看天气施用，要选无风、晴朗天气，早上 8：00～9：00 或下午 16：00 以后喷施。

4. 选择适宜的肥料品种和合理的施用量施肥　在品种选择上，增施有机肥、高温堆沤积肥、生物菌肥；严格控制硝态氮肥施用，忌在忌氯作物上施用氯化钾，提倡施用硫酸钾肥，补施铁肥、锌肥、硼肥等微量元素化肥。在化肥用量上，要坚持无害化施用原则，一般菜田，亩施腐熟农家肥 2 000～3 000 千克、尿素 25～30 千克、磷肥 40 千克、钾肥 10～15 千克。日光温室以番茄为例，一般亩产 5 000 千克，亩施有机肥 3 000 千克、氮肥（N）25 千克、磷（P_2O_5）23 千克，（K_2O）16 千克，配施适量硼、锌等微量元素。

（二）灌溉制度的建立

繁峙县虽属富水区之一，但由于立地条件及地形部位的限制，目前能灌溉的耕地只有 16.5 万亩，占全县总耕地面积的 20.67%，保浇地仅有 4 万余亩，占可灌溉面积的 24.24%。所以，今后应重点推广旱节水灌溉技术。

旱地节水灌溉模式：主要包括，一是旱地耕地制作模式，即深翻耕作，加深耕层，平田整地，提高园（梯）田化水平；二是保水纳墒技术模式，即地膜覆盖，秸秆覆盖蓄水保墒，高灌引水，节水管灌等配套技术措施，提高旱地农田水分利用率。

（三）体制建设

在繁峙县建立科学施肥与灌溉制度，农业、技术部门要严格细化相关施肥技术方案，积极宣传和指导；林业部门要加大荒坡、荒山植树植被、绿色环境，改善气候条件，提高年际降水量；农业环保部门要加强基本农田及水污染的综合治理，改善耕地环境质量和灌溉水质量。

六、信息发布与咨询

耕地地力与质量信息发布与咨询，直接关系到耕地地力水平的提高，关系到农业结构调整与农民增收目标的实现。

（一）体系建立

以繁峙县农业技术部门为依托，在山西省、忻州市农业技术部门的支持下，建立耕地地力与质量信息发布咨询服务体系，建立相关数据资料展览室，将全县土壤、土地利用、农田水利、土壤污染、基本农业田保护区等相关信息融入电脑网络之中，充分利用县、乡两级农业信息服务网络，对辖区内的耕地资源进行系统的动态管理，为农业生产和结构调整做好耕地质量动态变化、土壤适宜性、施肥咨询、作物营养诊断等多方位的信息服务。在乡建立专门试验示范生产区，专业技术人员要做好协助指导管理，为农户提供技术、市场、物资供求信息，定期记录监测数据，实现规范化管理。

（二）信息发布与咨询服务

1. 农业信息发布与咨询 重点抓好玉米、谷子、马铃薯、蔬菜、白水大杏、富士苹果、中药材等适栽品种供求动态、适栽管理技术、无公害农产品化肥和农药科学施用技术、农田环境质量技术标准的入户宣传、编制通俗易懂的文字、图片发放到每家每户。

2. 开辟空中课堂抓宣传 充分利用覆盖全县的电视传媒信号，定期做好专题资料宣传，并设立信息咨询服务电话热线，及时解答和解决农民提出的各种疑难问题。

3. 组建农业耕地环境质量服务组织 在全县乡（镇）村选拔科技骨干，统一组织耕地地力与质量建设技术培训，组成农业耕地地力与质量管理服务队，建立奖罚机制，鼓励他们谏言献策，提供耕地地力与质量方面信息和技术思路，服务于全县农业发展。

4. 建立完善执法管理机构 成立由县国土、环保、农业等行政部门组成的综合行政执法决策机构，加强对全县农业环境的执法保护。开展农资市场打假，依法保护利用土地，监控企业污染，净化农业发展环境。同时配合宣传相关法律、法规，让群众家喻户晓，自觉接受社会监督。

第九章 耕地地力质量评价与特色农产品标准化生产

第一节 繁峙县耕地质量状况与玉米标准化生产的对策研究

繁峙县日照时数较长，昼夜温差较大，有利于玉米作物生长。全县种植玉米的面积在30万亩左右。

一、玉米主产区耕地质量现状

从养分测定结果看，繁峙县玉米主产区理化性质为：有机质含量为 4.75～38.21 克/千克，平均值 12.27 克/千克，属省四级水平；全氮含量为 0.25～1.96 克/千克，平均值为 0.65 克/千克，属省五级水平；碱解氮含量为 28.00～169.40 毫克/千克，平均值为 70.29 毫克/千克，属省五级水平；有效磷含量为 2.54～38.65 毫克/千克，平均值为 10.97 毫克/千克，属省四级水平；速效钾含量为 50.0～311.77 毫克/千克，平均值为 116.53 毫克/千克，属省四级水平；有效硫为 7.48～100.00 毫克/千克，平均值为 22.19 毫克/千克，属省五级水平；微量元素锰、锌、铁、硼皆属省四级水平；铜属省二级水平；pH 为 8.27～8.48，平均值为 8.36；容重平均值为 1.27 克/厘米³。

二、玉米生产技术要求

（一）种子选择及其处理

1. 品种选择 选用繁峙县常年种植面积较大的先玉 335、永玉 3 号、沈单 16、晋单 55、大丰 30 作为骨干品种。

2. 种子质量 种子纯度不低 98％，净度不低于 98％，发芽率（幼苗）不低于 90％，含水量不高于 16％。

3. 种子处理 播前须进行包衣处理，以控制地老虎、蛴螬、蝼蛄等地下害虫，丝黑穗病、瘤黑粉病等病害的危害。

（二）选地、选茬与耕翻整地

1. 选地 选择耕层深厚、肥力较高、保水、保肥及排水良好的地块。

2. 选茬 选择大豆、马铃薯、玉米等肥沃的茬口。

3. 耕整地 实施以深松为基础松、翻、耙结合的土壤耕作制，3 年深翻 1 次。

（1）秋翻整地：秋耕翻整地，耕翻深度为 20～25 厘米，做到无漏耕、无立垡、无坷垃，翻后耙耢，按种植要求垄距起垄镇压。

（2）耙茬、深松整地：一般适用于土壤墒情较好的大豆、马铃薯等软茬，先灭茬深松垄台，然后耢平，起垄镇压，严防跑墒。深松整地，先松原垄沟，再破原垄台合成新垄，及时镇压。

（三）施肥

实施测土配方施肥，做到氮、磷、钾及微量元素合理搭配。

1. 有机肥　每亩施用含有机质 8% 以上的农肥 1 000～1 500 千克。结合整地撒施或条施底肥。

2. 化肥

（1）磷肥：每亩按 P_2O_5 6～15 千克折合商品化肥量，结合整地做底肥或种肥施入。

（2）钾肥：每亩按 K_2O 3～10 千克折合商品化肥量，做底肥或种肥，不能做秋施底肥，也可用硅酸盐细菌代替钾肥。

（3）氮肥：每亩按 N 15～20 千克折合商品化肥量，其中 30%～40% 做底肥或种肥，另 60%～70% 做追肥施入。

3. 毒颗粒　用毒颗粒防治地下害虫。每亩用 4～5 千克的 0.125% 的辛硫磷毒颗粒（配制方法：50% 的辛硫磷乳油 0.5 千克，对水 5～10 千克拌入 200 千克煮熟的破碎豆、玉米或高粱中）随肥埯施，或每亩用 50% 的甲拌磷 1.5 千克，随肥埯施。

（四）播种

1. 播期　5 月中上旬，播期不能太晚，确保苗全、苗齐、苗匀。

2. 种植方式

（1）清种。

（2）间种：与大豆、早熟马铃薯、早熟豆角、早熟甘蓝等作物间作。间种比例：与粮食作物间种以 6∶2 或 4∶2 或 2∶2 形式；与早熟豆角、早熟甘蓝等菜类作物间作以 2∶1 形式。

3. 播法　人工催芽埯种的，土壤含水量低于 20% 的地块坐水埯种，土壤含水量高于 20% 的地块可直接埯种；垄上机械精量点（穴）播的，可在成垄地块，采用机械精量等距点播。播种做到深浅一致，覆土均匀。埯种地块播后及时镇压；坐水埯种地块播后隔天镇压；机械播种随播随镇压。镇压后播深达到 3～4 厘米，镇压做到不漏压、不拖堆。

4. 密度

间套种：株型收敛品种，每亩保苗 3 500～4 000 株；株型繁茂品种，每亩保苗 3 000～3 500 株。

单种：株型收敛品种，每亩保苗 4 000～4 500 株；株型繁茂品种，每亩保苗 3 500～3 700 株。按种植密度要求确定播种量。

（五）田间管理

1. 查田、补栽　出苗前及时检查发芽情况，如发现粉种、烂芽，要准备好补种用种或预备苗；出苗后如缺苗，要利用预备苗或田间多余苗及时坐水补栽。3～4 片叶时，要将弱苗、病苗、小苗去掉，一次等距定苗。

2. 铲前深松、蹚地　出苗后要进行深松或铲前蹚一犁。

3. 铲蹚　头遍铲蹚后，每隔 10～12 天铲蹚 1 次。做到三铲三蹚。

4. 虫害防治

（1）黏虫：6 月中下旬，平均 100 株玉米有 50 条黏虫时达到防治指标。可用菊酯类农药防治，每亩用量 20～30 毫升，加水 30 千克，喷雾防治，或人工捕杀。

（2）玉米螟：防治指标为百秆活虫 80 条虫。高压汞灯防治：时间为当地玉米螟成虫羽化初始日期，每晚 9 时至次日早 4 时，小雨仍可开灯。赤眼蜂防治：于玉米螟卵盛期在田间放 1 次或 2 次蜂，每亩放蜂 15 000 只。

（3）Bt 乳剂：在玉米为心叶末期（5％抽雄）每亩用 0.16～0.2 千克的 Bt 乳剂制成颗粒剂撒放或兑水 30 千克喷雾。

5. 打芽子 及时掰掉芽子，避免损伤主茎。

6. 追肥 玉米拔节前或 7～9 叶期行，每亩追施纯氮总量的 60％～70％，追肥部位离植株 10～20 厘米，深度 10～15 厘米。

7. 应用化控剂 在抽雄前 3～5 天，每亩用化控剂 25 毫升对水喷于顶部叶片。

8. 放秋垄 8 月上、中旬，放秋垄拿大草 1～2 次。

9. 站秆扒皮晾晒 玉米蜡熟后扒开玉米果穗苞叶晾晒。

（六）收获

1. 收获时间 玉米在适时播种前提下，还须实行适当晚收，以争取较高的粒重和产量，一般情况下应蜡熟后期收获。

2. 晾晒脱粒 收获后的玉米要进行晾晒，有条件的地方可进行烘干。籽粒含水量达到 20％时脱粒，高于 20％以上冻后脱粒。脱粒后的籽粒要进行清选，达到国家玉米收购质量标准二等以上。

三、玉米生产目前存在的问题

（一）不重视有机肥的施用

由于化肥的快速发展，牲畜饲养量的减少，施用的有机肥严重不足。有机肥的增施可以提高土壤的团粒性能，改善土壤的通气透水性，保水、保肥和供肥性能。根据调查情况可以看出，不施用或施用较少有机肥的地块，土壤板结，产量相对较低，容易出现病虫害。

（二）化肥投入比例失调

由于农民缺乏科学的施肥技术，以致出现了盲目施肥现象。并且肥料施用分布极不平衡，距离近的耕地施用有机肥，远的地块施用化肥，甚至不上肥干种。

（三）化肥施用方法不科学

主要表现在：第一，施肥深度不够，一般施肥深度 0～10 厘米，不在玉米根系密集层，养分利用率低；第二，施肥时期和方法不当，根据玉米需肥特点，肥料应分次施用。大多数农户在给玉米作物施肥时仅施用 1 次，造成玉米生长期内养分供应不足，严重影响玉米的产量和降低了化肥的施用效率；第三，化肥施用过于集中，施肥后造成局部土壤化学浓度过大，对玉米生长产生了危害；第四，有些农民不根据自己家地块肥料实际需求，盲目过量施用化肥，不仅造成耕地土壤污染和肥料浪费，而且使土壤形成板结。

（四）重用地，轻养地

春季白地下种的现象蔚然成风，由南至北形成了一种现象。不重视农家肥的积造保管和施用，没有把农家肥放到增产的地位上来；有的地方不充分利用肥料来源，焚烧秸秆的现象依然存在；复播面积扩大，但施肥水平跟不上，这样久而久之土壤养分入不敷出，肥力自然下降。俗话说，又想马儿跑，不给马吃草，马也难跑。产量难以提高。

（五）微量元素肥料施用量不足

调查发现，在微量元素肥料的施用上，施用面积和施用量都少。而且施用时期掌握不好，往往是在出现病症后补施，或是在治理病虫害过程中，施用掺杂有微量元素的复合农药剂。此外，由于农民对氮肥的盲目过量施用，致使土壤中元素间拮抗现象增强，影响微量元素肥料的施用效果。

四、玉米生产的对策

（一）增施土壤有机肥，尤其是优质有机肥

从农业生产物质循环的角度看，作物的产量越高，从土壤中获得的养分越多，需要以施肥形式，特别是以化肥补偿土壤中的养分。随着化肥施用量的日益增加，肥料结构中有机肥的比重相对下降，农业增产对化肥的依赖程度越来越大。在一定条件下，施用化肥的当季增产作用确实很大，但随着单一化肥施用量得逐渐增加，土壤有机质消耗量也增大，造成土壤团粒结构分解，协调水、肥、气、热的能力下降，土壤保肥供肥性能变差，将会出现新的低产田。配方施肥要同时达到土壤供肥能力和培肥土壤两个目的，仅仅依靠化肥是做不到的，必须增施有机肥。有机肥的作用，除了供给物质多种养分外，更重要的是更新和积累土壤有机质，促进土壤微生物活动，有利于形成土壤团粒结构，协调土壤中水、肥、气、热等肥力因素，增强土壤保肥、供肥能力，为作物高产优质创造条件。所以，配方施肥不是几种化肥的简单配比，应以有机肥为基础，氮、磷、钾化肥以及中、微量元素配合施用，既获得作物优质高产，又维持和提高土壤肥力。

（二）合理调整化肥施用比例和用量

结合玉米土壤养分状况、施肥状况、玉米作物施肥与土壤养分的关系，以及玉米"3414"田间肥效试验结果，结合玉米作物施肥规律，提出相应的施肥比例和用量。一般条件下，100千克玉米籽粒需吸收 N $2.5\sim2.6$ 千克，P_2O_5 $0.8\sim1.2$ 千克，K_2O $2.0\sim2.2$ 千克。玉米施肥应综合考虑品种特性、土壤条件、产量水平、栽培方式等因素。亩产按 $500\sim600$ 千克推算，亩施纯氮15千克左右、P_2O_5 7.5千克左右、K_2O 6千克左右。低中山区和丘陵区应在加强氮磷钾合理配比的基础上，重视微量元素肥料的合理施用，特别是锌肥的使用。

（三）增施中、微量元素肥料

繁峙耕地土壤中有效硫、有效锌含量普遍偏低，再加上土壤中各元素间的拮抗作用，在生产中存在中、微量元素缺乏症状。所以，高产以及土壤中微量元素较低的地块要在合理施用大量元素肥料的同时，注意施用中、微量元素肥料。玉米高产地块最好施用硫基复合肥，每隔2年或3年每亩底施锌肥$1.5\sim2.0$千克，以提高玉米作物抗逆性能，改善品

质，提高产量。

（四）合理的施肥方法

玉米土壤施肥应根据玉米作物的生长特点、需肥规律及各种肥料的特性，确定合适的施肥时期和方法。在施肥时，应注意以下几点：第一，肥料绝对不能撒施，撒施等于不施；第二，由于氮肥和钾肥容易烧苗，在施用氮、钾肥时要注意避免将肥料撒到或带到作物的叶片上，并且施肥时要与玉米根系保持 5 厘米左右的距离；而磷肥中有效成分 P_2O_5 在土壤中移动性很小，在施磷肥时要集中施用，施到作物根系周围，便于作物吸收利用；第三，由于氮肥是易挥发肥料，因此应避免在高温下施肥；第四，碳酸氢铵不易与过磷酸钙混合施用，否则易结块影响肥效；尿素与过磷酸钙混合施用时，要随混随用；第四，施用复合肥料和复混肥料时，要注意坚持深施原则，即撒施后耕翻，条施或穴施后盖土；用复合肥做底肥时，在作物生长后期，应追用尿素、碳铵等氮肥，保证玉米作物的养分需求。

第二节　繁峙县耕地质量状况与谷子标准化生产的对策研究

谷子是繁峙县主要粮食作物之一，因自然环境条件和土壤类型及矿物质含量等方面的优越，生产的小米、黄米品质优良，味道纯浓，深受当地群众及省内外客户的欢迎，特别是近年来，随着农业产业结构的调整，以及市场对谷子需求的增加，繁峙县谷子生产面积也在逐年加大。

一、主产区耕地质量现状

通过本次调查结果可知，繁峙县谷子产区土壤理化性状为：有机质含量为 4.63～37.88 克/千克，平均值为 13.95 克/千克，属省四级水平；全氮含量为 0.25～1.75 克/千克，平均值为 0.77 克/千克，属省四级水平；有效磷含量为 2.81～36.57 毫克/千克，平均值为 13.15 毫克/千克，属省四级水平；速效钾含量为 20.6～306.7 毫克/千克，平均值为 151.25 毫克/千克，属省三级水平；有效硫为 24.17～46.54 毫克/千克，平均值 32.31 毫克/千克，属省四级水平；微量元素铜、硼、铁、锰皆属省四级水平；锌属省三级水平；pH 为 8.28～8.50，平均值为 8.21；容重平均值为 1.25 克/立方厘米。

二、谷子种植标准技术措施

（一）引用标准

GB 3095—1982　大气环境质量标准

GB 15618—1995　土壤环境质量标准

GB 4285—1989　农药安全使用标准

GB/T 8321　农药合理使用准则

（二）栽培技术措施

1. 选地 基于谷子种子小，后期怕涝、怕"腾伤"的特点，应选择土壤肥沃、通风、排水性好、易耕作、无污染源的丘陵垛地种植为好；避免种在窝风、低洼、易积水的地块。

谷子不宜连作，应轮作倒茬。前茬以大豆、薯类、玉米为好。

2. 施足基肥 秋季收获作物后，每亩施经高温腐熟的优质农家肥1 000～1 500千克，尿素20千克，过磷酸钙50千克。所有肥料结合秋耕壮垡1次底施。

禁止施用的肥料有：一是未经无害化处理的城市垃圾、医院的粪便、垃圾和含有有害物质的工业垃圾；二是硝态氮肥和未腐熟的饼肥、人粪尿；三是未获准省以上农业部门登记的肥料产品。

3. 秋耕壮垡 清理秸秆根茬—施肥—深耕—平整—耙耱，要求达到净、深、透、细、平，即根茬净，犁深在25厘米以上，应犁透，不隔犁，细犁，细耙，耕层无明暗坷垃，地面平整。

4. 播前整地 播前将秋耕壮垡的地块，进行浅拱、耙耱、平整、清除杂草，使土壤上虚下实。土壤容重为1.1～1.3克/厘米³。

5. 品种选择 谷子属于短日照喜温作物，对光温条件反应敏感。必须选用适合当地栽培、优质、高产、抗病性强的、通过省级认定的优良品种。种子的质量应符合GB 4404.1—1996的规定。繁峙县主栽品种为晋谷21，张杂1号、2号、3号等。

6. 种子处理 播种前15天左右，选晴天将谷种薄薄摊开2～3厘米，暴晒2～3天。

7. 播种

（1）播期选择：以立夏至小满为宜，可依品种、土壤墒情灵活掌握。生育期长的品种可适当早播，反之，则应适当推迟播期；土壤墒情好时，可适当晚播。

（2）土壤墒情：播种时0～5厘米土壤含水量应以13％～16％为宜。

（3）播量：一般每亩播种为0.8～1.0千克。

（4）播种方式：采用机播耧为好，也可用土耧，行距为26～33厘米。大小行种植时，宽行40～45厘米，窄行16～23厘米。

（5）播种深度：播深以4～5厘米为宜，最深不超过6.6厘米。

（6）播后镇压：播后随耧镇压。若土壤过湿，应晾墒后再镇压。播后遇雨，要及时镇压，破除地表板结。

8. 苗期管理

（1）幼苗快出土时，压碎坷垃，踏实土壤，防止"悬苗"或"烧尖"。

（2）在4叶一心时，及时间苗，每亩留苗3万株左右，密度可根据地力和施肥水平适当调整，应避免荒苗，间苗时浅锄、松土、围苗、除草，促进深扎、促进苗壮发。

（3）留苗密度：肥沃地每亩留苗2.5万～3万株；坡梁地每亩留苗1.5万～2万株。

（4）中耕除草：第一次中耕结合定苗浅锄，围土稳苗；25～30厘米时中耕培土，深锄、细锄，深度5～7厘米；苗高50厘米时，中耕培土，防止倒伏。

9. 拔节孕穗期管理

（1）清垄：8叶期将谷行中的谷莠子、杂草、病虫株及过多的分蘖等拔除，减少病虫、杂草的危害和水肥的无为消耗，使苗脚清爽、通风透光。

（2）中耕除草：在清垄时或清垄后及时进行中耕，深度 10～15 厘米，除掉行间杂草，促进多发、深扎，增强根系吸收水肥能力和土壤蓄水保墒能力。

（3）追肥：在 10 叶期，对一些地力较差、底肥不足的地块，可采取 8 叶期只清垄不中耕，10 叶期结合追肥进行深中耕，每亩追施尿素 5～8 千克。

（4）高培土：为防倒伏、增蓄水，在孕穗期要进行高培土。

（5）防"胎里旱"、"卡脖旱"：严重干旱时，在孕穗期每亩用抗旱剂 0.1～0.5 千克，对水 60 千克进行叶面喷施，缓解"胎里旱"、"卡脖旱"。

10. 后期管理 为防早衰，提高穗粒数，增加粒重，谷子抽穗后，需进行叶面追肥。一般用 2％尿素和 0.2％磷酸二氢钾和 0.2％硼酸溶液，进行叶面喷洒，每亩喷施 40～60 千克。喷施时间应在扬花期和灌浆期进行。

（三）病虫害防治

谷子主要病害有谷子白发病、黑穗病，主要害虫有粟灰螟、金针虫、蝼蛄。

1. 农业防治 采取轮作倒茬、科学施肥、处理根茬、选用抗病品种、种子处理、加强栽培管理等一系列有效措施，防治病虫害。

2. 物理防治 根据害虫生物学特性，利用昆虫性诱剂、糖醋液、黑光灯等干扰成虫交配和诱杀成虫。

3. 生物防治 人工释放赤眼蜂，保护和助迁田间瓢虫、草蛉、捕杀螨、寄生蜂、寄生蝇等天敌，使用中等毒性以下的植物源、动物源和微生物源农药进行防治。

4. 化学防治 要加强病虫害的预测预报，做到有针对性的适时防治。未达防治指标或益害虫比合理的情况下不用药；严禁使用禁用农药和未核准登记的农药；根据天敌发生特点，合理选择农药种类、施用时间和施用方法，保护天敌；根据病虫害的发生特点，注意交替和合理使用农药，以延缓病虫产生抗药性，提高防治效果；严格控制施药量与安全间隔期。

5. 主要病虫害防治措施

（1）谷子白发病：将种子放在浓度 10％盐水中，捞出上面秕谷、杂质，将下沉种子捞出用清水洗 2～3 遍，晾干后用 35％瑞毒霉按种子量 0.3％均匀拌种。

（2）谷子黑穗病：将谷子放在浓度 20％石灰水中浸种 1 天，去除秕谷、杂质，捞出晾干，用 40％拌种双按种子量 0.2％均匀拌种。

（3）粟灰螟：春季将谷田根茬全部清理干净，并几种烧掉。6 月上中旬，当谷田平均 500 株谷苗有一块卵或出现个别枯心苗时，用苏云金杆菌 300 倍液或 2.5％溴氰菊酯 4 000 倍液或 20％氰戊菊酯 3 000 倍液喷雾防治。

（4）金针虫、蝼蛄：一是推荐使用包衣种子；二是未经包衣种子可用 50％辛硫磷乳油按种子量 0.2％拌种，闷种 4 天，晾干后播种。

（四）适时收获

9 月底至 10 月初谷穗变黄、籽粒变硬、谷码变干时，适时收获。谷子收获应连秆一起运回或放倒在田间 3～5 天，然后再切穗脱粒。

（五）运输、储藏

1. 运输 运输工具要清洁、干燥，有防雨设施。严禁与有毒、有害、有腐蚀性、有异味的物品混运。

2. 储藏　应在避光、低温、清洁、干燥、通风、无虫鼠害的仓库储存。入库谷子含水量不大于13％。严禁与有毒、有害、有腐蚀性、易发霉、有异味的物品混存。

三、谷子标准化生产存在的问题

1. 土壤养分含量不高　土壤养分含量基本属于中等水平，主要表现在有机肥施用量少，甚至不施。

2. 化肥施用方法不当　许多农民在施肥时只图省事，不考虑肥效，化肥撒施现象相当普遍，使肥料利用率很低，白白浪费了肥料，严重时还会对水体、大气造成危害。

3. 化肥用量不合理　据调查农民偏施氮肥，且用量大，磷钾用量不合理，养分不均衡，降低了养分的有效性。

4. 地块过小，机械化程度不高　谷子生产地块主要选择在山地、坡地，一般地块面积都比较小，机械化生产困难。

四、谷子标准化生产的对策

1. 提高土壤养分含量　严格按照谷子生产的措施，按每亩3 000～4 000千克农家肥底施，1次性施足，并在此基础上，施入一定量的化肥。

2. 科学施肥　建议：一是在秋耕时，进行秋施肥；二是少施氮肥，氮、磷、钾要平衡施肥；三是在微量元素含量较少的地块，进行补充微量元素肥量，可底施，也可叶面喷施。

3. 加大农田基本建设　加大农田基本建设的目的，是谷子生产的地块要适应机械化生产的要求。一是采取修边垒埝，将坍塌地块修整；二是将小地块变大地块。

第三节　繁峙县马铃薯耕地适宜性分析报告

繁峙县五台山山区和恒山山区气候冷凉，适宜马铃薯生长，常年种植面积保持在5万亩左右。由于人们生活水平的不断提高，以及对马铃薯营养成分的高度认识，对马铃薯的需求呈上升趋势。因此，充分发挥区域优势，搞好无公害马铃薯生产，对提高马铃薯产业化水平，满足市场需求有重大意义。

一、马铃薯生产条件的适宜性分析

繁峙县地处属暖温带大陆性季风气候。境内由于海拔悬殊，地形复杂，导致气温差别较大。尤其是五台山地区气候冷凉，年降水量丰沛，土壤类型主要为淋溶褐土和褐土，有机质含量较高，土壤质地较轻，特别适宜马铃薯生长。

马铃薯产区主要集中在五台山地区和恒山地区的岩头乡、东山乡、神堂堡乡、柏家庄乡，耕地地力现状：有机质含量为 6.99～39.2 克/千克，平均值为 18.06 克/千克，属省三级水平；全氮含量为 0.36～1.99 克/千克，平均值为 0.93 克/千克，属省四级水平；有效磷含量为 2.27～37.61 毫克/千克，平均值为 15.63 毫克/千克，属省三级水平；速效钾含量为 70.6～316.8 毫克/千克，平均值为 162.97 毫克/千克，属省三级水平；有效硫为 3.61～73.39 毫克/千克，平均值 17.62 毫克/千克，属省五级水平；微量元素铜属省二级水平；锌、铁、锰皆属省三级水平；硼属省五级水平；pH 为 7.78～8.71，平均值为 8.13；容重平均值为 1.19 克/厘米^3。

二、马铃薯生产技术要求

（一）引用标准

GB 3095—1996　大气环境质量标准

GB 9137—1988　大气污染物允许浓度标准

GB 15618—1995　土壤环境质量标准

GB 3838—2002　地表水环境质量标准

GB 4285—1989　农药安全使用标准

GB/T 1557.1—1995　农药残留检测

（二）具体要求

1. 土壤　马铃薯对土壤的适应性较广，但较适宜在 pH 为 4.8～6.8 的土壤中生长，过酸会出现植株早衰，过碱不利于出苗生长及疮痂病发生严重。土壤过黏易板结，不利薯块膨大，过沙肥力差，产量不高。最适宜种植在富含有机质、松软、排灌便利的壤质土。

2. 温度　解除休眠的薯块，在 5℃时芽条生长很缓慢，随着温度逐步上升至 22℃，生长随之相应加快；25～27℃的高温下茎叶生长旺盛，易造成徒长；15～18℃最适宜薯块的生长，超过 27℃，则薯块生长缓慢。马铃薯整个生长发育期的适宜温度是 10～25℃。

3. 光照　马铃薯在长日照下，植株生长很快。在生育期内，光照不足或荫蔽缺光的地方，茎叶易于发生徒长，延迟生长发育，抗病力减弱；短日照有利于薯块形成，一般每天日照时数在 11～13 小时最为适宜，超过 15 小时，植株生长旺盛，则薯块产量下降。结薯期处于短日照，强光和配以昼夜温差大，极利于促进薯块生长而获得高产。

4. 水分　马铃薯既怕旱又怕涝，喜欢在湿润的条件下生长。所以，要经常保持土壤湿润，土壤水分保持在 60%～80%比较适宜。土壤水分超过 80%对植株生长有不良影响，尤其在后期积水超过 24 小时，薯块易腐烂。在低洼地种植马铃薯，要注意排除渍水或实行高畦种植。

5. 养分　马铃薯的生长发育对氮、磷、钾三要素的要求，需钾肥最多，氮肥次之，磷肥较少。氮、磷、钾肥的施用最好能根据土壤肥力，实行测土配方施肥。

（三）马铃薯的栽培技术要点

1. 选用适宜品种及脱毒种薯　根据不同的土壤气候条件和气候特点选用适宜的品种，目前繁峙县主要引进种植和示范推广的良种主要有：紫花白、东北白、金冠及同薯 23 号等。宜选用脱毒马铃薯原种或一级、二级种薯，杜绝用商品薯做种薯。

2. 种薯处理　种薯应选择健康无病、无破损、表皮光滑、储藏良好且具有该品种特征的薯块，大小一致，每个种薯重 30～50 克，最好整薯播种，可避免切块传病和薯块腐烂造成缺株，但薯块较大的种薯可进行切块种植。种薯在催芽或播种前应进行消毒处理，用 200～250 倍液的福尔马林浸种 30 分钟，或用 1 000 倍液稀释的农用链霉素、细菌杀喷雾等。

3. 适时种植　为了确保马铃薯高产增收，适宜在 4 月下旬至 5 月上旬播种。

4. 选择整地　选择前作玉米的地块、土壤疏松，富含有机质，肥力中等以上土层深厚的田块，进行深耕、平整。

5. 重视基肥　一般每亩施用农家肥 2 000～3 000 千克、碳酸氢铵 100 千克、过磷酸钙 50 千克，硫酸钾 15 千克，充分混合，开 15～20 厘米深的种植沟，将混合肥均匀撒施于种植沟内，然后覆土并播种马铃薯种薯。

6. 合理密植　根据土壤肥力状况和品种特性而确定合理的种植密度，一般肥力条件下，按每亩种植 3 000～3 300 株为宜，每亩用种量 120～150 千克。在施有基肥的种植沟内按株距 30 厘米点放种薯，单株种植，芽眼向上，然后盖 15 厘米左右厚的细土。

7. 田间管理

（1）苗期管理：种后 30 天即可全苗，此时应及时深锄 1 次使土壤疏松通气，除草培土。

（2）现蕾期管理：现蕾期要进行第二次中耕除草，此次只蹚不铲，以免铲断肉质延生根，蹚土压草与手工拔除相结合防止草荒。结合培土，每亩追施尿素 8 千克。同时，为了节省养分，促进块茎生长，应及时摘除花蕾，见蕾就摘。

（3）开花期管理：必须在开花期植株封行前完成培土，有灌溉条件的地块要根据降雨情况（如土壤持续 15 天干旱）适时浇水，促进提早进入结薯期。在盛花期要注意观察，发生徒长的可喷施多效唑抑制徒长。

（4）结薯期管理：结薯期应避免植株徒长，特别是块茎膨大期对肥水要求较高，只靠根系吸收已不能满足植株的需要，可采用 0.5％的尿素与 0.3％磷酸二氢钾混合液进行叶面喷施，土壤持水量保持在 80％左右。

8. 防治病虫害　马铃薯的主要病害有青枯病、晚疫病、卷叶病毒病、锈病、霜霉病；主要虫害有蚜虫、浮尘子、二十八星瓢虫、地老虎、金龟子等。应结合田间管理做好病虫害的防治工作，在整个生育期内发现病株要及时拔除，并清除地上和地下病株残体。

（1）病毒病防治：现蕾期及时发现和拔除病毒感染的花叶、卷叶、叶片皱缩、植株矮化等症状的病株，在发病初期用 1.5％的植病灵乳剂 1 000 倍液或病毒 A 可湿性粉剂 500 倍液喷雾防治。

（2）晚疫病防治：在开花后或发生期喷洒 64％的杀毒矾可湿性粉剂 500 倍液或 1∶1∶200 的波尔多液，每 7～10 天喷 1 次，连喷 2～3 次。

（3）蚜虫防治：出苗后 25 天，采用 40％氧化乐果乳油、功夫、灭蚜威等 500～1 000 倍液喷雾防治。

（4）马铃薯瓢虫防治：用 90％敌百虫 1 000 倍液，或氧化乐果 1 500 倍液，或 2.5％

敌杀死 5 000 倍液均匀喷雾。

9. 适期收获　当马铃薯生长停止，茎叶逐渐枯黄，匍匐茎与块茎容易脱落时应及时收获。收获过早块茎不成熟，干物质积累少，产量低；收获过迟，容易造成烂薯，降低品质，影响产量。选择晴天挖薯，按薯块大小分类存放，薯块表面水分晾干后，置于通风、阴凉、干燥的地方储藏。

三、马铃薯标准化生产目前存在的问题

1. 施肥不合理　从马铃薯产区农户施肥量调查看，施肥利用率较低。从马铃薯生产施肥过程中看，存在的主要问题是氮、磷、钾配比不当。

2. 微量元素肥料施用量不足　微量元素大部分存在于矿物质中，不能被植物吸收利用，而微量元素对农产品品质有着不可替代的作用，生产中存在的主要问题是农户微肥施用量较低，甚至有不施微肥的现象。

3. 播期过早　从繁峙县看，马铃薯播种期主要集中在 4 月上旬前后，播期过早，不利于马铃薯生产。

四、马铃薯标准化生产的对策

1. 增施有机肥，提高土壤水分利用率　一是积极组织农户广开肥源，培肥地力，努力达到改善土壤结构，提高纳雨蓄墒的能力；二是玉米与马铃薯轮作时，大力推广玉米秸秆覆盖、二元双覆盖、玉米秸秆粉碎还田等还田技术；三是狠抓农机具配套，扩大秸秆翻压还田面积；四是加快和扩大商品有机肥的生产和应用。在施用的有机肥的过程中，农家肥必须经过高温发酵，不得施用未经腐熟的厩肥、泥肥、饼肥、人粪尿等。

2. 合理调整肥料用量和比例　首先要合理调整氮、磷、钾施用比例。其次要合理曾氏磷钾肥，保证土壤养分平衡。

3. 科学施微肥　在合理施用氮、磷、钾肥的基础上，要科学施用微肥，以达到优质、高产目的。

4. 延迟播期　马铃薯开花至膨大期是需水量最大时期，结合繁峙县降雨，延迟播种期，一般在 4 月下旬至 5 月上旬播种，使它与马铃薯需水肥最大时期相遇，有利于提高肥料利用率。

第四节　繁峙县耕地质量状况与白水杏
标准化生产的对策研究

　　赵家庄村地处县城东北 8 千米处的黄土丘陵区，属暖温带大陆性气候，四季分明，年平均气温 7.6℃；年降水量 450 毫米，6～9 月雨量约占全年的 78%；无霜期 125～140 天，每平方厘米面积上年内太阳能辐射能约为 589.94 千焦耳左右，年平均日照时数为 2 900 余小时。全村 330 户、1 160 人，3 800 亩耕地。北依恒山、属丘陵洪积扇出口地段、

三面环山、背风向阳、昼夜温差大、日照时间长、空气土壤质地优良，独特的小气候造就了绿色生态环境，历来是有名的水果之乡。这里生产的白水杏个头大，表面光滑，色泽鲜艳，糖分高，口食性好，文明于省内外。近年来，该村以推进科技转化为先导，构建绿色经济产业开发为重点，充分发挥区域优势，积极调整产业结构，大力发展以优异白水杏为主，苹果、桃、李为辅的水果经济林，使全村栽培面积达 2 100 亩，占到全村总耕地面积的 55.3%。2011 年 1 800 亩白水大杏、300 余亩红富士苹果、大久桃和黑宝石李子全部挂果，2012 年水果总产量达 196 万千克，总产值 981 万元；人均水果收入 8 406 元，占到人均农业总收入 11 500 元的 73.1%，走出了一村一品产业增效之路，带动了周边村乃至全县的水果产业发展，2010 年通过农业部无公害农产品认证，2011 年该村获全省"一村一品"20 面红旗之一。群众高兴地说："一村一品产业富了赵家庄人，水果让咱赵家庄村出了名"。在本次耕地地力评价中，结合土壤化验及其他因素评价结果，制定无公害白水大杏标准化生产示范园区建设标准。

一、无公害白水杏示范园区耕地质量现状

（一）无公害白水杏示范园区耕地土壤养分现状

从本次调查结果来看，繁峙县繁城镇压赵家庄村无公害白水杏生产示范园区的土壤理化性状为：有机质含量为 2.1～20.5 克/千克，平均值为 9.275 克/千克，属省五级水平；全氮含量为 0.24～1.142 克/千克，平均值为 0.553 克/千克，属省五级水平；有效磷含量为 2.6～23.9 毫克/千克，平均值为 10.193 毫克/千克，属省四级水平；速效钾含量为 69～220 毫克/千克，平均值为 140.412 毫克/千克，属省四级水平；有效硫为 5.1～38.4 毫克/千克，平均值 16.489 毫克/千克，属省五级水平；微量元素有效铜含量为 0.42～2.41 毫克/千克，平均值为 1.791 毫克/千克，属省二级水平；有效锌含量为 0.13～1.31 毫克/千克，平均值为 0.64 毫克/千克，属省四级水平；有效铁含量为 2.8～5.4 毫克/千克，平均值为 4.665 毫克/千克，属省五四级水平；有效锰含量为 2.6～6.9 毫克/千克，平均值为 5.931 毫克/千克，属省五四级水平；有效硼含量为 0.1～0.77 毫克/千克，平均值为 0.429 毫克/千克，属省五级水平；pH 平均为 8.157，容重平均值为 1.21 克/立方厘米。

（二）耕地环境质量现状

1. 土壤环境质量现状　调查显示，繁峙县繁城镇压赵家庄村无公害白水杏生产示范园区土壤砷的平均含量为 9.33 毫克/千克；铅的平均含量为 13.3 毫克/千克，铬的平均含量为 54.9 毫克/千克；镉的平均含量为 0.129 毫克/千克，汞的平均含量为 0.003 毫克/千克，均符合我国无公害农产品产地环境技术条件（NY 5013—2006）的要求。

2. 灌溉水环境质量现状　调查显示，繁峙县繁城镇压赵家庄村无公害白水杏生产示范园区的土壤灌溉用水严格控制指标砷含量为 0.000 75 毫克/千克，铅含量为 0.000 15 毫克/千克，铬含量为 0.061 毫克/千克，镉含量为 0.000 22 毫克/千克，汞含量为 0.000 079 毫克/千克；一般格控制指标氟化物含量为 1.041 毫克/千克，石油类为 0.090 0 毫克/千克，均符合我国无公害农产品产地环境质量技术条件（NY 5013—2006）的要求。

综合以上分析，繁峙县繁城镇压赵家庄村无公害白水杏生产示范园区土壤环境条件优

越，水质良好，皆为非污染区域，符合无公害农产品产地环境质量技术条件要求，适宜于无公害白水杏标准化生产。

二、无公害白水杏示范园区标准化生产技术规程

1. 建园

（1）园地选择：应选择有机质含量高、透气性好、土层深厚的沙壤土和轻壤土为好，园地要排灌方便，地下水位不高于 1.5 米，土壤酸碱度以中性最好，pH 为 6.0～7.0，并符合 NY 5013—2006 的规定。

（2）园地规划设计：园地规划设计应包括防护林、道路、排灌渠道、房屋及附属设施，合理布局，并绘制平面图。

2. 栽前准备

（1）整地和施肥：定植前每亩增施有机肥 2 000 千克，然后用旋耕犁耕地，深埋有机肥，以利培肥地力，改良土壤。

（2）栽植坑规格：栽植坑宽 60 厘米×60 厘米或 80 厘米×80 厘米，表土、心土分开堆放，每个坑施腐熟有机肥 30 千克，与表土搅匀回填坑内底部，底土回填上部，有利于生土熟化。

（3）苗木选择：栽植苗木应为无病、虫害健壮苗木，粗壮通直，粗度大于 0.8 厘米、高度 80 厘米以上，色泽正常，充分木质化，无机械损伤，芽眼饱满，根系发达，长度 15～20 厘米以上，侧根 5 条，嫁接部位愈合完整，栽前要对苗木进行 ABT 生根粉蘸根处理。

3. 栽植

（1）栽植时间：秋栽时间在落叶前后，春栽时间的萌芽前，秋栽宜早，春栽宜迟。

（2）栽植行向：以南北行向为宜。

（3）栽植密度：无水浇条件的山岭薄地，一般栽乔化型杏树 33～50 株/亩，肥沃的土地，适宜栽植早期丰产杏树 70～100 株/亩。

（4）栽植方法：栽植时先回填加入有机肥的表土 30 厘米左右，再放苗填土，填上一层土时，轻微向上轻提苗木，以使根系充分舒展，再踩实，填土至嫁接口上部 1～3 厘米，最后浇上定根水。待水渗下去后覆土并用 1 平方米左右的地膜覆盖定植穴，周边用土压实，以利保湿、增温，促进快速生根，提高成活率。

4. 杏园土壤管理

（1）深翻扩穴，改良土壤：分为扩穴深翻和全园深翻，每年秋季果实采收后结合秋施基肥进行。扩穴深翻为在定植穴树冠投影外挖环状沟或平行沟，沟宽 80 厘米，深 60 厘米左右。全园深翻为将栽植穴外的土壤全部深翻，深度 30～40 厘米。土壤回填时混以有机肥，表土放在底层，底土放在上层，然后充分灌水，使根土密接。

（2）中耕：在杏全生长季节降雨或灌水后，及时中耕松土，保持土壤疏松无杂草。中耕深度 5～10 厘米，以利保温保墒透气。

（3）覆草：在春季施肥、灌水后进行。覆盖材料可以用玉米秆、干草等。把草覆盖在

树冠下，厚度 10～15 厘米。上面压少量土，连覆 3～4 年后浅翻 1 次，也可以结合深翻开大沟埋草。提高土壤肥力和蓄水能力。

5. 杏园施肥

（1）施肥原则：以有机肥为主，化肥为辅，保持和增加土壤有机质及土壤微生物活性，所使用的肥料不应对园地环境和产品品质产生不良影响。

（2）允许使用的肥料种类

①农家肥：包括堆肥、沤肥、厩肥、绿肥、作物秸秆、泥肥、饼肥等。

②商品肥料：包括有机肥、腐殖酸类肥、微生物肥、有机复合肥、无机复合肥等。

（3）禁止使用的肥料：未经无害化处理的城市垃圾或含有金属、橡胶和有害物质的垃圾；硝态氮肥和未腐熟的人粪尿；未获准登记的肥料产品。

（4）施肥方法和数量

①基肥：秋季果实采收后施入，以农家肥为主，混加适量氮素肥料。施肥量按 1 千克杏施 1.5～2.0 千克优质农家肥计标，一般盛果期杏树园每亩施 4 000 千克左右。施肥方法以沟施式撒施为主，撒施部位在树冠投影范围内。沟施以挖放射状沟或在树冠外围挖环状沟，沟深 60～80 厘米；撒施为将肥料均匀地撒入树冠下，并深翻 20 厘米。

②追肥：土壤追肥每年 2～3 次。第一次在萌芽前后，以氮肥为主；第二次在花芽公化及果实膨大期，以磷钾肥为主，氮磷钾混合使用，最好选果对专用复合肥；第三次在果实生长后期，以钾肥为主。施肥量以当地土壤条件决定。结果树一般每年生产 100 千克杏需追施纯氮 1.0 千克，纯磷（P_2O_5）0.5 千克，纯钾（K_2O）1.0 千克。施肥办法以树冠下开沟，沟深 15～20 厘米，追肥后随水。

6. 水分管理 适时灌水，排水防涝，积极发展微灌、滴灌，减少大水树盘漫灌面积。在灌水条件不具备的山地果园应积极保水，采用"雪贮肥水"，覆盖地膜等办法维持一定的土壤持水量。同时要搞好排水系统，防止果园内积水。

7. 整形修剪 冬季修剪时剪除病虫枝，清除病僵果。加强杏树生长季修剪，拉枝开角，及时疏除树冠内直立旺枝、密生枝和剪锯口处的萌蘖枝等，以增加树冠内通风透光度。在解决群体光照的同时，调整个体结构，对于过去留下的裙枝要去掉，使冠通风并保持较高的透光度。

8. 花果管理

（1）调整花芽总量：对于旺长花少树可利用轻剪缓放，拉枝开角，人工促花增加花芽量；对弱势花多数应复壮树势，疏果，减少花量。

（2）提高坐果率：花期采用人工、蜜蜂授粉，花期喷 0.3% 硼砂，强旺枝轻度环剥、环刻，提高坐果率。

（3）疏花疏果，合理负载：调整花芽比例，冬季修剪在按大小年不同修剪技术的基础上，于花芽膨大期，调整花芽与叶芽的平均比例为 1∶3，弱树为 1∶4，强树为 1∶2。

对于花序稠密树在气候好保证坐果的前提下进行人工疏花，大致做法为在花序分离期开始后每 15 厘米左右留一个健壮花序上的中心花，多余的全部疏掉。

9. 病虫害防治

（1）防治原则：以农业和物理防治为基础，生物防治为核心，按照病虫害的发生规律，科学使用化学防治技术，有效控制病虫危害。

（2）农业防治：采取剪除病虫枝，清除枯枝落叶，刮除树干翘裂皮，翻树盘，地面秸秆覆盖，科学施肥等措施抑制病虫危害。

（3）物理防治：根据害虫生物学特征，采取糖醋液、树干缠草绳和黑光灯等方法诱杀害虫。

（4）生物防治：采取保护病虫害天敌，人工释放赤眼蜂、土壤使用白僵菌、利用昆虫性外激素诱杀等多种手段达到防除虫害的目的。

（5）化学防治

①使用原则：根据防治对象的生物学特性和危害特点。允许使用生物农药，矿物源农药和低毒有机合成农药，有限度地使用中毒农药，禁止使用剧毒、高毒、高残留农药。使用农药采用推荐标准使用量执行安全间隔期制度。

②禁止使用的农药：甲拌磷、久效磷、甲胺磷、对硫磷、甲基对硫磷、磷胺、氧化乐果等。

③主要虫害防治：主要虫害有桃小食心虫、蚜虫。桃小食心虫用 2 000 酶单位/毫升苏云金杆菌（PD 90106—31）150 克，1.8％阿维菌素乳油 50 克（LS 2005—0481）喷雾防治，蚜虫用 2.5％高效氯氧氰酯乳油（LS 2002—1928）1 000 倍液防治。

10. 果实采收　6 月下旬至 7 月上旬果实进入成熟期以后，根据果实成熟度，用途和市场需求综合确定采收适期，成熟期不一的应分期采收。

三、白水杏示范园区存在的主要问题

1. 土壤有机质含量偏低　从土壤养分测定结果来看，白水杏示范园区土壤有机质含量平均值 9.275 克/千克，仅为省五级水平，与白水杏标准化生产技术规程相比属偏低水平。生产中存在的主要问题是有机肥施用量少，甚至不施。

2. 土壤全氮、有效磷、速效钾含量偏低　从土壤养分测定结果来看，白水杏示范园区土壤全氮平均含量为 0.553 克/千克，属省五级水平；有效磷平均含量为 10.193 毫克/千克、速效钾平均含量为 140.412 毫克/千克，为省四级水平，与白水杏标准化生产技术规程相比仍属偏低水平。生产中存在的主要问题是磷肥施用量少；氮肥挥发损失严重；少施甚至不施钾肥。

3. 中、微量元素肥料施用量不足　微量元素对改善农产品品质有着不可替代的作用。从白水杏示范园区土壤养分测定结果来看，土壤中微量元素含量铜偏高，属省二级水平外，锌、铁、锰属省四级水平，硫、硼属省含量五级水平，均属中等偏下水平。生产中存在的主要问题是多数果农思想上没接受、不重视，微肥施用量低，甚至不施。

4. 化肥施用方法不当　许多果农在施肥时只图省事，不考虑肥效，化肥撒施现象相当普遍，使肥料利用率很低，白白浪费了肥料，严重时还会对水体、大气造成污染。

5. 化肥用量不合理　据调查果农偏施氮肥，且用量大，磷钾用量不合理，养分不均衡，降低了养分的有效性。

四、白水杏示范园区实施标准化生产的对策

1. 增施有机肥　有机肥料是养分最齐全的天然肥料。增施有机肥，可增加土壤团粒结构，改善土壤的通气透水性及保水、保肥、供肥性能，增强土壤微生物活动，为白水杏的生长提供良好的土壤环境。施肥时要求深翻入土，使肥土混合均匀，且有机肥应充分腐熟高温发酵，以达到白水杏标准化、无害化生产的需求。

2. 合理配施有机无机化肥　无机化肥是白水杏吸收养分的主要速效肥源，无机肥料与有机肥料配合施用，不但可以获得较高的白水杏产量，也可起到加速土壤熟化的培肥作用。有机与无机肥之比不应低于 1∶1，因土施肥。由于杏树根系的特点，追肥对白水杏生产有着极其重要的作用，追肥以速效态肥料为主。

3. 测土配方施肥　在对杏园土壤测试的基础上，实行配方施肥，需要什么肥施什么肥，需要多少施多少。

4. 科学施用微肥　由于微量元素肥料对改善农产品品质有着不可替代的作用，因此，在白水杏生产中要适时施用适量微肥，以达到高产、优质的目的，尤其是在老龄树区更应注重微肥的施用。

5. 施肥方法适当　施肥方法要适当，杏树地不能把化肥撒施在表土，要提倡深施，施后覆土，秋施基肥要与扩穴深翻结合进行。

第五节　繁峙县耕地质量状况与红富士苹果标准化生产的对策研究

繁峙县果树栽植面积达 1 060 5 万余亩，主要分布在青羊河神堂堡乡的边坡丘陵。本区域属暖温带大陆性气候，四季分明，年平均气温 9.8℃；年降水量 450 毫米，6～9 月雨量约占全年的 78%；无霜期 140～160 天，每平方厘米面积上年内太阳能辐射能约为 589.94 千焦耳左右，年平均日照时数为 2 900 余小时。区域内田面平坦，土壤地质适中，园（梯）田化水平较高，有一定的灌溉条件，果树栽植历史悠久。特别是神堂堡乡杨树湾村、红崖村、常坪村、茨沟营村、钟耳寺村等 18 个村，海拔低、无霜期长、昼夜温差大、日照时间长、尤其是土壤中铁、锌、铜、锰、硼等微量元素含量高，空气、土壤质地优良，独特的小气候造就了绿色生态环境，所生产的红富士苹果因其果形端正，新鲜洁净，品质优良远销北京、太原、河北、内蒙古等省、直辖市、自治区。

近年来，神堂堡乡以推进科技为先导，以构建绿色生态经济产业开发为重点，充分发挥区位优势，积极调整农村产业结构，在引进栽培红富士苹果、优质核桃获得成功的基础上，从 2006 年开始以红富士苹果、优质核桃为主的干鲜果树经济栽培面积逐年扩展，使全乡果农队伍迅速壮大。2010 年全乡干鲜果树栽培面积达 8 000 余亩，其中红富士苹果6 000余亩、核桃、酸枣接大枣、花椒、杏、李子等其他干鲜果树 2 000 余亩，人均果业纯收入 4 822.3 元，占人均农业纯收入的 83.1%。为了保证产品质量提高知名度，促进市场经济，2006 年 2 月成立了以杨树湾村村支书王来生同志为首的"繁峙县神堂堡来生果

品专业合作社"。合作社全面实行统一规划、统一技术指导、统一管理与包装营销，与市场对接的"合作经济组织＋龙头产业＋无公害标准化生产"，"三品一标"运作机制，取得了显著经济效益和社会效益。产品誉满省内外，供不应求。2011年合作社已进行了以富士苹果、核桃为主要产品的农业部产地认定与产品认证，并初步建成了万亩无公害红富士苹果标准化栽培示范园区，为本区域生产基地建设夯实了坚定基础。

一、无公害红富士苹果示范园区耕地质量现状

（一）无公害红富士苹果示范园区耕地土壤养分现状

从本次调查结果来看，繁峙县神堂堡乡杨家湾等18个村无公害红富士苹果生产示范园区的土壤理化性状为：有机质含量为2.28~33.90克/千克，平均值为11.277克/千克，属省四级水平；全氮含量为0.25~1.75克/千克，平均值为0.629克/千克，属省五级水平；碱解氮含量为31.5~169毫克/千克，平均值为70.467毫克/千克，属省五级水平；有效磷含量为2.53~38毫克/千克，平均值为10.561毫克/千克，属省四级水平；速效钾含量为43.39~226.29毫克/千克，平均值为107.983毫克/千克，属省四级水平；缓效钾含量为518.91~1 038.83毫克/千克，平均值为785.37毫克/千克，属省三级水平；有效硫为6.35~18.87毫克/千克，平均值为12.77毫克/千克，属省五级水平；微量元素有效铁含量为11.21~38.89毫克/千克，平均值为20.91毫克/千克，属省一级水平；有效锌含量为0.98~2.72毫克/千克，平均值为1.82毫克/千克，属省二级水平；有效铜含量为0.37~1.69毫克/千克，平均值为1.25毫克/千克；有效锰含量为3.64~21.11毫克/千克，平均值为11.25毫克/千克；有效硼含量为0.22~2.2毫克/千克，平均值为1.03毫克/千克，均属省三级水平；pH平均为7.28~8.5，容重平均值为1.19克/厘米^3。

（二）耕地环境质量现状

1. 土壤环境质量现状 调查显示，繁峙县神堂堡乡杨家湾等18个村，无公害红富士苹果生产示范园区，土壤砷的含量为3.69~6.24毫克/千克，平均为4.81毫克/千克；铅的含量为18.0~19.4毫克/千克，平均为18.775毫克/千克；铬的含量为70.1~94.6毫克/千克，平均为77.8毫克/千克；镉的含量为0.095~0.141毫克/千克，平均为0.118 8毫克/千克；汞的平均含量为0.018 1~0.068 8毫克/千克，平均为0.045 3毫克/千克，均符合我国无公害农产品产地环境质量技术条件（NY 5013—2006）的要求。

2. 灌溉水环境质量现状 调查显示，繁峙县繁神堂堡乡杨家湾等18个村，万亩无公害红富士苹果生产示范园区的灌溉用水，严格控制指标铬含量为0.012毫克/千克，砷、铅、镉、汞均未检出；一般控制指标氟化物含量为0.162毫克/千克，氰化物0.004毫克/千克，石油类0.900毫克/千克，均符合我国无公害农产品产地环境质量技术条件（NY 5013—2006）的要求。

综合以上分析，繁峙县神堂堡乡杨家湾等18个村，万亩无公害红富士苹果生产示范园区土壤环境条件优越，水质良好，皆为非污染区域，符合无公害农产品产地环境质量技术条件要求，适宜于无公害红富士苹果标准化生产。

二、无公害红富士苹果示范园区标准化生产技术规程

1. 技术指标

（1）产量：7 年生以上树，每亩产 1 500 千克以上。

（2）果实：发育成熟，果形端正，新鲜洁净，具有品种成熟时应有的色泽、特征、无异味、无不正常外来水分、无虫果及病斑。质量安全要求符合 NY/5011—2006。

2. 建园　选择生态环境良好、远离污染源，背风向阳，地势平坦，排水良好，土层深厚，并具有可持续生产能力的农业生产区域。选择园地应符合 NY/5013—2006《无公害食品苹果产地环境条件》

根据土壤肥力、品种特性，科学合理确定种植密度，合理搭配授粉树。

3. 栽前准备

（1）整地和施肥：定植前每亩增施有机肥 1 500 千克，然后用旋耕犁耕地，深埋有机肥，以利培肥地力，改良土壤。

（2）栽植坑规格：栽植坑宽 80 厘米×80 厘米或 100 厘米×100 厘米，表土、心土分开堆放，每个坑施腐熟有机肥 30 千克，与表土搅匀回填坑内底部，底土回填上部，有利于生土熟化。

（3）苗木选择：栽植苗木应为无病、虫害健壮苗木，粗壮通直，粗度大于 0.8 厘米、高度 80 厘米以上，色泽正常，充分木质化，无机械损伤，芽眼饱满，根系发达，长度 15～20 厘米，侧根 5 条，嫁接部位愈合完整，栽前要对苗木进行 ABT 生根粉蘸根处理。

4. 栽植

（1）栽植时间：秋栽时间在落叶前后，春栽时间的萌芽前，秋栽宜早，春栽宜迟。

（2）栽植行向：以南北行向为宜。

（3）栽植方法：栽植时先回填加入有机肥的表土 30 厘米左右，再放苗填土，填上一层土时，轻微向上轻提苗木，以使根系充分舒展，再踩实，填土至嫁接口上部 1～3 厘米，最后浇上定根水。待水渗下去后覆土并用 1 米² 左右的地膜覆盖定植穴，周边用土压实，以利保湿、增温，促进快速生根，提高成活率。

5. 栽植密度　乔化砧苹果树，山地每亩栽 40～50 株 [3 米×（5～3 米）×4 米]；坪地每亩栽 33 株（4 米×5 米）。矮化砧苹果树，每亩栽 55～110 株 [3 米×（4～2 米）×3 米]。

6. 水肥土管理

（1）土壤管理

①深翻扩穴：每年秋季（从落叶至封冻前），对果园进行扩穴深翻，深度 60～80 厘米。翻时表土和底土分别堆放，回填时表土加上有机肥和杂草填在底层，底土填在上层，并注意不伤粗跟，避免根系长时间暴露在阳光下，翻后及时灌水。

②刨树盘：春、秋各刨 1 次，春季土壤解冻后进行，秋季在采果后进行。刨时以树干为中心。里浅外深，深度 10～20 厘米，以不伤根为宜。

③果园间作：在水肥条件好的果园，可间作豆类、薯类、瓜类和黄芩、党参、柴胡等中药材。

（2）合理施肥

①施肥原则：按照 NY/T 496—2002 肥料合理使用准则和通则规定的标准执行。所施用的肥料应为农业行政主管部门登记的肥料或免于登记的肥料，禁止使用未经无害化处理的城市垃圾、硝态氮肥和未腐熟的人粪尿。

②基肥：苹果采收至秋稍停长后，施足基肥。基肥以有机肥为主，化肥为辅，有机肥、无机肥搭配施用。

有机肥：可选用腐熟鸡粪、猪粪、牛粪、羊粪、兔粪等厩肥，每亩用量 4 000 千克左右。

化肥用量：配方肥或复混肥料，每亩 100 千克，有机复合肥每亩 25 千克，严格控制纯氮施用量。

③追肥：视当年树势进行，旺树抓"两停"，即春梢停长期和秋梢停长期，前期主要以磷钾肥为主，后期注意控水控氮；弱树抓"两前"，即发芽前和春梢旺长前；中庸树追肥宜在 5 月中旬至 6 月上旬，全生育期追肥两次，第一次以有机复合肥为主，亩施 25 千克，第二次追肥以配方肥或复混肥为主，亩施 50 千克，追肥应在距果实采收期 30 天前进行。

（3）浇水：有灌溉条件的果园田间持水量在 60％以下时，应及时浇水。主要抓好"两灌一临"，即冬灌、春灌及 5 月中旬至 6 月上旬的需水临界期。

无灌溉条件的果园，利用穴贮肥水技术及时补充水分。

7. 整形修剪

（1）冬季修剪

①冬剪时期：苹果落叶以后到翌春萌芽前进行。

②短剪：苹果树中心干和主枝延长枝均需短剪到需要的长度，以扩大树冠，一般剪到枝条健壮部分的饱满芽处。幼树定植的头 1～2 年，对部分空间适当的枝条也应短剪促进分枝，增加枝量，扩大结果部位。

③疏剪：树冠内枝条过密，不能捺枝、拉枝加以利用时，应从枝条基部彻底疏除，使树冠内通风透光。

④缓放：苹果树除中心干、主枝延长枝和部分培养枝组的枝条短剪分枝外，大部分中短枝应缓放，缓和生长形成短枝和短果枝，以充实树冠，提早结果，树冠形成后，中心干和主枝延长枝也可缓放。

⑤缩剪：凡中心干或主枝延长枝发育不良，不宜作延长枝时，可落头、回缩到延长枝以下适宜代替作延长枝的枝条处。长放枝已放出较多短果枝或短枝时，可回缩到部位合适处。枝组较大，已结果衰弱时，回缩到角度适合的健壮分枝处，以便更新枝组。主枝衰老时，也可回缩到适合分枝处以更新主枝。

⑥疏花芽：苹果树形成大量花芽后，应控制花芽量。按发育枝和结果枝保持 4～5∶1的比例，即 4～5 个发育枝辅养一个结果枝，使每个果实有 40～50 个叶片供应养分。

⑦果台枝处理：结果后的果台出现空台，应破台以刺激果台潜伏芽萌芽成枝。台上形成 2 个结果枝时，可保留健壮结果枝，短剪弱的作预备枝。

（2）夏季修剪：苹果萌芽后陆续进行。宜采用抹芽、拉枝、捺枝、扭梢、刻伤、环剥、摘心等修剪方法。及时将过密枝和背上的直立枝疏掉，控制过密过旺的枝条生长。

8. 花果管理

（1）调整花量：生长旺、花量少的树应通过轻剪长放，开张角度，刻芽促萌，控水控氮，增施磷、钾、钙肥等措施控制生长。生长弱、花量少的树要加强肥水管理，复壮树势，提高成花率。

（2）提前疏花，以花定果：花序分离期进行疏花，以留中心花为主，花距在25厘米左右。

（3）疏果：落花后进行疏果，按每25厘米的间距留一中心果，不留双果，时间最晚不超过6月中旬。

（4）苹果套袋：

①套袋时间。5月下旬至6月中旬。一般15～20天内套完。

②套袋要求。套袋前要做到三选，即"选纸袋、选树势、选果实"。首先要把握好果袋质量，选择外绿内黑的双层纸袋，禁止使用再生袋、花纸袋、报纸袋、劣质纸袋；选择长势中庸，树体健壮的树；套袋时，选择果形正、高桩的果进行套装。

③摘袋时间和方法。采收前20～30天去袋。摘袋时选择晴天上午10点前或下午4点后进行。先去外袋，3～4天再去内袋。

（5）铺设反光膜，摘叶和转果：

①铺设反光膜。果实采收前20～25天在树冠下铺设反光膜，以增加冠内下层反射光照，提高果实着色度。

②摘叶。采收前20～25天摘除果实附近遮光叶片，疏剪部分徒长枝、过密枝和遮阴枝，使树冠下的透光量达到30％以上。

③转果。在果实阳面着色后及时进行转果处理，将背阴面转至向阳面，并用透明胶带牵引固定，使果实全面均匀着色。

9. 病虫害防治

（1）病虫害防治原则：积极贯彻"预防为主，综合防治"的方针，以农业和物理防治为基础，提倡生物防治，按照病虫害的发生规律和经济阈值，科学使用化学防治技术，有效控制病虫危害。防治病虫害使用农药按照GB/T 4286《农药安全使用标准》和GB/T 8321《农药合理使用准则》规定执行，严格禁用剧毒高残留农药。

（2）农业防治：采取剪除病虫枝，清除枯枝落叶，刮除树干翘裂皮和枝干病斑，集中烧毁或深埋，加强土肥管理、合理修剪、适量留果、果实套装等措施防治病虫害。

（3）物理防治：根据害虫生物学特征，采取糖醋液，树干缠草绳和诱虫灯等方法诱杀害虫。

（4）生物防治：采用以菌治虫，以虫治虫或采用生物农药防治病虫。

（5）化学防治：

①根据防治对象的生物学特性和危害特点，提倡使用生物源农药，矿物源农药和低毒有机合成农药。全生育期内使用高效氯氟氰菊酯2次防治蚜虫；每亩用药50克，交替使用苏云金杆菌和阿维菌素各1次防治桃小食心虫。

②科学合理使用农药

a. 加强预报：加强病虫害的预测预报，有针对性地适时用药，未达到防治指标或益害虫比合理的情况下不用药。

b. 控制喷药次数：允许使用的农药每种每年最多使用 2 次。最后 1 次施药距采收期间隔应在 20 天以上。

c. 特别注意：严禁使用剧毒、高毒、高残留农药和未核准登记的农药。

d. 科学用药：根据天敌发生特点，合理选择农药种类、施用时间和施用方法，注意保护天敌。

e. 合理混药：注意不同作用机理农药的交替使用和合理混用，以延缓病菌和害虫产生抗药性，提高防治效果。

f. 按规定要求用药：严格按照规定的浓度、每年使用次数和安全间隔期要求施用，喷药做到均匀周到。

10. 果实采收 根据果实成熟度、用途和市场需求综合确定采收适期。成熟期不一致的品种，应分期采收。采收时做到轻拿轻放，避免果实碰伤，并注意保护结果枝组和叶片。

三、红富士苹果示范园区存在的主要问题

1. 土壤有机质含量偏低 从土壤养分测定结果来看，红富士苹果示范园区土壤有机质含量有机质含量为 2.28～33.90 克/千克，平均值为 11.277 克/千克，属省四级水平仅为省五级水平，相当部分地块因有机质含量低，与红富士苹果标准化生产技术规程相比属偏低水平。生产中存在的主要问题是一些偏远的地块有机肥施用量少，甚至不施。

2. 土壤全氮、有效磷、速效钾含量偏低 从土壤养分测定结果来看，红富士苹果示范园区土壤全氮含量为 0.25～1.75 克/千克，平均值为 0.629 克/千克，属省五级水平；碱解氮含量为 31.5～169 毫克/千克，平均值为 70.467 毫克/千克，属省五级水平；有效磷含量为 2.53～38 毫克/千克，平均值为 10.561 毫克/千克，属省四级水平；速效钾含量为 43.39～226.29 毫克/千克，平均值为 107.983 毫克/千克，属省四级水平，与红富士苹果标准化生产技术规程相比仍属偏低水平。生产中存在的主要问题是磷肥施用量少；氮肥挥发损失严重；少施甚至不施钾肥。

3. 中微量元素肥料施用量不足 微量元素对改善农产品品质有着不可替代的作用。从红富士苹果示范园区土壤养分测定结果来看，土壤中量有效硫平均含量为 12.77 毫克/千克，属省五级水平；微量元素含量：铁平均值为 20.91 毫克/千克，属省一级水平；锌平均值为 1.82 毫克/千克，属省二级水平；有效铜平均含量为 1.25 毫克/千克、有效锰平均值为 11.25 毫克/千克，有效硼平均值为 1.03 毫克/千克均属三级水平。总体看微量元素平均含量较高，但有近 40% 的地块土壤微量元素含量处于中等偏下水平，与红富士苹果标准化生产技术规程不相适应。生产中存在的主要问题是微肥施用没引起果农的重视，大部分地块不施微肥。

4. 化肥施用方法不当 许多果农在施肥时只图省事，不考虑肥效，化肥撒施现象相当普遍，使肥料利用率很低，白白浪费了肥料，严重时还会对水体、大气造成危害。

5. 化肥用量不合理　据调查果农偏施氮肥，且用量大，磷钾用量不合理，养分不均衡，降低了养分的有效性。

四、红富士苹果示范园区实施标准化生产的对策

1. 增施有机肥　有机肥料是养分最齐全的天然肥料。增施有机肥，农作物秸秆覆盖还田可增加土壤团粒结构，改善土壤的通气透水性及保水、保肥、供肥性能，增强土壤微生物活动，为红富士苹果的生长提供良好的土壤环境。施肥时要求深翻入土，使肥土混合均匀，且有机肥应充分腐熟高温发酵，以达到红富士苹果标准化、无害化生产的需求。

2. 合理配施有机无机化肥　无机化肥是红富士苹果吸收养分的主要速效肥源，无机肥料与有机肥料配合施用，不但可以获得较高的红富士苹果产量，也可起到加速土壤熟化的培肥作用。有机与无机肥之比不应低于1∶1，因土施肥。由于果树根系的特点，追肥对红富士苹果生产有着极其重要的作用，追肥以速效态肥料为主。

3. 测土配方施肥　在对红富士苹果园土壤测试的基础上，实行配方施肥，需要什么肥施什么肥，需要多少施多少。

4. 科学施用微肥　由于微量元素肥料对改善农产品品质有着不可替代的作用，因此，在红富士苹果生产中要适时施用适量微肥，以达到高产、优质的目的，尤其是在土壤微量元素含量偏低的地块老龄树区更应注重微肥的施用。

5. 施肥方法适当　施肥方法要适当，果树地不能把化肥撒施在表土，要提倡深施，施后覆土，秋施基肥要与扩穴深翻结合进行。

图书在版编目（CIP）数据

繁峙县耕地地力评价与利用/王应主编 . —北京：
中国农业出版社，2016.3
ISBN 978-7-109-21451-4

Ⅰ.①繁…　Ⅱ.①王…　Ⅲ.①耕作土壤－土壤肥力－
土壤调查－繁峙县②耕作土壤－土壤评价－繁峙县　Ⅳ.
①S159.225.4②S158

中国版本图书馆 CIP 数据核字（2016）第 025697 号

中国农业出版社出版
（北京市朝阳区麦子店街 18 号楼）
（邮政编码 100125）
责任编辑　杨桂华

中国农业出版社印刷厂印刷　新华书店北京发行所发行
2016 年 4 月第 1 版　2016 年 4 月北京第 1 次印刷

开本：787mm×1092mm 1/16　印张：12.75　插页：1
字数：300 千字
定价：80.00 元
（凡本版图书出现印刷、装订错误，请向出版社发行部调换）